北京市高等教育精品教材立项项目

中国石油和化学工业优秀教材

环境工程设计基础

第二版

金毓峑 李坚 孙治荣 编

化学工业出版社
·北京·

本书以环境工程设计为主线，全面、系统地介绍了环境工程设计的内容和设计程序等方面的知识。主要内容有：厂址选择的原则与总平面布置，工艺流程设计，车间布置设计，管道布置设计，工艺计算，环保设备的选择和应用，清洁生产在环境工程设计中的应用，环境工程设计应用技术经济分析。

本书可作为环境工程专业的教材，也可作为环境工程设计技术人员的参考书。

图书在版编目（CIP）数据

环境工程设计基础/金毓峑等编. —2版. —北京：化学工业出版社，2008.7（2025.1重印）

北京市高等教育精品教材立项项目

中国石油和化学工业优秀教材

ISBN 978-7-122-03166-2

Ⅰ. 环… Ⅱ. 金… Ⅲ. 环境工程-设计-高等学校-教材 Ⅳ. X505

中国版本图书馆CIP数据核字（2008）第092996号

责任编辑：刘俊之　　文字编辑：郑　直

责任校对：宋　夏　　装帧设计：关　飞

出版发行：化学工业出版社（北京市东城区青年湖南街13号　邮政编码100011）

印　　装：涿州市般润文化传播有限公司

787mm×1092mm　1/16　印张13½　字数336千字　2025年1月北京第2版第11次印刷

购书咨询：010-64518888　　售后服务：010-64518899

网　　址：http://www.cip.com.cn

凡购买本书，如有缺损质量问题，本社销售中心负责调换。

定　　价：35.00元

前　言

本书第一版自2002年出版以来，受到广大读者欢迎，先后印刷5次，共计14500余册。许多高等院校环境类专业选用本书作为教材，环保科技人员也以本书作为参考用书。第二版已经获得“北京市高等教育精品教材”建设项目立项。

五年多来，环境工程设计理论与实践、技术与方法不断进步与发展，为反映当前环境工程设计的发展水平，满足高校相关专业教学的需要，本书在第一版基础上进行了修订。这次修订在内容上增加了当前环境工程设计的一些新的内容。为使读者更好地掌握本书内容，书中增加了案例分析，每章后面增加了习题与思考题。

参加本书修订工作的有：第一章为金毓峑；第二章和第三章为孙治荣；第四章为梁文艳；第五章、第七章和第八章为李坚；第六章为夏葵，负责全书思考题与习题整理工作的为梁文俊，参加本书编写的工作人员还有竹涛、邵华、方宏萍、刘春敬，化学工业出版社的编辑对本书修订工作给予了大力帮助与支持，在此表示感谢。

由于编者水平有限，书中难免出现不妥之处，欢迎广大读者批评指正。

编者

2008年3月

第一版前言

在新世纪的开始，人类将如何对待自己赖以生存、繁衍的环境，如何实施可持续发展战略，是我们必须认真思考的问题。在 20 世纪，科学技术的进步和社会生产力的飞速发展，人类社会物质文明提高到前所未有的境地。但是，这些发展却付出了巨大的代价，当前人类正面临着环境问题的严峻挑战。人类社会的进步必须要发展经济，而经济的发展又离不开环境。这本书的出版，旨在为从事环境工程设计的专业技术和管理人员提供环境工程设计的基础知识，以满足这方面读者的需要。

在新世纪的开始，把一个什么样的环境工程教育带入 21 世纪，也是我们必须认真思考的问题。环境工程专业的人才培养，特别是本科生人才培养，属于工程教育范畴。关于“工程”和“工程教育”，社会的认识和需求都已发生了巨大变化，“工程”已不再是单纯的技术问题，而是与社会经济紧密联系。如何在教材中充分地体现这一特点是我们必须回答的问题之一。为适应环境保护事业的需要，如何在教学中拓宽专业面、增强适应性同样也是我们必须回答的问题。在以上背景下，我们编写了《环境工程设计基础》这本书，试图找出环境工程专业课中水、气、渣、噪声等不同专业方向中共同的基础，使之成为一门综合性、工程性强的技术基础课，以满足和适应新形势下的环境工程专业的教学要求。

因此，这本书既适用于高等学校环境专业教育，又可作为从事环境方面工作的管理干部、工程技术人员的自学、阅读用书。

本书共九章，主要内容有：环境工程设计的基本概念，污染源强度计算，厂址选择的原则与总体布置、工艺流程设计、车间布置设计、管道布置设计、环保设备的选择和应用，清洁生产在环境工程设计中的应用，环境工程设计应用技术经济分析。

参加本书编写的工作人员是：第一章为金毓峑同志；第二章和第三章为孙治荣同志；第四章和第九章为梁文艳同志；第五章、第七章和第八章为李坚同志；第六章为夏葵同志。参加本书编写的工作人员还有张晓妍、梁文俊、秦媛等同志。

我们在编写过程中虽力求反映环境工程专业教育的新思想、新观念、新成就，但因编者水平有限、时间紧迫，书中难免有不妥和错误之处，欢迎广大读者批评指正。

编　者

2001 年 9 月

目　录

第一章 绪 论

由于世界人口的膨胀和越来越强烈的人类活动，特别是工业发展，使人类正面临着一系列严重的环境问题。严重的水环境污染、大气污染和固体废弃物污染，日益严重的资源短缺，生态系统的破坏，酸雨蔓延，生物多样性减少，以至于全球性的气候变暖和臭氧层的破坏，无一不在威胁着人类的健康和生存，也造成了对经济发展的极大损害。环境工程就是在人类同环境污染作斗争、保护和改善人类生存环境的过程中形成的一门技术科学。环境工程是研究如何对废气、废水、固体废弃物、噪声等进行处理和防治的学科。

经济发展离不开建设，建设离不开环境保护，建设项目在建设过程中、建成投产后生产运行，直至服务期满后，对其周围环境都可能产生污染和破坏。1998 年 11 月 18 日颁发的《建设项目环境保护管理条例》中明确规定，对环境有影响的建设项目需要配套建设环境保护设施。环境保护设施与主体工程同时设计、同时施工、同时投产使用。环境工程设计的主要任务是运用工程技术和有关基础科学的原理和方法，具体落实和实现环境保护设施的建设，以各种工程设计文件、图纸的形式表达设计人员的思维和设计思想，直至建设成功各种环境污染治理设施、设备，并保证其正常运行，满足环保要求，通过竣工验收。

第一节 环境工程设计的范围和内容

一、环境工程设计的工作范围

环境工程设计对象是“对环境有影响的建设项目”。“对环境有影响的建设项目”就是在建设过程中、建成投产后生产运行阶段和服务期满后，对周围的大气、水、海洋、土地、矿藏、森林、野生生物、自然遗迹、人文遗迹、自然保护区、风景名胜区、居民生活区等环境要素可能带来变化的建设项目。这种变化大多是对环境产生的污染和破坏。简单说，“产生污染的建设项目”是指项目建成投产后，因排放废气、废水、废渣等污染物一定会或可能对环境带来污染的项目。

随着社会经济的发展和科学技术的进步，“工程”的概念也发生了变化。工程已不再是单纯的技术问题，而且与社会经济密切联系。在解决具体工程问题时，需要综合考虑技术、经济、市场、法律等多方面因素。环境工程设计不能仅理解为完成设计任务的工作阶段，更不能认为“设计”就等于出图纸。实际上环境工程设计贯穿于整个建设项目的全过程。图 1-1 表示了我国工程项目管理程序图。

从图 1-1 不难看出，在项目建设的前期阶段中，项目批准立项、可行性研究、环境影响评价、编制设计任务书都必须有环境工程方向的设计人员参与。在工程设计施工阶段中的各项任务主要是由环境工程设计人员承担。在工程后期，如处理设备试运行、测试、工程总结也必须有环境工程设计人员参加工作。

二、环境工程设计的主要内容

环境工程设计的主要内容有以下几方面。

1. 大气污染防治

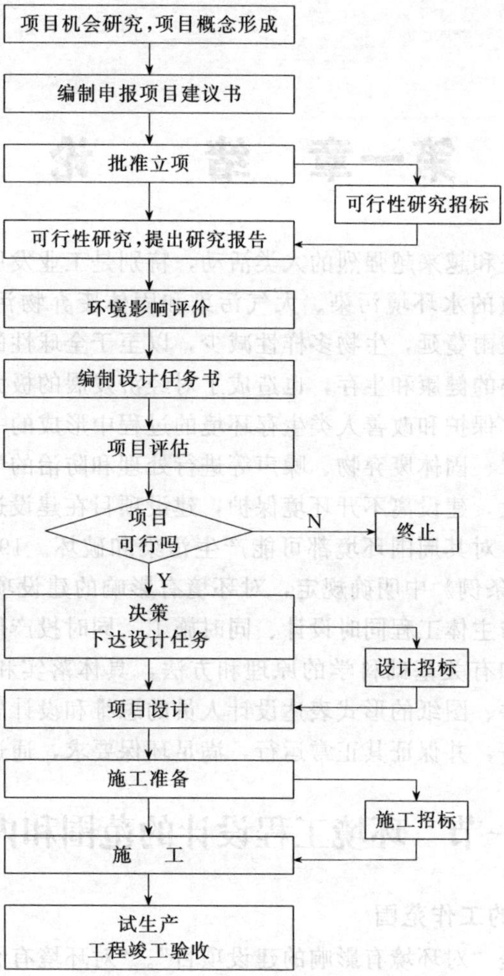

图 1-1　工程项目管理程序图

大气污染物种类很多，一次污染物（指直接由污染源排放的污染物）按其存在状态可分为两大类：颗粒物和气态污染物。其中对环境危害严重的气态污染物有硫氧化物、氮氧化物、碳氢化合物、碳氧化物、卤素化合物等。对以上大气污染物的主要防治措施有工业污染防治、提高能源效率和节能、洁净煤技术、开发新能源和可再生能源、机动车污染控制等。

2. 水污染防治

水污染的主要来源是生活污水和工业废水。

生活污水主要产生于居民日常生活和城市的公用设施。污水中主要含有悬浮态和溶解态的各种有机物，氮、硫、磷等无机盐和各种微生物。工业废水主要产生于各类工矿企业的生产过程中，其水量和水质随生产过程而异，根据其来源又可分为工艺废水、原料或成品洗涤水、场地冲洗水和设备冷却水等。水污染防治的主要措施有：推行清洁生产、节水减污、污染物排放总量控制、加强工业废水处理等。

3. 固体废弃物污染防治

固体废弃物可分为城市固体废物、工业固体废物和有害废物等。从源头起始，改进和采用清洁生产工艺，尽量少排或不排废物，是控制工艺固体废物污染的根本措施。固体废物的资源化技术和无害化处理技术是经济、有效的固体废物的防治措施。

4. 物理性污染防治

物理性污染的防治技术主要包括：噪声污染、电磁辐射污染、放射性污染、振动污染、光污染等防治技术。

第二节 环境工程的主要设计程序和设计原则

环境保护工程是建设项目中一个重要的组成部分。建设项目可分解为若干个层次：工程项目→单项工程→单位工程→分部工程→分项工程。环境保护工程是具有独立的设计文件，可独立组织施工，建成竣工后可以独立发挥生产能力和工程效益的单项工程。因此，环境工程设计遵循工程设计的一般原则。

一、环境工程设计的原则

1. 工程设计的一般原则

工程设计应遵循技术先进、安全可靠、质量第一、经济合理的原则。具体来说有如下几项。

① 设计中要认真贯彻国家的经济建设方针、政策。这些政策包括产业政策、技术政策、能源政策、环保政策等。正确处理各产业之间、长期与近期之间、生产与生活之间等各方面的关系。

② 应充分考虑资源的充分利用。要根据技术上的可能性和经济上的合理性，对能源、水资源、土地等资源进行综合利用。

③ 选用的技术要先进适用。在设计中要尽量采用先进的、成熟的、适用的技术，要符合我国国情，同时要积极吸收和引进国外先进技术和经验，但要符合国内的管理水平和消化能力。采用新技术要经过试验而且要有正式的技术鉴定。必须引进国外新技术及进口国外设备的，要与我国的技术标准、原材料供应、生产协作配套、维修零件的供给条件相协调。

④ 工程设计要坚持安全可靠、质量第一的原则。安全可靠是指项目建成投产后，能保持长期安全正常生产。

⑤ 坚持经济合理的原则。在我国资源和财力条件下，使项目建设达到项目投资的目标（产品方案、生产规模），取得投资省、工期短、技术经济指标最佳的效果。

2. 环境工程设计的原则

对环境保护设施进行工程设计时，除了要遵循工程设计的一般原则外，还必须遵循以下原则。

① 环境保护设计必须遵循国家有关环境保护法律、法规，合理开发和充分利用各种自然资源，严格控制环境污染，保护和改善生态环境。

② 建设项目需要配套建设的环境保护设施，必须与主体工程同时设计、同时施工、同时投产使用。同时设计，是指建设单位在委托设计单位进行项目设计时，应将环境保护设施一并委托设计；承担设计任务单位必须依照《建设项目环境保护设计规定》的有关规定，把环境保护设施与主体工程同时进行设计，并在设计过程中充分考虑建设项目对周围环境的保护。

③ 环境保护设计必须遵守污染物排放的国家标准和地方标准；在实施重点污染物排放总量控制的区域内，还必须符合重点污染物排放总量控制的要求。

④ 环境保护设计应当在工业建设项目中采用能耗物耗小、污染物产生量少的清洁生产工艺。实现工业污染防治从末端治理向生产全过程控制的转变。

二、环境工程设计的程序

环境工程设计必须按国家规定的设计程序进行，并落实和执行环境工程设计原则和要求。

1. 项目建议书阶段

项目建议书中应根据建设项目的性质、规模、建设地区的环境现状等有关资料，对建设项目建成投产后可能造成的环境影响进行简要说明，其主要内容如下：

① 所在地区环境；

② 可能造成的环境影响分析；

③ 当地环保部门的意见和要求；

④ 存在的问题。

2. 可行性研究阶段

在可行性研究报告书中，应有环境保护的专门论述，其主要内容如下：

① 建设地区环境状况；

② 主要污染源和主要污染物；

③ 资源开发可能引起的生态变化；

④ 设计采用的环境保护标准；

⑤ 控制污染和生态变化的初步方案；

⑥ 环境保护投资估算；

⑦ 环境影响评价的结论或环境影响分析；

⑧ 存在的问题及建议。

在项目可行性研究的同时，应当进行建设项目环境影响评价，建设项目的环境影响评价实际上就是建设项目在环境方面的可行性研究。建设项目环境影响报告书，包括下列内容：

① 建设项目概况；

② 建设项目周围环境现状；

③ 建设项目对环境可能造成影响的分析和预测；

④ 环境保护措施及其经济、技术论证；

⑤ 环境影响经济损益分析；

⑥ 对建设项目实施环境监测的建议；

⑦ 环境影响评价结论。

3. 工程设计阶段

环保设施的工程设计一般分为初步设计和施工图设计两个阶段。

(1) 初步设计阶段　建设项目的初步设计必须有环境保护篇（章），具体落实环境影响报告书（表）及其审批意见所确定的各项环境保护措施。环境保护篇（章）应包含下列主要内容：

① 环境保护设计依据；

② 主要污染源和主要污染物的种类、名称、数量、浓度或强度及排放方式；

③ 规划采用的环境保护标准；

④ 环境保护工程设施及其简要处理工艺流程、预期效果；

⑤ 对建设项目引起的生态变化所采取的防范措施；

⑥ 绿化设计；

⑦ 环境管理机构及定员；

⑧ 环境监测机构；

⑨ 环境保护投资概算；

⑩ 存在的问题及建议。

(2) 施工图设计阶段　建设项目环境保护设施的施工图设计，必须按已批准的初步设计文件及其环境保护篇（章）所确定的各种措施和要求进行。一般包括：施工总平面图、房屋建筑总平面图、设备安装施工图、非标准设备加工详图、设备及各种材料的明细表和施工图预算。

(3) 设计概算和预算的编制　设计概算和预算是设计工作的重要内容，也是设计文件的重要组成部分，它反映了项目设计的经济合理性和技术先进性。设计概算和预算是不同设计阶段编制的工程经济文件，初步设计阶段要编制设计概算，施工图设计阶段要编制施工图预算。

设计概算是根据设计图纸及其说明书、设备与材料清单、概算定额，以及各种费用标准和经济指标，用科学方法对工程项目的投资进行估算的文件。设计概算的结果是工程项目的总造价。设计概算的文件由以下六部分组成：

① 工程项目概算说明书；

② 工程项目总概算；

③ 各单项工程的综合概算；

④ 各单位工程的概算；

⑤ 其他工程和费用概算；

⑥ 预备费用概算。

施工图的预算是根据国家颁发的有关安装工程的预算定额结合施工图纸，按规定方法计算工程量，套用相应的预算定额及工程取费标准，以及建筑材料及人工费用的市场差价综合形成的建筑安装工程的造价文件。施工图预算的文件构成与设计概算相同，要求计算得更为细致和准确。

4. 项目竣工验收阶段

环境保护设施竣工验收可视具体情况与整体工程验收一并进行，也可单独进行。建设项目环境保护设施竣工验收合格应当具备下列条件：

① 建设项目建设前期环境保护审查、审批手续完备，技术资料齐全，环境保护设施按批准的环境影响报告书（表）和设计要求建成；

② 环境保护设施安装质量符合国家和有关部门颁发的专业工程验收规范、规程和检验评定标准；

③ 环境保护设施与主体工程建成后经负荷试车合格，其防治污染能力适应主体工程的需要；

④ 外排污染物符合经批准的设计文件和环境影响报告书（表）中提出的要求；

⑤ 建设过程中受到破坏并且可恢复的环境已经得到修整；

⑥ 环境保护设施能正常运转，符合使用要求，并具备正常运行的条件，包括经培训的环境保护设施岗位操作人员的到位、管理制度的建立、原材料和动力的落实等；

⑦ 环境保护管理和监测机构，包括人员、监测仪器、设备、监测制度、管理制度等符合环境影响报告书（表）和有关规定的要求。

第三节　环境工程设计的特点

环境的污染，环境问题的出现和环境污染的防治与资源和经济的关系是对立统一的辩证关系。人类为了满足自身的生存与发展的需要，就要开发利用自然资源，从事经济活动，在经济活动过程中，除生产出人们需要的产品外，还生产出了“三废”物质，污染了环境，破坏了生态和资源，造成生态系统的恶性循环，阻碍了社会经济的健康发展；同时，经济的发展又是资源与环境实现良性循环的保证。三者之间形成了相互依赖、相互影响的关系。这种关系就决定了环境工程设计的一系列鲜明的特点和今后的发展趋势。

环境工程设计所要解决的问题不仅局限于环境污染的防治，而且包括保护和合理利用自然资源、探讨和开发废物资源化技术、改革生产工艺、发展少害或无害的闭路生产系统，求得社会、经济和环境三个效益的统一。

具体来说，环境工程设计具备如下几个特点。

一、交叉性、复杂性和多样性

环境工程设计所依据的知识和理论体系充分显示了其交叉性、复杂性和多样性的特点。它不但源于工程技术领域，还来源于自然科学、社会科学领域。环境工程是一个由学科交叉、重组而形成的新的学科。

环境工程设计与下面一些学科有着密切的关系。

1. 化学与化学工程

绿色化学的出现，用革新性的化学方法，可以对化学污染源进行有效地控制，大大减少或消除污染物质的使用和产生，实现污染的源头控制。绿色化学可以设计出比现有产品污染小、毒性低的化学品，开发出新的、更安全的、对环境无害的合成路线，使用无害可再生的原材料，设计出可以减少废弃物产生与排放的新的化学反应条件。而化学工程所应用的主要技术方法和手段，例如吸收、吸附、催化、萃取、膜分离等也是环境工程治理中常用的技术方法和手段。化工机械、化工设备同样可以直接或经改造用于环境工程的治理之中。

2. 给水排水工程

水污染防治工程是从给水排水工程发展起来的。中国早在公元前 2000 多年以前就用陶土管修建了地下排水道；在明朝以前就开始采用明矾净水。此后，英国在 19 世纪开始用砂滤法净化自来水；19 世纪中叶开始建立污水处理厂；20 世纪初开始用流行性污泥法处理废水。

3. 能源工程

清洁安全的核能、洁净煤技术、可再生能源、燃料电池、超导应用等当代高技术的开发与利用是从根本上解决了我国环境污染问题的最佳方案之一。节能技术的应用可以减少能源的消耗量而生产出同原来同样多、同样好的产品。

4. 信息技术

计算机是能高速处理一切数字、符号、文字、语言、图像等的强大技术手段，应用领域已覆盖社会各方面，任何一种工程设计都离不开计算机的应用，环境工程设计更是如此。计算机与通信结合形成的高速信息网络给环境工程的设计提供了获取信息的手段，对促进环境工程设计的发展产生了深刻的影响。CAD 应用使工程设计甩掉图板成为现实，推动了工业界的设计革命。

5. 环境科学

环境科学主要研究探索与环境有关的科学原理和问题，重在认识，而环境工程主要研究探索污染防治与控制的方法途径，重在实现。两者之间的关系不可分离。环境科学的发展为环境工程的技术进步奠定了科学的基础；同时环境工程技术的发展对环境科学的发展提出了新的要求。环境科学的成果必须通过环境工程技术转化为直接的社会生产力，解决环境污染问题。

环境工程设计与环境经济学同样存在密切关系。环境经济学把环境问题作为一个经济问题来对待，分析环境问题的经济本质并提供有效率的政策选择。例如，从边际效益递减规律的角度计算最优污染水平；对环境工程核算和微观环境经济决策进行费用-效益分析，以及对环境污染损失进行价值估算等。

环境工程设计与环境法的关系也不可分割。环境保护法的目的是通过防治污染和生态破坏，直接协调人类与自然环境之间的关系，保证人类按照自然客观规律开发、利用、保护资源，维护生态平衡，保护人体健康和保障经济、社会的可持续发展。环境保护法是由国家制定或认可并由国家强制力保证实施的法律规范，是建立和维护环境法律秩序的主要依据。环境工程设计从始至终必须在环境保护法的制约和约束下进行，必须遵守和切实执行环境法的一切规定。例如环境标准中的污染物排放标准，对污染源所排放的污染物规定了最高允许限额，是评价环境工程设计效果的“标尺”性文件。

二、创新性

由于经济的发展，生产规模的增大，人口增多，人类活动的负面影响的增大和传统工程技术的缺陷，传统的环境工程技术已经不能满足新的环保要求。例如，在能源工业发展中，未来能源之一是核能利用。但是，随着核裂变反应工厂的增多，核废料的处理和储藏带来了放射性物质对环境的污染，对此，目前各国都缺少有效的解决途径；臭氧层的破坏也是这方面的又一例证。研究表明，臭氧层破坏的根源是地球表面人为活动释放的氟里昂和哈龙，因此，研究这两种物质的替代产品则成为今后的主要防治方向。在这方面要做的工作还非常多，因此，未来对环境工程设计提出更高的要求：应用最新的技术成就；交叉应用多门学科知识和多种技术；综合应用社会科学如经济学、管理学方面的知识，实现环境保护与可持续发展的目的。

三、社会性、经济性

环境工程设计不仅要具有环境效益，而且要具有经济效益和社会效益。

首先，环境工程设计要求产生一定的经济效益。我国的许多城市面临着缺水的问题，因为缺水影响了当地的工业发展。环境保护设施的建设通过废水的治理和循环使用有效地节约了水资源，取得了经济效益。回收的工业粉尘作为工业原料重新可以得到利用，工业固体废弃物的资源化技术使废物综合利用获得较好的经济效益。

环境工程设计还应具有社会效益。通过环境保护设施的建设减少了各类污染和民间纠纷，改善了人民的生活、居住条件，保护了珍贵的文化遗产，推动了社会文化事业的发展，提高了人民的环境素质，扩大了就业机会。

思考题与习题

1. 环境工程设计的工作范围是什么？
2. 环境工程设计的主要内容有哪些？
3. 简述环境工程设计的原则。
4. 环境工程设计可分为哪几个阶段？各阶段的主要工作有哪些？
5. 环境工程设计具备哪些特点？

第二章 环境工程设计的原则

环境工程设计须依据环境保护法律法规。我国目前建立了由法律、国务院行政法规、政府部门规章、地方性法规和地方政府规章、环境标准、环境保护国际条约组成的完整的环境保护法律法规体系。

第一节 环境保护法律法规体系

一、环境保护法律法规体系

（一）法律

1. 宪法

我国环境保护法律法规体系以《中华人民共和国宪法》中对环境保护的规定为基础，1982年通过的《中华人民共和国宪法》在2004年修正案第九条第二款规定：

国家保障资源的合理利用，保护珍贵的动物和植物。禁止任何组织或者个人用任何手段侵占或者破坏自然资源。

第二十六条第一款规定：

国家保护和改善生活环境和生态环境，防治污染和其他公害。

《中华人民共和国宪法》中的这些规定是环境保护立法的依据和指导原则。

2. 环境保护法律

包括环境保护综合法、环境保护单行法和环境保护相关法。

(1) 环境保护综合法　环境保护综合法是指1989年颁布的《中华人民共和国环境保护法》，除宪法之外环境保护综合法在环境体系中占有核心和最高地位，是一部综合性的实体法。它是从全局出发，对整体环境及合理开发利用、保护和改善环境资源的重大问题作出规定的法律，是其他单行环境法规的立法依据。

该法共有六章四十七条，第一章“总则”规定了环境保护的任务、对象、适用领域、基本原则以及环境监督管理体制；第二章“环境监督管理”规定了环境标准制定的权限、程序和实施要求、环境监测的管理和状况公报的发布、环境保护规划的拟定及建设项目环境影响评价制度、现场检查制度及跨地区环境问题的解决原则；第三章“保护和改善环境”，对环境保护责任制、资源保护区、自然资源开发利用、农业环境保护、海洋环境保护做了规定；第四章“防治环境污染和其他公害”规定了排污单位防治污染的基本要求、“三同时”制度、排污申报制度、排污收费制度、限期治理制度以及禁止污染转嫁和环境应急的规定；第五章“法律责任”规定了违反本法有关规定的法律责任；第六章“附则”规定了国内法与国际法的关系。

(2) 环境保护单行法　环境保护单行法是针对特定的保护对象而进行专门调整的法律，以宪法和环境保护综合法为依据，又是宪法和环境保护综合法的具体化。

目前我国环境保护单行法包括污染防治法（《中华人民共和国水污染防治法》、《中华人民共和国大气污染防治法》、《中华人民共和国固体废物污染环境防治法》、《中华人民共和国环境噪声污染防治法》、《中华人民共和国放射性污染防治法》等)、生态保护法(《中华人民共和国水土保持法》、《中华人民共和国野生动物保护法》、《中华人民共和国防沙治沙法》等),以及《中华人民共和国海洋环境保持法》和《中华人民共和国环境影响评价法》。

(3) 环境保护相关法 环境保护相关法是指一些自然资源保护和其他有关部门法律,如《中华人民共和国森林法》、《中华人民共和国草原法》、《中华人民共和国渔业法》、《中华人民共和国矿产资源法》、《中华人民共和国水法》、《中华人民共和国清洁生产促进法》等都涉及环境保护的有关要求,也是环境保护法律法规体系的一部分。

(二) 环境保护行政法规

环境保护行政法规是由国务院制定并公布或经国务院批准有关主管部门公布的环境保护规范性文件。一是根据法律授权指定的环境保护法的实施细则或条例,如《中华人民共和国水污染防治法实施细则》;二是针对环境保护的某个领域而制定的条例、规定和办法,如《建设项目环境保护管理条例》。

(三) 政府部门规章

政府部门规章是指国务院环境保护行政主管部门单独发布或与国务院有关部门联合发布的环境保护规范性文件,以及政府其他有关行政主管部门依法制定的环境保护规范性文件。政府部门规章是以环境保护法律和行政法规为依据而制定的,或者是针对某些尚未有相应法律和行政法规调整的领域作出相应规定。

(四) 环境保护地方性法规和地方性规章

环境保护地方性法规和地方性规章是享有立法权的地方权力机关和地方政府机关依据宪法和相关法律制定的环境保护规范性文件。这些规范性文件是根据本地实际情况和特定环境问题制定的,并在本地区实施,有较强的可操作性。

总的来说,地方性环境法规或规章与国家环境法律法规是一种从属关系。当某项行为同时可以适用国家和地方有关环境法律法规时,依照法理应当优先适用地方法。

(五) 环境标准

环境标准是环境保护法律法规体系的一个组成部分,是环境监督管理的执法依据和环境工程设计、施工的技术依据。

环境标准是由行政机关根据立法机关的授权而制定和颁发的,旨在控制环境污染、维护生态平衡和环境质量、保护人体健康和财产安全的各种法律性技术指标和规范的总称。环境标准一经批准发布,各有关单位必须严格贯彻执行,不得擅自变更或降低。无论是确定环境目标、制定环境规划、监测和评价环境质量,还是制定和实施环境法,都必须以环境标准这一"标尺"作为其基础和依据。

根据《环境保护法》和《环境保护标准管理办法》的规定,我国的环境标准由三类两级组成,即在类别上包括环境质量标准、污染物排放标准、环境保护基础标准及方法标准三类,在级别上包括国家级和地方级(实际上为省级)两级。其中,国家环境质量标准、国家污染物排放标准由国务院环境保护行政主管部门制定、审批、颁布和废止;省、自治区、直辖市人民政府对国家环境质量标准中未作规定的项目,可以制定地方环境质量标准,并报国务院环境保护行政主管部门备案;省、自治区、直辖市人民政府对国家污染物排放标准中未作规定的项目,可以制定地方污染物排放标准;对国家污染物排放标准中已作了规定的项目,可以制定严于国家污染物排放标准的地方污染物排放标准。地方污染物排放标准须报国务院环境保护行政主管部门备案。

环境质量标准是指国家为保护公民身体健康、财产安全、生存环境而制定的空气、水等环境要素中所含污染物或其他有害因素的最高允许值。如果环境中某种污染物或有害因素的含量高于该允许限额，人体健康、财产、生态环境就会受到损害；反之，则不会产生危害。因此，环境质量标准是环境保护的目标值，也是制定污染物排放标准的重要依据。从法律角度看，它是判断环境是否已经受到污染，排污者是否应当承担排除侵害、赔偿损失等民事责任的根据。

污染物排放标准是指为了实现环境质量标准和环境目标，结合环境特点或经济技术条件而制定的污染源所排放污染物的最高允许限额。它作为达到环境质量标准和环境目标的最重要手段，是环境标准中最为复杂的一类标准。

环境保护基础标准是为了在确定环境质量标准、污染物排放标准和进行其他环境保护工作中增强资料的可比性和规范化而制定的符号、准则、计算公式等。而环境保护方法标准则是关于污染物取样、分析、测试等的标准。就其法律意义而言，环境保护基础标准和方法标准是确认环境纠纷中争议各方所出示的证据是否合法的根据。只有当争议各方所出示的证据是按照环境保护方法标准所规定的采样、分析、试验办法得出，并以环境保护基础标准所规定的符号、准则、公式计算出来的数据时，才具有可靠性和与环境质量标准、污染物排放标准的可比性，属于合法证据；反之，即为没有法律效力的证据。

使用标准时应注意，环境质量标准必须与污染物排放标准相匹配，国家标准与地方标准、综合排放标准与行业排放标准具有不同的使用范围。

在环境管理中，把水、气、声等环境要素根据其使用功能不同划分为若干功能区，水、气、声环境质量标准中的不同类别分别与之相对应，在明确的功能区范围内，污染物排放标准必须与其环境质量类别要求相匹配，也就是说环境质量的类别决定了污染物排放标准的等级。例如，某水功能区必须符合Ⅲ类（GB 3838—2002）标准，则该区域内水污染物排放只能是一级标准；而如果该水功能区为生活饮用水地表水源二级保护区，则禁止在该保护区内新建、扩建向水体排放污染物的建设项目，在生活饮用水地表水源二级保护区内改建项目，必须削减污染物排放量。

我国国家环境标准和地方环境标准在制定时，地方环境标准必须严于国家环境标准。在执行上，地方环境标准则优先于国家环境标准执行。我国综合排放标准与行业排放标准具有同等效力，均为国家标准。但由于后者与前者比较带有明显的行业特征，反映了本行业的排污特点，其在本行业的操作性上要强得多，所以有行业排放标准的应使用行业排放标准，没有行业排放标准的才采用综合排放标准，且不交叉执行。

环境工程设计是通过环境工程措施来削减污染物排放，以达到国家环境法规、标准规定的污染物排放限值，因此环境工程设计过程中如果不熟练掌握环境标准及其体系，将导致工程设施不达标、环境保护验收不通过，进而导致改造或返工，增加工程投资或运行费用，其结果是项目最优化目标不能实现。

（六）环境保护国际公约

环境保护国际公约是指我国缔结和参加的环境保护国际公约、条约和议定书。国际公约与我国环境法有不同规定时，优先使用国际公约的规定，但我国声明保留的条款除外。

二、环境保护法律法规体系中各层次间的关系

《宪法》是环境保护法律法规体系建立的依据和基础，法律层次不管是环境保护的综合法、单行法还是相关法，其中对环境保护的要求，法律效力是一样的。如果法律规定中有不一致的地方，应遵循后法大于先法。

国务院环境保护行政法规的法律地位仅次于法律。部门行政规章、地方环境法规和地方

政府规章均不得违背法律和行政法规的规定。地方法规和地方政府规章只在制定法规、规章的辖区内有效。

环境保护法律法规体系框架见图 2-1。

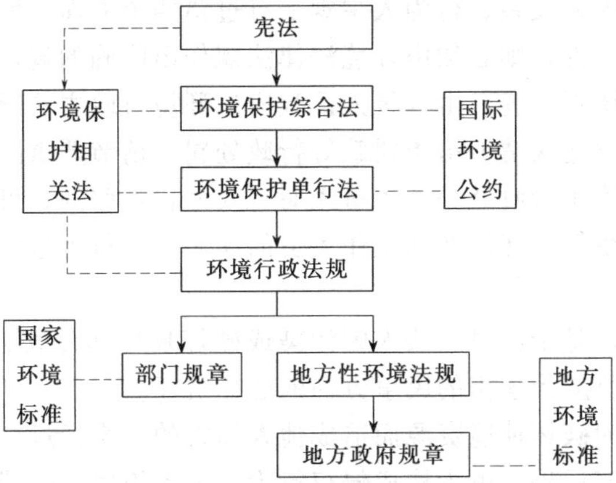

图 2-1　环境保护法律法规体系框架图

三、环境工程技术标准（规范）

环境工程技术标准不同于强制性的国家环境标准，多数是国家或行业层面上的推荐性标准，是实施环境法规、标准的配套技术支持体系，是环境工程全过程所依据的规范性技术文件。其主要包括基础标准、工艺技术标准、行业污染控制技术标准、环境工程设施运行维护标准、环保产品标准、分析方法标准等。

在我国目前与环境工程服务相关的标准中，既有推荐性的国家标准，又有环保、建设、机械等行业标准。据不完全统计，截至 2005 年年底，我国国家相关部门已制定发布了 400 多项与环境工程相关的技术标准，其中，与环境工程建设相关的工程设计规范、技术规范、技术规程等技术标准 70 余项。目前我国与环境工程建设相关的标准，大体上可分为工艺技术规范、工程设计规范、管理规范、运行维护规范四大类。其中，《室外排水设计规范》、《污水稳定塘设计规范》、《污水再生利用工程设计规范》、《火电厂烟气脱硫工程技术规范》、《生活垃圾卫生填埋技术规范》、《生活垃圾焚烧处理工程技术规范》、《危险废物集中焚烧处置工程建设技术规范》等工艺技术规范、工程设计规范是环境工程师进行工程设计的技术依据。此外，化工、石化、石油、冶金、交通、建材、机械、纺织等行业还制定了 20 余项本行业建设项目环境保护设计规范，如《石油化工企业环境保护设计规范》、《化工建设项目环境保护设计规定》、《有色金属工业环境保护设计技术规范》。但是，这些行业环境保护设计规范的主要内容为行业建设项目环境保护设计方面的管理规定，具体规定了建设项目环境保护设计方面的一般原则和要求，对工程和工艺设计的技术要求较少。当其内容与环境保护法规、国家环境标准、环境保护行业标准的规定存在不一致时，应按国家环境保护法规、标准的规定执行。

四、环境法律责任

所谓环境法律责任，是指环境法主体因违反其法律义务而应当依法承担的具有强制性的否定性法律后果，按其性质可以分为环境行政责任、环境民事责任和环境刑事责任三种。

1. 环境行政责任

所谓环境行政责任，是指违反环境法和国家行政法规中有关环境行政义务的规定所应当承担的法律责任。承担责任者既可能是企事业单位及其领导人员、直接责任人员，也可能是其他公民个人；既可能是中国的自然人、法人，也可能是外国的自然人、法人。

在环境法中，某些行为承担环境行政责任的要件仅包括行为的违法性和行为人的主观过错两个方面，另外某些行为承担环境行政责任的要件包括行为的违法性、危害后果、违法行为与危害后果之间具有因果关系、行为人主观上有过错四个方面。而是否以“危害后果”作为承担环境行政责任的要件，则必须由环境法律法规作出明确的规定。

对负有环境行政法律责任者，由各级人民政府的环境行政主管部门或者其他依法行使环境监督管理权的部门根据违法情节给予罚款等行政处罚；情节严重的，有关责任人员由其所在单位或政府主管机关给予行政处分；当事人对行政处罚不服的，可以申请行政复议或提起行政诉讼；当事人对环境保护部门及其工作人员的违法失职行为也可以直接提起行政诉讼。

2. 环境民事责任

所谓环境民事责任，是指公民、法人因污染或破坏环境而侵害公共财产或他人人身权、财产权或合法环境权益所应当承担的民事方面的法律责任。

在现行环境法中，因破坏环境资源而造成他人损害的，实行过失责任原则。行为人没有过错的，即使造成了损害后果，也不构成侵权行为，不承担民事赔偿责任。其构成环境侵权行为，承担环境民事责任的要件包括行为的违法性、损害结果、违法行为与损害结果之间具有因果关系、行为人主观上有过错四个方面。因污染环境造成他人损害的，则实行无过失责任原则，除了对因不可抗拒的自然灾害、战争行为以及第三人或受害人的故意、过失等法定免责事由所引起的环境损害免于承担责任外，不论行为人主观上是否有过错，也不论行为本身是否合法，只要造成了危害后果，行为人就应当依法承担民事责任，即以危害后果、致害行为与危害后果之间的因果关系两个条件为构成环境污染侵权行为、承担环境民事责任的要件。

侵权行为人承担环境民事责任的方式主要有停止侵害、排除妨碍、消除危险等预防性救济方式，恢复原状、赔偿损失等补救性救济方式。上述责任方式，可以单独适用，也可以合并适用。其中因侵害人体健康或生命而造成财产损失的，根据《民法通则》第119条的规定，其赔偿范围是：“侵害公民身体造成受害的，应当赔偿医疗费、因误工减少的收入、残废者生活补助费等费用；造成死亡的，并应当支付丧葬费、死者生前抚养的人必要的生活费等费用”。对侵害财产造成损失的赔偿范围，应当包括直接受到财产损失者的直接经济损失和间接经济损失两部分。直接经济损失是指受害人因环境污染或破坏而导致现有财产的减少或丧失，如所养的鱼死亡、农作物减产等。间接经济损失是指受害人在正常情况下应当得到，但因环境污染或破坏而未能得到的那部分利润收入，如渔民因鱼塘受污染、鱼苗死亡而未能得到的成鱼的收入等。

追究责任人的环境民事责任时，可以采取以下办法：由当事人之间协商解决；由第三人、律师、环境行政机关或其他有关行政机关主持调节；提起民事诉讼；也有的通过仲裁解决，特别是针对涉外的环境污染纠纷。

3. 环境刑事责任

所谓环境刑事责任，是指行为人因违反环境法造成或可能造成严重的环境污染或生态破坏，构成犯罪时，应当依法承担的以刑罚为处罚方式的法律后果。

构成环境犯罪是承担环境刑事责任的前提条件。与其他犯罪一样，构成环境犯罪、承担环境刑事责任的要件包括犯罪主体、犯罪的主观方面、犯罪客体和犯罪的客观方面。

环境犯罪的主体是指从事污染或破坏环境的行为，具备承担刑事责任的法定生理和心理条件或资格的自然人或法人。环境犯罪的主观方面是指环境犯罪主体在实施危害环境的行为时对危害结果发生所具有的心理状态，包括故意和过失两种情形。环境犯罪的客体是受环境刑法保护而为环境犯罪所侵害的社会关系，包括人身权、财产权和国家保护、管理环境资源的秩序等。环境犯罪的客观方面是环境犯罪活动外在表现的总和，包括危害环境的行为、危害结果以及危害行为与危害结果之间的因果关系。

关于环境犯罪的种类和名称，各个国家并不相同。根据我国《刑法》第六章第六节关于“破坏环境资源保护罪”的规定，我国环境犯罪的具体罪名主要有：第 338 条规定的非法排放、倾倒、处置危险废物罪；第 339 条规定的非法向境内转移固体废物罪；第 340 条规定的非法捕捞水产品罪；第 341 条规定的非法捕杀珍贵、濒危野生动物罪，非法收购、运输、出售珍贵、濒危野生动物及其制品罪，非法狩猎罪；第 342 条规定的非法占用耕地罪；第 343 条规定的非法采矿罪；第 344 条规定的非法采伐、毁坏珍贵林木罪；第 345 条规定的盗伐、滥伐森林或其他林木罪，非法收购盗伐、滥伐的林木罪等。承担环境刑事责任的方式，有管制、拘役、有期徒刑、无期徒刑、死刑、罚金、没收财产、剥夺政治权利和驱逐出境。自然人犯有“破坏环境资源保护罪”的，上述刑罚种类基本上均适用；而法人犯有“破坏环境资源保护罪”的，仅适用罚金和没收财产两种形式的财产处罚。

第二节 建设项目的环境保护管理

进行环境工程设计时，除了要遵守我国的环境保护法律外，还要了解我国的环境管理制度及遵守建设项目环境保护管理条例。

保护环境，重在预防。加强对建设项目的环境保护，是贯彻预防为主方针的关键。根本措施是实行建设项目环境影响评价制度和环境保护设施与主体工程的“三同时”制度。

“三同时”制度是指新建、改建、扩建项目和技术改造项目以及区域性开发建设项目的污染治理设施必须与主体工程同时设计、同时施工、同时投产的制度。

1998 年国务院颁布了《建设项目环境保护管理条例》，这对贯彻实施建设项目环境影响评价制度和“三同时”制度，防止建设项目产生新的污染和破坏生态环境，具有重要意义。

如何通过加强建设项目的环境管理，协调经济发展与环境保护的关系，达到既发展经济又保护环境的目的，实施可持续发展战略，已成为我国环境管理中的一项迫切的任务。制定《建设项目环境保护管理条例》的目的，就是为了将建设项目的环境管理纳入法制化轨道，通过建设项目环境影响评价制度和环境保护设施与主体工程同时设计、同时施工、同时投产的“三同时”制度，达到防治新污染和生态破坏，实现经济发展与环境保护协调发展的最终目的。

建设项目的环境影响评价制度和“三同时”制度是我国预防为主环保政策的重要体现，两项制度相互衔接，形成了对建设项目的全过程管理，是防止建设项目产生新污染和生态环境破坏的重要措施。随着经济的发展，纳入环境管理的“建设项目”的范围不断变化，建设项目的这两项环境管理制度也有了进一步发展和深化，由控制局部环境拓宽到区域或流域大环境；由分散的点源污染控制到点源与区域污染集中控制相结合；由单一浓度控制转变为总量控制与浓度控制相结合；由注重末端控制到注重先进工艺和清洁生产全过程控制；由控制新污染源发展到以新带老，增产不增污等。

一、中国环境管理制度

1. 老三项制度

所谓老三项制度，是指环境影响评价制度、“三同时”制度、排污收费制度。这三项制度产生于我国环境保护工作的开创时期，于 1979 年 9 月 13 日第五届全国人民代表大会常务委员会原则通过的《中华人民共和国环境保护法（试行）》中确立。

环境影响评价制度是环境管理中贯彻预防为主的一项基本原则，也是防止新污染、保护生态环境的一项重要法律制度。环境影响评价是对可能影响环境的重大工程建设、规划或其他活动，事先进行调查、预测和评价，为防止和减少环境损害制定最佳方案。环境影响评价制度在我国的确立和推行，起到了重大的作用：一是体现了预防为主的方针；二是基本保证了新建项目的合理选址、布局；三是对建设项目提出了超前的防治污染要求；四是强化了对建设项目的环境管理；五是促进了我国环境科学、监测、技术的发展。

"三同时"制度是在基本建设项目和技术改造项目中严格控制新污染、防止环境遭受新污染和破坏的根本性措施和重要的环境保护法律制度。它与环境影响评价制度相辅相成，是防止新污染和破坏的两大法宝，是我国环境保护法以预防为主的基本原则的具体化、制度化、规范化，是加强开发建设项目环境管理的重要措施，是防止我国环境质量继续恶化的有效经济办法和法律手段。

"三同时"制度在我国确立和推行，起到了如下重大作用：一是体现了预防为主的方针；二是通过纳入基本建设程序，建设项目主体工程与污染防治设施同时设计、同时施工、同时投产，实现了经济与环境保护协调发展；三是取得了较好的实效。

排污收费制度是指一切向环境排放污染物的单位和个体生产经营者，应当依照国家的规定和标准，缴纳一定费用的制度。排污收费制度已起到了如下作用：一是提高了企业的环境意识，促进企业加强环境管理；二是开辟了一条可靠的污染治理资金渠道。

实践证明，老三项制度已发挥了巨大的作用，被称为"中国环境管理三大法宝"。但事物总是在不断发展的，老三项制度毕竟是在环境保护开创不久产生和确立的，在进一步实践中深深感到老三项制度还远远不能解决日益严重的环境污染和破坏问题。从健全中国环境管理制度体系来看，老三项制度还存在着如下局限和不足之处：一是强调了预防新污染源，而强调控制老污染源不够；二是强调了浓度标准，而强调控制排放总量不够；三是强调了单项、点源、分散控制，而强调综合、区域、集中控制不够；四是强调了定性管理，而强调定量管理不够；五是强调了全国一个标准，而强调因排污及环境实际情况制宜不够；六是强调了环境保护部门的积极性，而强调各个部门的积极性不够，尤其是强调各级政府首长的环境保护职责不够。这些情况，提出了要在强化、健全老三项制度的同时，积极推动各级政府、各经济主管部门参与环境管理和环境建设工作；积极推动各级地方政府开展区域（目前主要是城市）综合整治，把分散的点源治理项目和区域综合整治项目结合起来，统一纳入综合整治规划；积极运用法律的、行政的和经济的手段，抓住重大污染问题和重点污染源，根据各个功能区环境目标，采取集中治理措施和总量控制方法，更紧密地把环境管理工作和环境质量目标联系起来。

在环境保护实际工作中萌发的这些思想，逐步转化成了各地环境保护部门的工作实践，经过不断的总结和改善，各地又创造出许多行之有效的制度和措施。其中，环境保护目标责任制、城市环境综合整治定量考核制、推进污染集中控制、实行限期治理、排污许可证制五项制度和措施，突出了各级地方政府、各级经济主管部门和企业的环境保护责任，突出了区域环境的总体目标，强调抓好区域防治的系统优化，强调把环境管理工作和区域环境规划目标结合起来。五项制度对于深化管理、控制污染、推动环境保护工作上新台阶有重要作用。第三次全国环境保护会议总结了各地的经验，正式推出了新五项制度。

2. 新五项制度

(1) 环境保护目标责任制　实行环境保护目标责任制是中国环境管理制度的重大改革，是为了解决环境保护的总体动力问题，责任问题，定量、科学管理问题，宏观指导与微观落实相结合的问题。

(2) 城市环境综合整治定量考核制　实行城市环境综合整治定量考核制度是环境管理制度的重要战略措施。

(3) 排放污染物许可证制　推行排放污染物许可证制度是从总体上控制污染的有效手段。

过去在污染控制标准和政策上有三个明显的不足之处：一是排污标准实行的是浓度法，不要求控制污染物的排放总量，所以不能有效地控制污染对环境的危害；二是“一刀切”，不管污染物的性质、工厂的大小和所处的地理位置，都是同一个标准，轻重不分，抓不住要害；三是机械地执行“谁污染谁治理”的政策，不管情况差异，都要自行治理，这样不仅增加了投入，环境效益也不好。鉴于此，推行排放污染物许可证制度，根据污染危害的程度确定污染物的排放总量，不仅有利于环境质量的控制，而且推动了企业加强环境管理和采取有效控制污染的技术措施。另外，有些小型污染源，可以参与临近污染源的集中控制，不必自搞一套。

排放污染物许可证制度的推行，要求严格的环境管理，切实监督污染源按照许可证规定的排放量排放，这不仅要求具备有效的监督手段，而且要求管理人员有较高的素质，否则，可能会流于形式。

(4) 污染限期治理制　推行污染限期治理制度是强化环境管理的重要措施。对环境污染源实行限期治理，是因为在过去的建设中没注意采用防治污染的措施，欠账很多，短时间内难以偿还，只能实行分期分批治理的做法，这也是一项给出路的政策。但是，其有两大缺点：一是限期治理项目只限于点源污染，而没有区域的和行业的项目，因而对区域环境质量改善不明显；二是缺乏健全的制度和管理，缺乏检查和验收，没有完全收到预期效果。

(5) 污染集中控制制　检验环境污染治理的成就，主要是看区域环境质量的改善。我国城市和江河环境质量很差，改善这种状况需要多方面的努力，改善污染控制方式是重要措施之一。分散治理的措施，不能有效地控制环境污染，同时，分散治理投入远比集中方式大得多，应采取分散和集中治理相结合的方法。

环境保护目标责任制和城市环境综合整治定量考核制是新五项制度的龙头和核心，具有全局性的影响，要重点抓住这两项制度，带动其他制度的推行。

在推行新五项制度过程中必然会出现与老三项制度间的一些矛盾、交叉与衔接问题，需要加以研究解决，以进一步从总体上完善新老八项制度的协调功能。

八项制度推行中可能出现的种种不协调情况和处理方法：

① 环境保护目标责任制度与其他制度的关系是责任者的责任目标制度与具体的措施和制度之间的关系，采取哪项措施制度和如何采取措施制度，取决于责任者制度的责任目标；而责任者的责任目标的制定又必须依靠可能采取和如何采取哪些措施制度来保证。

② 城市环境综合整治定量考核制度与环境保护目标责任制之间的关系正是上述的目标与措施制度之间的关系，但它与其他制度的地位、作用、功能和机制不同，它是具有综合性、规划性、战略性的制度，它的措施地位更高，作用更大，功能更广。它在实施中不仅可包含其他环境保护各项制度措施，而且还能调动其他各有关方面协同作战，具有全方位、主题措施的特殊效能，因此，发挥其他制度功能的关键是搞好城市环境综合整治定量考核制

度，其他单项的措施和制度应该服从综合整治规划，综合整治规划也必须建立在其他措施制度的基础上。通过定量考核指标体系，将有关措施和制度所具有的分项指标有机地联系起来，通过指标体系的分解与合成来协调它们之间的衔接。

③ 集中控制制度主要是针对城市生活区及大片工业区的历史欠账而提出的，而广大农村的面源污染问题就不可能也不应该强行集中控制，即使是城市大工业也还要看条件是否具备。因此，在综合整治规划中，应分别不同情况，采取集中或分散的控制措施。凡属能够、应该、而且有经济、社会、环境实效的集中控制应优先采取；凡不宜集中控制的应采取分散措施。不论是采取集中或分散控制，都要根据具体情况，分别组合除前面的两项制度之外的其他措施和制度。因为集中控制包含集中管理与集中治理，集中管理中又包含预防措施及现状措施。预防措施包括合理规划、布局，调整产业、产品结构，环境影响评价，“三同时”制度等；集中治理包括限期治理、许可证制度、排污收费以及企业升级等。

④ 限期治理制度已有法律依据，其程序、作用、功能均比较清楚，在执行中与其他制度间无大的矛盾，只需注意技术、资金与限期的匹配。完全等条件具备再限期，限期失去了意义。但如不考虑技术、资金等条件的可能性，就等于限期落空，对经济发展、环境保护都不利。限期治理制度还可以与集中控制配套进行，成为集中控制中的重要措施。反过来说，限期治理项目中，也可以采取集中控制的有效手段，限期治理还可以与排污收费、许可证制度、企业升级等措施制度相配合，相辅相成，一般无大的矛盾。

⑤ 环境影响评价制度是预防性措施制度，与其他制度间原则上无大的矛盾，是相辅相成的，但需从点源向区域方向发展，从浓度标准向总量方面发展。

⑥“三同时”制度与集中控制、综合整治在一定条件下是相辅相成的，但在一定条件下又是可能出现矛盾现象的，因此，要通过经济、可行、有效的评价准则分析判别，不能一概肯定，也不能完全取消。但“三同时”的原则、政策是始终正确的。

⑦ 排污收费制度是建立在浓度标准基础上的，浓度标准是必要的，但环境、生态问题产生以来，浓度标准的作用已不能完全适应控制污染的要求，因此，正向总量控制标准方面发展。在一定条件下，浓度与总量控制是相辅相成的，在一定条件下又是有可能出现矛盾的。因此，必须从中国实际情况出发，从当地环境质量、环境容量、环境污染负荷量的实际情况出发，有机地将两者结合起来。在出现矛盾时，一般浓度标准应服从总量标准。所以排污收费制度与排污许可证制度关系密切，在推行排污许可证制度中，可能实行环境容量有偿交易政策，这都要求排污收费制度在新的情况下作出新的法规、标准和指南。

⑧ 排污许可证制度在理想的环境目标情况下，是从区域环境容量中推出环境允许污染负荷量，与实际污染负荷量相比较，对大于允许污染负荷量的则要求分摊削减，或实行排污（容量）交易，这对于条件比较好的大中城市和大型企业是可行的。

二、建设项目环境保护管理条例

环境工程设计中，在遵循环境保护法的同时，还要遵守《建设项目环境保护管理条例》。其内容共分五章，第一章总则，第二章环境影响评价，第三章环境保护设施建设，第四章法律责任，第五章附则。

为了保证经济建设和环境保护协调发展，使环境质量不因经济发展而随之恶化，并逐步改善，就必须做到在治理老污染源的同时，把住建设项目关，确保建设项目达标排放和污染物排放总量控制要求。因此，提出了对建设项目的原则要求，即达标排放和符合污染排放总量控制要求。

环境影响评价制度与“三同时”制度，是我国现行 6 个环境保护法律（《环境保护法》、

《海洋环境保护法》、《大气污染防治法》、《水污染防治法》、《固体废物污染环境防治法》、《环境噪声污染防治法》）及其数十个配套行政法规专门针对建设项目的环境保护规定的两项基本制度。

保护环境，重在预防。加强对建设项目的环境保护，是贯彻预防为主方针的关键。根本措施是实行建设项目环境影响评价制度和环境保护设施与主体工程同时设计、同时施工、同时投产使用的“三同时”制度。

凡属污染治理和保护环境所需的装置、设备、监测手段和工程设施等均属环境保护设施；生产需要又为环境保护服务的设施也属环境保护设施。

同时设计，是指建设单位在委托设计单位进行项目设计时，应将环境保护设施一并委托设计；承担设计任务的单位必须依照《建设项目环境保护设计规定》［该规定对建设项目设计阶段、项目选址与总图布置等都提出了环境保护要求；对建设项目污染防治的设计，除规定了一般原则外，还对废气、粉尘、废水、废渣（液）、噪声控制等污染防治的设计作出了专门规定；对环境保护设施及投资、设计管理也作出了规定］的有关规定，把环境保护设施与主体工程同时设计，并在设计过程中充分考虑建设项目对周围环境的保护。对未同时委托设计环境保护设施的建设项目，设计单位应予拒绝。同时设计还要求，建设项目的设计任务书（可行性研究报告）中应有环境保护的内容，初步设计中应有环境保护篇章。

同时施工，是指建设单位在委托施工任务时，应同时委托环境保护设施的施工任务；施工单位在接受建设项目的施工任务时，应同时接受环境保护设施的施工任务，否则不得承担施工任务。在施工阶段，建设单位和施工单位应作到必须将环保工程的施工纳入项目的施工计划，保证其建设进度和资金落实；作好环保工程设施的施工建设、资金使用等资料、文件的整理建档工作，并以季报的形式将环保工程进度情况报告环境保护部门。环境保护部门在该阶段中，应检查建设项目环保报批手续是否完备，环保工程是否纳入施工计划及建设进度和资金落实情况，提出意见，建设单位与施工单位负责落实环境保护部门对施工阶段的环保要求以及施工过程中的环保措施。

同时投产使用，是指建设单位必须把环境保护设施与主体工程同时投入运转。它不仅是指建设项目建成竣工验收后的正式投产使用，还包括建设项目的试生产和试运行过程中的同时投产使用。

三、重点污染物排放总量控制

下面以水为例来说明重点污染物排放总量控制。实施排污总量控制，在我国的水环境管理方面有两大突破，一是对污染源排放突破了浓度控制达标排放一刀切的做法，使各单位的排污量根据自身的实际有所差别；二是突破了原先水环境保护对所有水域同一标准保护的要求，实施按照水体功能分区保护。

水污染物排放总量控制，是将排入某一特定区域环境的污染物的量控制或削减到某一要求的水平之下，以限制排污单位的污染物排放总量。总量控制的核心是负荷分配，总量控制的技术关键是源与目标间的输入响应。

1. 总量控制的四个基本量

（1）水环境容量　是指水环境使用功能不受破坏条件下，受纳污染物的最大数量。通常将给定水域范围，给定水质标准，给定设计条件下，水域的最大容许纳污量拟作水环境容量。

水环境容量由稀释容量与自净容量两部分组成，分别反映污染物在环境中迁移转化的物理稀释与自然净化过程的作用。只要有稀释水量，就存在稀释容量。只要有综合衰减系数，就存在自净容量。通常稀释容量大于自净容量，在净污比大于 10～20 倍的水体，可仅计算稀释容量。自净容量中设计流量的作用大于综合衰减系数，利用常规监测资料估算综合衰减系数，相当于加乘安全系数的处理方法，精度能满足管理要求。

(2) 受纳水域允许纳污量　根据水环境管理要求，划分水环境保护功能区范围及水质标准要求，根据给定的排污地点、方式与数量，把满足不同设计水量条件，单位时间内保护区所能受纳的最大污染物量，称为受纳水域容许纳污量。

水环境保护功能区范围可以是一块完全均匀混合水体，也可以是一段有污染物衰减作用的河段，也可以是纵向衰减与横向混合作用同时发生的混合区。

水质标准与排污数量对应于同一种污染物，有定常排放和随机排放两种假定，水下排放与漫流排放两种方式。

设计水量条件，可以划分为定常设计流量、流速、水温、潮流条件系列，以及随机设计流量、排污水量、排污浓度、达标率条件系列。

(3) 控制区域容许排污量　按照水污染控制目标，或将受纳水域容许纳污量加乘安全系数，或根据控制区域内排污总量的控制要求，选定代表年或削减率，在经过技术、经济可行性论证后确定的污染物排放总量控制目标，称为控制区域容许排污量。

控制区域，通常应与受纳水域保护目标相对应，与设计条件规定的污染物类型、控制时间相对应。

技术、经济可行性论证的基点是每一个污染源的多种可供选择的总量控制方案。可供选择的方案是总量控制思想的体现，才能保证控制区域内排污总量目标的按总量控制路线实现。

(4) 排放口总量控制负荷指标　根据污染源位置、排放量、排放方式、排放污染物种类，以及污染源管理水平，技术与经济承受能力，环境容量利用条件，逐厂、逐排放口分配控制区域内容许排污总量负荷，并经行政决策部门批准的各排放口容许排放总量，称为排放口总量控制负荷指标。

排放口总量控制负荷指标针对每一具体的排放口给出控制要求，既限定排污水量和浓度，又限定一次瞬时排放水量和浓度的容许上限。与一刀切的浓度控制标准不同，指标值因排放口而异，规定排污去向和方式。

2. 总量控制的类型

总量控制有三种类型：容量总量控制、目标总量控制、行业总量控制。

(1) 容量总量控制　自受纳水域容许纳污量出发，制订排放口总量控制负荷指标的总量控制类型。主要步骤为：受纳水域容许纳污量→控制区域容许排污量→总量控制方案技术、经济评价→排放口总量控制负荷指标。

污染源排放的污染物进入环境后，可对环境产生影响，同时环境通过沉淀、降解等作用对污染物进行净化。在一定条件下，污染物的排放与环境的净化决定着环境污染与否及污染程度。

容量总量控制就是通过环境目标可达性评价和污染源可控制性研究两个方面进行环境、技术、经济效益的系统分析，并制定出可供实施的规划方案，调整和控制向环境人为排污，使之满足环境保护目标的要求。也就是说，总量控制研究的是两个对象间的三个问题，一个研究对象是污染源，另一个研究对象是环境保护目标；这三个问题是环境、技术与经济，主要在于揭示了两个对象间的两个定量关系。

图 2-2 给出了两个研究对象间的两个定量关系。

第一个定量关系是污染源排放量与环境保护目标之间的输入响应关系。这一关系揭示了不同污染源对保护目标的贡献，从而限定污染源调查的项目及迁移、转化必须与保护目标紧密相连，区域、项目、时间均应配套吻合，从而实现不同污染源对环境目标贡献率的定量评价。

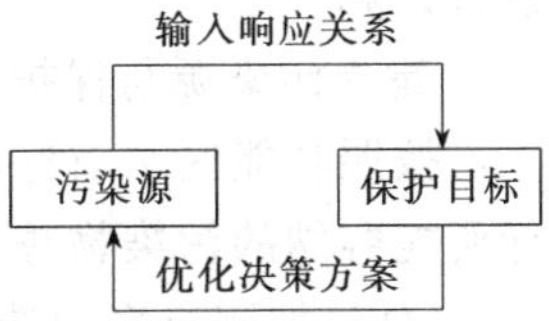

图 2-2　污染源与环境保护目标间的定量关系

第二个定量关系是实现某一环境目标，在限定时间、投资条件下，区域治理费用最小的优化决策方案。这一定量关系揭示了不同污染源应采取的不同污染物削减方案及所需投资，对环境保护目标的可达性和对污染源的可控制性作了技术、经济限定。根据排污单位治理污染难易程度的投资差异和排放单位量污染物对环境影响程度等，确定各污染源的排污总量。这就是总量控制的基本思想。具体工作步骤如下。

① 首先提出环境保护目标，明确保护目标的功能。这一步可根据实际分为两种情况，第一种为保护目标的功能已经明确，只是为了达到功能的保护要求而确定保护措施。第二种情况是因为受到技术、经济的约束，目标功能不确定，只是先提出一预想的环境目标功能，通过环境、技术、经济的可行性论证后，提供行政决策，最终确定这一预想环境目标是否改变。

② 选择环境目标功能相应的水质标准。

③ 进行功能可达性分析。

a. 首先划分出对目标的天然与人工影响因素。

b. 以人工污染源引起的功能破坏或影响为目标，确定主要的人工污染源。确定方法：按人工源排污总量大小顺序排队，明确重点源。对人工源的控制范围，应该按排污总量能占区域人工源总排污量的85%以上确定，并从物理、化学、生物三个方面评价实现保护目标功能的可能性。

c. 确定一年中功能区受人工影响最严重的项目和时段，即确定污染类型和发生时间。这样就使主攻目标非常明确了。因为一般情况下，不是所有种类的污染物都影响水体使用功能，而只是其中一项或几项影响，哪项影响就应解决哪项。另一个问题是需要确定污染的时段，不是一年中的每时每刻都对水体造成同样的影响，可能其中的某段时间问题突出，需要找出来。其方法是通过收集多年的监测数据，对每个断面以功能区相应的水质标准为评价依据，确定超标项目与超标频率，找出各超标项目水质与水量关系。同时，也随之找出污染严重的地理位置。

d. 确定混合区的范围。混合区的确定，原则上规定不影响下游功能区水质，不影响鱼类回游通道。参考值是：不超过河宽的三分之一，长度尽可能短；对于湖泊不超过总面积的10%。混合区是一个很重要的概念，水环境保护功能区划分很重要的一部分就是混合区范围的确定。允许混合区存在这是毋庸置疑的，只要污水排入水体后就会形成一定范围的混合区，现在问题的关键是允许范围多大，需要通过计算给出。

e. 进行功能区水质达标率的评价。由于河流流量、排放污水量、污水浓度均不是不变的量，这些量的变化均可引起水体水质的变化。河流量增大，排污量减少，水质变好，反之水质变坏。因此，随上述量的变化，水体水质是变动的。当水体功能确定后，就确定了相应的水质标准，上述的变化，可能要引起水质超标，也可能使污染物含量离水质要求较远。这一评价可以找出进一步可利用的环境容量，以节约投资，同时也找出了危险的随机时段。在给定水质标准及保证达标率后，可推算出容许排放的污染物总量。对此，多采用概率稀释模型进行计算。

f. 建立污染源与保护目标间的输入响应关系，将源与目标搭桥建立关系。这一关系的建立，按照功能区水质标准要求和确定的不同范围的混合区，不同水质达标保证率下，保护目标所能容纳的污染物总量，以确定各污染源排污口允许的排污总量。

④ 总量控制方案的选择。根据已掌握的资料，分析实现目标可供选择的方法，规划出厂区点源治理、区域联片治理、城市综合治理等多种单一的和组合的方案，先定性确定其可行性。

总量控制方案的选择应突出两条原则：一条是不考虑污染源排放是否浓度达标，不要求所有污染源平均削减，以总量削减为最多的原则；另一条是保证重点功能区水质污染物总量削减为目标，不要求所有区域同一标准保护的原则。总量控制方案应以以下三个方面选择。

a. 选择排污出路的方案。即将排入重要区域的污染物，改排入次要区域，将排入环境容量小区域的污染物改排入环境容量大的区域。

b. 选择控制污染源措施。要从花钱少、污染物总量削减多出发。污染治理要与资源、能源的综合利用相结合；要与生产改造相结合，通过改变原材料结构，改进生产工艺等途径减少排污；要充分利用现有治理设施，挖掘潜力；要积极应用新技术、新工艺、新材料和新的净化药剂，提高污染物的去除率。兴建处理设施要掌握不套用标准设计、不追求采用标准过程处理的思想，整套标准处理方案可按物理、化学、生物等方法分解为单元设计方案，去除率由小到大，工艺由易到难，进行选择。

c. 选择区域控制或集中处理方案。要对处理场所位置、处理量、污染物去除率、工艺路线等进行系统分析。

总量控制方案的选择不仅要选择工艺路线、处理方法，还要选择控制时间和控制范围。这一选择要考虑技术、财力、物力支撑，给出目标，分期实施，安排先后顺序。

以上方案，应能够划分为不同的独立系统，而每一系统组成应有可供选择的方案，也就是说应有两个以上的方案，而且系统评价要有统一的优劣判别标准，国内目前常用投资费用作为统一的评判标准，以实现同一环境目标或削减同一负荷污染物量，区域投资最小为最优。

⑤ 排污总量指标的优化分配。按输入响应关系，污染源排污造成断面浓度超过了预想的目标功能标准，或超过已定目标功能标准，则需要对排污量进行削减，并将削减量优化分配给各排污单位。优化分配的步骤如下。

a. 首先对排污单位制定出削减污染物的各种不同的可供选择方案。这些方案不考虑浓度是否达标，要给出各方案污染物的削减总量及所需投资。

制定削减方案要按照下述基本原则进行：

(a) 首先从单位的生产、排污治理现状情况出发，考虑近期生产状况的变动与发展，以现有技术达到花钱最少、效益（包括经济与环境效益）最大的目的。

(b) 削减污染物方案要由简至繁。

(c) 削减污染物量要根据目标要求由少至多。

(d) 控制点要由工序、车间再到总排放口。

(e) 水量、浓度并重，以减少污染排放总量为目的。

污染物削减方案的制定非常重要，直接关系到目标实现的可能性及投资多少。要着眼于花钱最少，总量削减最多。制定污染物总量削减方案与浓度控制达标确定治理方案在很大程度上不同，它更注重现状与实用性。

制定方案时要按照下述程序选用：

(a) 首先要考虑的方案是企业综合利用资源、能源，走废物资源化的道路。

(b) 开发无废或少废工艺，把污染消除在生产过程中。

(c) 加强管理，挖掘原有处理设施潜力，引进先进处理设施及技术。

(d) 已有处理设施按总量控制要求，改变运行管理，调整运行负荷的方案，这种改变的目的在于污染物总量削减最多。

b. 编制源强表和投资表。各污染源的削减方案制定后，按照不同方案所确定的相应排污量，列出源强表。源强表的排列方式为各污染源的方案按排放量由小到大排列。同时可按各污染源不同方案所对应的投资，列出投资表，同一源的投资由大到小排列。编制出源强表和投资表后可进行排污量最优化分配。

c. 优化分配计算。排污指标的优化分配是利用组合规划法计算来确定的。

这样的分配结果出现的要求：不是每个污染源都有削减任务，也不是有削减任务的污染源平均削减，它是按照目标需要，综合了不同污染源因采取的治理技术与投资、排污量及所处地理位置等情况不同，对目标的贡献率不同，以及削减污染物难易程度等因素，利用各污染源削减单位污染物的投资差异而给定了排污单位的排污指标，这个指标完全打破了浓度控制全国一个标准一刀切的要求，从而形成了一家一个排放“标准”。

由上可见，容量总量控制总体上包含三个内容，第一是指受纳水体所能允许的纳污总量；第二是指与受纳水体有关的一批污染源，不是单指某一排污源的排污纯量；第三，各排污源的排污量要有差别。其特点主要有：

(a) 针对性强。要解决的问题明确，即提出保护目标所受影响的时空条件及污染类型。

(b) 源与目标二者直接挂钩，整体研究，目标对源有定量的明确要求，而源的变化对目标的影响能定量回答，因此有利于保护目标的实现。

(c) 实现目标使得区域总投资最小。

(d) 回答问题清楚、具体，便于行政长官决策。

从前面分析可知，总量控制回答了三个最为关键的问题，一是回答了水体现状情况及按照目标要求需解决的问题；二是回答了实现水体保护目标对污染物的削减量或允许排放量，要对哪些源削减及削减方法与削减量，或限制各污染源的排污量为多少；三是回答了削减这些污染物所需的投资为多少，具体每家污染源的削减方案是什么，相应投资多少。要实现的目标，需解决的问题、解决方案，所需投资一一对应，给出规划方案，因此便于领导下决心决策。

d. 提出集中控制方案。在研究厂内控制措施同时，区域内的措施应需同时考虑，以便组合成厂内与区域综合治理的方案，主要包括：

(a) 调节枯水流量　水利工程建筑物的优化调度；

(b) 局部人工充氧　在短期、局部水质恶化区段采用；

(c) 清污分流　可分季、分段提不同要求；

(d) 土地处理　从污水暂存、污灌到氧化塘等方法；

(e) 区域污水处理厂　位置、处理量、去除率、工艺路线等系统分析。

污染源优化后，与区域治理方案再进一步组合，形成总量控制规划方案，提供领导决策。

这就可以看出，总量控制研究问题的方法与浓度控制研究问题的不同之处。主要有两点：第一，浓度控制在污染源治理与保护目标的研究方面二者脱节。研究污染源的只搞如何进行治理，不清楚治理后对保护目标是个什么改善，不清楚投资效果，对保护目标的要求只提水体要达到什么水质，要干什么，不同实现这一目标需要对污染源采取什么措施，花多少钱。第二，浓度控制对污染发生的时空及污染类型研究不够。在数据处理上，搞全年监测数据大平均，这就掩盖了最突出的具体时间、具体地点，使得解决污染的重点不明确。

⑥ 行政决策与政策协调。

(2) 目标总量控制　自控制区域容许排污量控制目标出发，制定排放口总量控制负荷指标的总量控制类型。主要步骤为：控制区域容许排污量→总量控制技术方案、经济评价→排放口总量控制负荷指标。

在水源短缺的地区，多数河流干枯或变为纳污河道，对这种情况就不适用采用容量总量控制的方法，这是因为：第一，河流或水体没有环境容量许可而言；第二，水体不具备使用功能。但是，对于这样的保护目标往往有明确的削减污染物的要求，同样可以采用总量控制技术进行规划。排污总量的确定常以技术经济为基础进行。这样对“保护目标”的理解就不再是单一的水体保护目标，而应是某一个控制值或某一约束条件下的排污总量。

① 目标总量的确定。目标总量控制首先要确定总量控制的目标值。目标值如何确定，依据是什么，是目标总量控制的关键，一般依据以下几方面确定目标总量。

a. 以维持某一时期污染物排放水平为基本目标，或以某一时期污染物排放水平为基数，确定削减污染物比率。

b. 维持某一时期或某一标准的水体水质为控制目标确定的目标总量。

c. 受经济投资约束的目标总量。

d. 经济发展，维持污染物排放总量不增加的目标总量。

e. 配合政府领导的行政管理所确定的目标总量。如以上、下级政府领导间签订的环境目标责任制的一项或几项指标作为目标总量。

f. 按工业行业确定的目标总量。

从污染源的可控制性出发，强调技术经济的可行性，强调控制目标。技术路线是从削减污染物的目标出发，结合技术、经济特点，优化分配排污负荷，预测对环境的改善情况。

② 目标总量控制的范围。容量总量控制的范围是依据讨论水体的环境容量确定的，进行这种总量控制往往是区域性的，是与水体有关的大部分或全部流域与相应污染源。目标总量控制的范围则相当灵活，往往是为了环境管理方便，环境管理部门可根据当地污染现状和管理实力，首先对污染大户工厂和行业实行总量控制。这表明目标总量控制具有选择性和灵活性，这对于推行排污总量控制和许可证制度有着重要意义。

③ 目标总量控制污染物项目的确定。目标总量控制在污染物项目的选择上，往往是选择那些与目标直接有关的，当前迫切需要解决，经济上可实现的污染物项目。也就是说，目标总量控制的污染物项目可以是一项指标或一类指标，也可以是一组与控制目标有关的指标。

目标总量控制在污染物项目的选择上针对性强，灵活性大，环境管理部门可根据当地实际管理和监测力量确定项目，也可分期分批分别控制各种污染物，同时要考虑污染源可能削减的能力和水平，既要抓住主要污染物，又要考虑控制代价。

④ 目标总量的优化分配。与容量总量控制一样，依据以上方面确定的污染物排放总量也必须采用优化分配的方法分配给各污染源，其计算方法仍是应用组合规划技术。通过计算可提供以下定量关系。

a. 对现状排污量采用不同削减率下所排放的污染物总量及各污染源的排污量为多少。

b. 不同削减量相应的总投资及各污染源的投资。

c. 随削减率的变化，削减单位污染物量所需投资变化情况。

这些情况搞清后可进一步制定实施计划。

目标总量控制不仅考虑了控制地区的功能、目标和污染现状，而且也考虑了技术经济条件和管理水平。与容量总量控制相比，不乏其科学性。重要的是目标总量控制有较强的针对性和较大的灵活性。这是一项新的管理技术和管理方法，它包括环境目标管理与污染物削减水平的科学确定、污染源治理方案的优化计算、总量控制的实施范围和污染物项目的选择，有目的、有重点地控制排污，减轻污染，是浓度管理方法不能达到的。

(3) 行业总量控制　自总量控制方案技术、经济评价出发，制定排放口总量控制负荷指标的总量控制类型。主要步骤为：总量控制方案技术、经济评价→排放口总量控制负荷指标。

(4) 三种总量控制类型的相互关系　容量控制以水质标准为控制基点，从污染源可控性、环境目标可达性两个方面进行总量控制负荷分配。

目标总量控制以排放限制为控制基点，从污染源可控性研究入手，进行总量控制负荷分配。

行业总量控制以能源、资源合理利用为控制基点，从最佳生产工艺和实用处理技术两方面进行总量控制负荷分配。

(5) 总量控制的技术关键　制定总量控制方案的技术关键主要有以下五个方面。

① 功能区划分。正确划定混合区范围，对功能区提出指定功能。

功能区划分的实质是水质分类保护，这是标准化管理的具体体现。现在功能区划分是指：基于水体使用功能已确定这一现实，合理确定保护区、混合区的面积。目的在于合理利用环境容量，节省治理投资。

功能区划分允许存在的两种情况，一个是可分季节保护，第二个是允许存在混合区。分功能区、分混合区、分季节执行，便是承认了纳污能力不同，这是在目前经济承受能力下，控制污染危害，适合国情的良策。

混合区范围：宽度不影响鱼类回游通道，长度不影响功能区的使用。

② 设计条件的确定。依靠设计条件将随机的偶然多变特征的自然条件，概化为定常的一定概率特征的极端条件，以便在同一自然条件下，研究不同总量控制方案的环境效益。设计条件的范围有河流流量、流速、水文，排污特征即排污量、浓度、水量、污染物种类、排放规律，水体的水质标准，达标率等。重点是设计条件规定的代表性时间、时段、保证率指标，这一条件要约束所有的污染源与环境数据，防止各类数据的设计条件不匹配。所谓匹配，不但要求数据在时间、空间方面吻合，还应在处理数据的精度要求上相一致，因为这项工作最强调的是系统性，即源与目标的统一、配套。进行系统分析时要注意对数据的分析，数据要统一在一个精度水平上，要全系统相适应。某一最粗的数据可能决定最终方案的质量水平和技术高度。

设计条件的确定是总量控制规划的基础，它不但要保证水体水质的要求，还应考虑过严设计条件所增加的投资。

③ 排放清单的开列。主要是指削减排污量的各种可行方案及技术、经济条件评价清单。总量控制的基点在于削减或控制排污总量，即立足于污染源，制定的处理措施和削减方案不但关系到治理投资、环境效益，而且在很大程度上决定了整个总量控制方案的技术水平。可以说，这是技术关键中最重要的一个。

④ 模型参数识别。建立排污量与水质目标之间输入响应模型的各类参数，均需由实测值验证、识别，针对欲进行总量控制的污染物指标，建立输入响应模型。这是技术关键，是难度最大的一步。

⑤ 负荷分配优化技术。在单独污染源处理技术可行性的基础上，进行区域优化，实现达到环境目标要求费用最小的方案。

(6) 总量控制项目的选择 控制项目的选择主要由两个因素决定：

① 水域使用功能；

② 水污染状况。

我国地表水污染类型主要可分为以下三类：

① 有机污染类；

② 富营养化型污染；

③ 有毒有害型污染（以重金属等为主）。

地面水环境质量标准中选取的参数：水温、pH、硫酸盐、氯化物、溶解性铁、总锰、总铜、总锌、硝酸盐、亚硝酸盐、非离子氨、凯氏氮、总磷、高锰酸盐指数、溶解氧、COD_{Cr}、BOD_5、氟化物、4 价硒、总砷、总汞、总镉、六价铬、总铅、总氰化物、挥发酚、石油类、阴离子表面活性剂、总大肠菌群、苯并［a］芘。

根据污染类型，可选择各类污染控制项目。另外，根据当地水质污染现状分析的达标率情况，选择主要污染因子作为控制项目。与水域使用功能关系密切的水质项目，即使目前不超标，仍可选作控制项目。

第三节 清洁生产、生态工业和循环经济

进行环境工程设计时，还要遵循清洁生产、生态工业和循环经济的理念。清洁生产、生态工业和循环经济是当今环保战略的三个主要发展方向。

一、清洁生产

清洁生产是一种新的创造性思想，该思想将整体预防的环境战略持续应用于生产过程、产品和服务中，以增加生态效率和减少人类及环境的风险。对生产过程，要求节约原材料和能源，淘汰有毒原材料，削减所有废物的数量和毒性；对产品，要求减少从原材料提炼到产品最终处置的全生命周期的不利影响；对服务，要求将环境因素纳入设计和所提供的服务中。

清洁生产作为一种生产与管理模式，通过对企业生产全过程的控制，从源头上减少以至消除污染物的产生和排放。全面推行清洁生产，是对污染防治末端治理和传统发展模式的根本变革，是走新型工业化道路，促进企业经济效益和环境效益双赢，实现可持续发展的重要途径。

清洁生产的核心是从源头削减污染以及对生产或服务的全过程实施控制。与传统末端治理方式相比较，清洁生产具有显著的优点。一是可以大大减少末端治理的污染负荷，节省大量环保投入，提高企业防治污染的效果。同时，又能改善产品质量，提高企业经营效益，增强企业的市场竞争力。二是可以最大限度地利用资源和能源，通过循环或重复利用，使原材料最大限度地转化为产品。三是采用少废和无废生产技术和工艺，减少废弃物和污染物的生成和排放，促进产品的生产、消费过程与环境相容，降低生产和服务活动对人类和环境的危害。四是可以促使企业不断改进工艺和设备，改进操作技术和管理方式，改善员工的劳动条

件和工作环境，提高员工的生产积极性和生产效率。五是可以改善企业与社会的关系，有利于建设资源节约型、环境友好型社会。

作为一种环境战略，清洁生产的实施要依靠各种工具。目前世界上广泛流行的清洁生产工具有清洁生产审计、环境管理体系、生态设计、生命周期评价、环境标志和环境管理会计等。这些清洁生产工具，无一例外地要求在实施时深入组织的生产、营销、财务和环保等各个领域。也只有这样做，才能真正保证组织的环境绩效。

二、生态工业

生态工业是按生态经济原理和知识经济规律组织起来的基于生态系统承载能力，具有高效的经济过程及和谐的生态功能的网络型进化型工业，它通过两个或两个以上的生产体系或环节之间的系统耦合使物质和能量多级利用、高效产出或持续利用。生态工业的组合、孵化及设计原则主要有横向耦合、纵向闭合、区域整合、柔性结构、功能导向、软硬结合、自我调节、增加就业、人类生态和信息网络。

经典的清洁生产是在单个组织之内将环境保护延伸到该组织有关的方方面面，而生态工业则是在企业群落的各个企业之间，即在更高的层次和更大的范围内提升和延伸了环境保护的理念与内涵。

生态工业园是实现生态工业的重要途径，它通过工业园区内物流和能源的正确设计模拟自然生态系统，形成企业间共生网络，一个企业的废物成为另一个企业的原材料，企业间能量及水等资源梯级利用。

生态工业园区建设，从资源开采、生产消耗、废弃物利用和社会消费等环节，加快推进资源综合利用和循环利用，减少废弃物的排放，实现自然生态系统和社会经济系统的良性循环，无疑为解决资源环境难题提供了一条新思路。

在具体实施过程中，一是对现有产业进行结构改造、技术改造，在现有企业之间建立产品供求关系、废弃物排放者和收集利用者之间的关系；二是为循环经济系统各企业特别是中小企业尽可能提供一切必要的共享服务和共享设施，使尽可能多的企业参与到循环经济产业链接；三是将新建项目纳入整个产业循环系统，通过发展与原有产业相关联的生态项目，实现新旧产业之间的循环连接，进一步完善产业链条。在企业之间进行有针对性的物质逐级使用，对无法利用的最终废物进行无害化处理，使循环经济链系统整体生态效率达到最优。通过有形的物质流、无形的能量流的交换和循环，进行合理关联，形成独具特色的生态园区模式。

在生态工业园区中，各企业不是孤立的，而是通过物质流、能量流和信息流互相关联的。共用资源一体化，着重实现了水资源一体化、能源一体化和公共服务资源一体化，这是生态园区建设的重要内容。通过资源一体化，可以实现资源在生态园区各环节的合理配置和循环利用，从而提高资源利用效率。

生态工业园区的表现形式往往是多样化的，正是由于其多样化的发展，才能体现循环方式的灵活性和适应性。无论是在理论上还是在实践中，都必须着眼于产业特点，与具体实际相结合。但循环方式无论有多少种，其基本的原则是物质的循环利用、再生利用，以最小的资源消耗产出最多的产品，使产品的附加值更高，产生的经济效益最大，最大限度地降低产业发展对环境造成的不利影响，将环境管理的方式由末端治理转变为以预防为主的全过程控制。

生态工业园区模式与管理密不可分，模式的形成过程也是管理的过程。生态工业园区管理的目的是实现园区内企业、行业之间复杂系统的统一和联合，强化园区的组织力、企业的执行力，建立系统的、完整的良性互动机制，使开放系统由无序向有序转变。推进生态工业园区建设，必须从管理体制、经济政策机制、市场准入机制、科研开发机制以及行政手段等若干方面来展开，形成系统、完善的推进格局，既要有利于区域经济可持续发展和区域竞争力的增强，又要有利于产业优势的扩大，还要使企业产生经济效益，推动企业核心竞争力的形成和强化。

目前世界上有几十个生态工业园在规划或建设，多数在美国。加拿大、日本、德国、奥地利、瑞典、爱尔兰、荷兰、法国、英国、意大利、印度尼西亚、菲律宾、泰国、印度等国家都在积极建设生态工业园。

20 世纪的最后 20 年左右，中国建立了大量的工业园区，其中经国务院批准的各种工业园区有 113 个，各地自行建立的不计其数。生态工业在中国的发展重点，一是大型的综合性企业，二是工业园区，三是工业集中的城镇。

河北曹妃甸工业区即是被列为国家第一批发展循环经济试点产业园区的生态工业园区，它的功能定位是以建设国家科学发展示范区为统揽，逐步把曹妃甸建成能源和矿石等大宗货物的集疏港、新型工业化基地、商业性能源储备基地和国家级循环经济示范区。它的产业发展方向是利用国内国际两种资源及两个市场，逐步建立以现代港口物流、钢铁、石化和装备制造四大产业为主导，电力、海水淡化、建材、环保等关联产业循环配套，信息、金融、商贸、旅游等现代服务业协调发展的循环经济型产业体系。曹妃甸生态工业园模式建立技术路线图如图 2-3 所示。

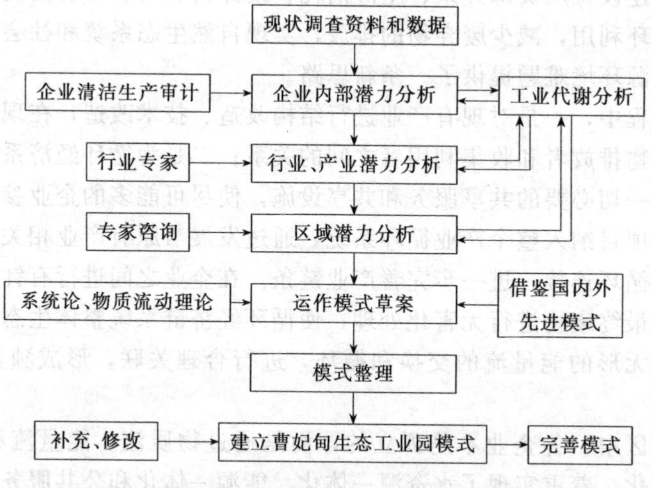

图 2-3 曹妃甸生态工业园模式建立技术路线图

三、循环经济

循环经济是对物质闭环流动型经济的简称。从物质流动的方向看，传统工业社会的经济是一种单向流动的线性经济，即“资源→产品→废物”。线性经济的增长，依靠的是高强度地开采和消耗资源，同时高强度地破坏生态环境。而循环经济的增长模式是“资源→产品→再生资源”。

“减量、再用、循环”（即 3R）是循环经济最重要的实际操作原则，其中减量原则属于输入端方法，旨在减少进入生产和消费过程的物质量；再用原则属于过程性方法，目的是提高产品和服务的利用效率；循环原则是输出端方法，通过把废物再次变成资源以减少末端处理负荷。

与生态工业相比较，循环经济从国民经济的高度和广度将环境保护引入经济运行机制。循环经济的具体活动主要集中在三个层次：企业层次、企业群落层次和生活垃圾层次。在企业层次上根据生态效率的理念，要求企业减少产品和服务的物料使用量，减少产品和服务的能源使用量，减排有毒物质，加强物质的循环，最大限度可持续地利用可再生资源，提高产品的耐用性，提高产品与服务的服务强度。在企业群落层次上按照工业生态学的原理，建立企业与企业之间废物的输入输出关系。在生活垃圾层次上，实施生活垃圾的无害化、减量化和资源化，即在消费过程和消费过程后实施物质和能源的循环。

循环经济正逐渐成为许多国家环境与发展的主流，越来越多的政府官员、学者、企业家加紧了对循环经济的研究。一些发达国家已把循环经济看作为实施可持续发展的重要途径。循环经济在我国刚开始引起人们的关注，在理论、实现途径、操作方式等问题上的突破，将决定我国发展循环经济的速度。

清洁生产的基本精神是源削减，生态工业和循环经济的前提和本质是清洁生产，发展循环经济是保持和提高国际竞争力的重要手段。曹妃甸工业园循环经济体系图如图 2-4 所示。

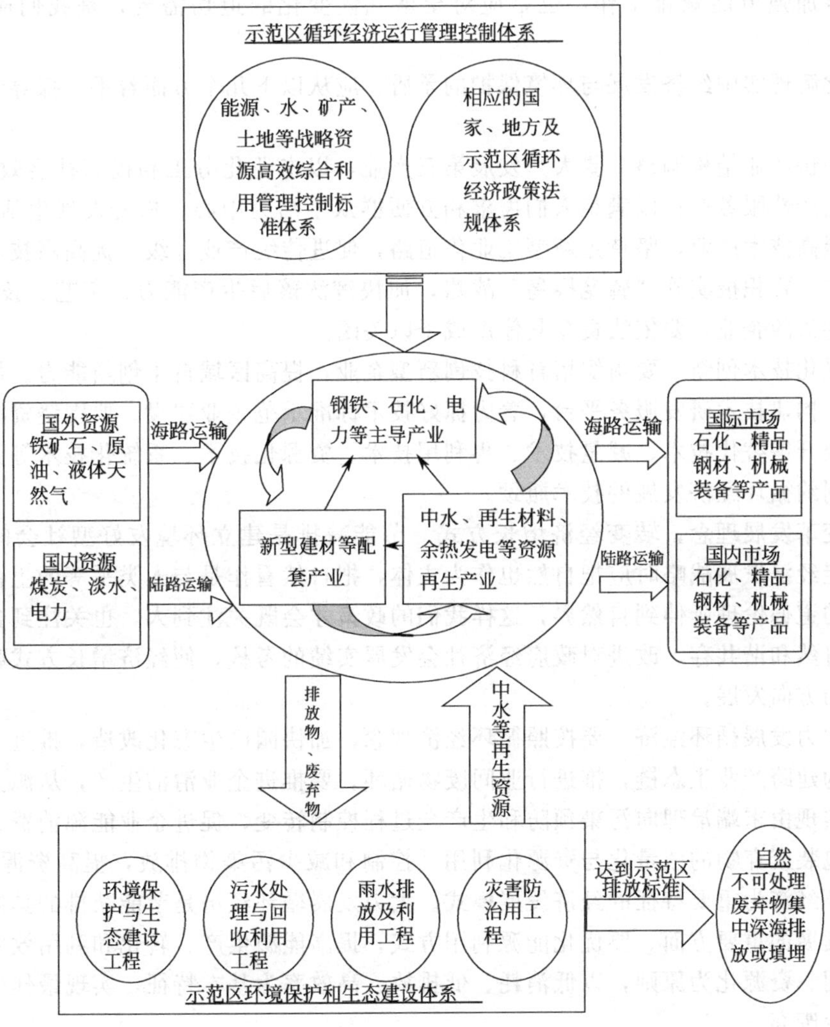

图 2-4　曹妃甸工业园循环经济体系图

四、节能减排问题

节能减排是指减少能源浪费和降低废气排放。我国“十一五”规划纲要提出，“十一五”期间我国万元国内生产总值能耗将由2005年的1.22吨标准煤下降到1吨标准煤以下，降低20%左右；单位工业增加值用水量降低30%；主要污染物排放总量减少10%，二氧化硫排放量由2005年的2549万吨减少到2295万吨，化学需氧量（COD）由1414万吨减少到1273万吨；全国设市城市污水处理率不低于70%，工业固体废物综合利用率达到60%以上。这是贯彻落实科学发展观，构建社会主义和谐社会的重大举措，是建设资源节约型、环境友好型社会的必然选择，是推进经济结构调整，转变增长方式的必由之路，是维护中华民族长远利益的必然要求。

我国经济快速增长，各项建设取得巨大成就，但也付出了巨大的资源和环境代价，经济发展与资源环境的矛盾日趋尖锐，群众对环境污染问题反应强烈。这种状况与经济结构不合理、增长方式粗放直接相关。不加快调整经济结构、转变增长方式，资源支撑不住，环境容纳不下，社会承受不起，经济发展难以为继。只有坚持节约发展、清洁发展、安全发展，才能实现经济又好又快发展。同时，温室气体排放引起全球气候变暖，备受国际社会广泛关注。进一步加强节能减排工作，也是应对全球气候变化的迫切需要，是我们应该承担的责任。

为了化解现实中经济发展与环境保护的矛盾，应从以下几个方面着手，探寻节能减排的有效路径。

(1) 加快产业结构调整　要大力发展第三产业，以专业化分工和提高社会效率为重点，积极发展生产性服务业；以满足人们需求和方便群众生活为中心，提升发展生活性服务业；要大力发展高技术产业，坚持走新型工业化道路，促进传统产业升级，提高高技术产业在工业中的比重。要积极实施“腾笼换鸟”战略，加快淘汰落后生产能力、工艺、技术和设备；对不按期淘汰的企业，要依法责令其停产或予以关闭。

(2) 强化技术创新　要组织培育科技创新型企业，提高区域自主创新能力。加强与科研院校合作，构建技术研发服务平台，着力抓好技术标准示范企业建设。要围绕资源高效循环利用，积极开展替代技术、减量技术、再利用技术、资源化技术、系统化技术等关键技术研究，突破制约循环经济发展的技术瓶颈。

(3) 变革发展理念，转变经济增长方式　节能减排是建立环境友好型社会的前提和基础。在制定经济发展战略时应把自然也作为主体，把自然看作是与人类平等的生存对象，把人类社会的道德伦理延伸到自然界，这样我们的政策才会既关注到人，也关注到自然，真正实现人与自然和谐共存。改进对政府经济社会发展实绩的考核，使经济增长方式朝着有利于生态环境的方向发展。

(4) 大力发展循环经济　要按照循环经济理念，加快园区生态化改造，推进生态农业园区建设，构建跨产业生态链，推进行业间废物循环。要推进企业清洁生产，从源头减少废物的产生，实现由末端治理向污染预防和生产全过程控制转变，促进企业能源消费、工业固体废弃物、包装废弃物的减量化与资源化利用，控制和减少污染物排放，提高资源利用效率。建立以循环经济为重要特征的经济发展模式。大力发展循环经济是节能减排的具体体现，也是可持续发展的重要方面。要优化能源利用方式，提高能源生产、转化和利用效率。以减量化、再利用、资源化为原则，以低消耗、低排放、高效率为基本特征，实现最佳生产、最适消费、最少废弃。

(5) 加强组织领导，健全考核机制　要成立发展循环经济、建设节约型社会的工作机构，研究制定发展循环经济、建设节约型社会的各项政策措施。要设立发展循环经济、建设节约型社会专项资金，重点扶持循环经济发展项目、节能降耗活动、减量减排技术创新补助等。要把万元生产总值能耗、化学需氧量和二氧化硫排放总量纳入国民经济和社会发展年度计划；要建立健全能源节约和环境保护的保障机制，将降耗减排指标纳入政府目标责任和干部考核体系。建立长期有效的制度保障，建立健全有利于环境保护的决策体系。建立环境问责制，将环境考核情况作为干部选拔任用和奖惩的依据之一；探索绿色国民经济核算方法，将发展过程中的资源消耗、环境损失和环境效益纳入经济发展的评价体系；积极推动以规划环境影响评价为主的战略环评，从发展的源头保护环境；保障公众的环境知情权、监督权和参与权，扩大环境信息公开范围。

(6) 积极倡导环境友好的消费方式　大力倡导适度消费、公平消费和绿色消费，反对和限制盲目消费、过度消费、奢侈浪费和不利于环境保护的消费。通过环境友好的消费选择向生产领域发出价格和需求的激励信号，刺激生产领域清洁技术与工艺的研发和应用，带动环境友好产品的生产和服务。同时，通过生产技术与工艺的改进，不断降低环境友好产品的成本，促进绿色消费，最终形成绿色消费与绿色生产之间的良性互动。

中国将加快节能减排技术的研发和推广，并鼓励企业加大节能减排技术改造和技术创新投入，增强自主创新能力。中国将启动第二批循环经济试点，将深入推进浙江、青岛等地废旧家电回收处理试点，继续推进汽车零部件和机械设备再制造试点，并推动重点矿山和矿业城市资源节约和循环利用。同时，要组织编制钢铁、有色金属、煤炭、电力、化工、建材、制糖等重点行业循环经济推进计划。将节能减排指标完成情况纳入各地经济社会发展综合评价体系，作为政府领导干部综合考核评价和企业负责人业绩考核的重要内容。

“十一五”期间，中国将加快实施十大重点节能工程，形成2.4亿吨标准煤的节能能力。2007年中国形成5000万吨标准煤节能能力，重点是实施钢铁、有色金属、石油石化、化工、建材等重点耗能行业余热余压利用、节约和替代石油、电机系统节能、能量系统优化；工业锅炉（窑炉）改造项目共745个；加快核准建设和改造采暖供热为主的热电联产和工业热电联产机组1630万千瓦；组织实施低能耗、绿色建筑示范项目30个；推动北方采暖区既有居住建筑供热计量及节能改造1.5亿平方米；开展大型公共建筑节能运行管理与改造示范；启动200个可再生能源在建筑中规模化应用示范推广项目；推广高效照明产品5000万支；加快水污染治理工程建设；大力推动燃煤电厂二氧化硫治理。

思考题与习题

1. 环境保护法律法规体系包含哪几方面？
2. 环境标准是如何分类分级的？
3. 理解环境保护法律法规体系中各层次间的关系
4. 什么是“三同时”制度？
5. 如何理解重点污染物排放的“总量控制”？
6. 如何理解清洁生产、生态工业、循环经济？

第三章　厂址选择与总平面布置

第一节　厂 址 选 择

厂址选择是建设项目设计中的一项十分重要的工作。厂址选择适当与否，直接影响基建投资与速度、生产的发展和产品的成本、经营管理费用等各方面，即直接影响到经济效益。同时，厂址选择适当与否，也直接影响到环境效益。从宏观上说，厂址选择是实现国家长远规划，决定生产力布局的一个基本环节，因为项目建设地点的选择和确定，也就意味着具体实施国家的长远规划和生产力布局，实际上就是确定了全国生产力的布局。从微观上说，厂址选择又是进行建设项目可行性研究和项目设计的前提，因为有了项目的具体地点，才能较为准确地估算出项目在建设时的基建投资和生产时的产品成本，也才能对项目的各种经济效益进行分析和计算，得出项目是否可行的结论。在具体选择时，由于生产和处理的对象与规模不同，考虑的主要因素也不同，有的厂址主要取决于市场因素，有的主要取决于动力来源，有的主要考虑原料来源，有的受到环境保护因素的制约，如对于三废处理设施厂的厂址选择，离污染物的排放地点近是主要考虑的因素。

厂址选择主要包括以下内容：对工厂企业建设地址的选择称为厂址选择；对铁路、公路、强电和弱电线路建设地址的选择称为线路选择；对各种高、低压变电所建设地址的选择称为所址选择；对水利水电枢纽建设地址的选择称为坝址选择；对机关、学校、医院、仓库、电台、体育馆、纪念馆乃至火箭发射基地等建设地址的选择称为场地选择等。

厂址选择，一般分为建设地点的选择和具体地址选择两个阶段，地点选择也称选点，具体地址选择称为定址。

建设地点的选择是在一个相当大的地域范围内，如某段河流两岸，某省、某县、某行政区等范围内，按照项目的特点和要求，经过系统、全面地调查和了解，提出几个可供选择的地点方案，供对比选择。地址选择是在选点的基础上，再进一步深入细致地调查，从若干个可选的地点中，提出几个可供选择的具体地址，以便最后决策定点。

建设项目的建设地点的选择，除少数特殊项目外，一般都必须在国家规划的指导下，在规定的地理区域内进行，都须满足发展经济规划布局的需要。所以，建设地点的选择要以长远规划为依据。

关于建设项目的具体地址选择，对所有国家来说，其作法、要求、需要满足的条件和应该遵守的原则基本相同，都要符合技术、工艺、经济方面的要求。

如果按照可行性研究的阶段来划分，前面所讲的两个阶段也可分为三个阶段。

① 在机会研究阶段，可根据地图和初步设想大致地匡算出原材料、能源、交通、水源、环境、市场情况，大致确定建厂地点。

② 在初步可行性研究阶段，则须在前段工作的基础上，进行若干地点的调查，进行一些详细的研究比较，对于一些突出问题和关键环节可以专门进行辅助研究，对各方案的投资和产品成本要做出估算。

③ 在可行性研究阶段，要求更加深入细致，一般要对可能建设地点的位置、地形、地貌、气象、水文、地质、水源、交通、通讯、三废、环境、人口，以及施工条件和生活条件等，做出较为精确的计算。

厂址选择遵循的基本原则如下。

① 服从国家长远规划和城镇规划的要求。项目的类型应与所在城镇的性质和类别相适应，注意项目与城镇在格调上一致，例如在旅游景区，就不该建设污染严重的项目。

② 避免过于集中，合理发展中小城市。应认真贯彻执行关于“控制城市规模，合理发展中等城市，积极发展小城市”的方针，既有利于缩小城乡差别，促进城乡平衡发展，又有利于全国经济布局的改革，适应国防建设的需要。

③ 要选择与建设项目性质相适应的环境条件，例如集成电路和精密电子工业不能选在炎热潮湿和多烟雾的地区。

④ 精打细算，节约用地。尽量不占耕地、良田，充分利用荒地、劣地、山地和空地，即使是劣地河滩，也应注意节约，不能随意浪费。

⑤ 符合生产力布局的要求，并有利于节约投资，降低成本。例如：电力工业应考虑电力的远距离输送，有可能使缺乏燃料动力资源地区得到充分廉价的动力；钢铁工业应考虑原料、燃料的矿床组合条件；机械工业应考虑机器批量的大小及企业之间、部门之间协作的可能性；建材工业应考虑就地生产，就地消费，避免远距离运输。

⑥ 注意环境保护和生态平衡，保护风景、名胜、古迹。

⑦ 有利生产，方便生活，便于施工。

以上所述厂址选择主要涉及的是整个基本建设布局的战略性环节，这种总体部署是具体地址选择的前提条件，在我国一般由国家主管部门和地区主管部门负责人确定。

厂址选择要求不是一成不变的，它因项目类型、性质不同而异。例如大型机场就要求地质条件好，地势平坦，空域开阔，而且周围不能有超过规定的高大建筑物。对于核电站的建设地址要求，主要是地质条件好，岩性均一，承载能力强，水源充足，周围居民相对要少。一般地说，厂址选择的基本要求是：既要满足企业生产、建设和职工生活的要求，又应有利于所在城镇和工业小区的总体规划，不能危害四周环境、城镇、河流及景观。

厂址选择的具体要求如下。

① 厂区必须满足厂房按工艺流程布置建筑物和构筑物的要求，场地同样需要满足建设项目的实际需要，能合理布置建筑物及配套的构筑物。

② 厂区地形力求平坦或略有坡度，以减少土方工程，又便于排水。

③ 厂区应选在工程地质、水文地质条件较好的地段，严防在断层、有岩溶区、流沙层、有用矿床上、洪水淹没区、采矿塌陷区和滑坡下选址。厂区地下水位置最好低于建筑物的基准面，还应选在地震烈度低的地方。

④ 厂地宜靠近水源，并便于污水排放和处理。

⑤ 需设专用线的工厂，宜接近铁路沿线选址，便于接轨。

⑥ 厂址要便于供电、供热和其他协作条件的建立。

此外，还有一些特殊的要求，应根据建设项目的特点而定，如钟表工业要远离强磁场，感光材料厂要远离放射源，无线电发射台应远离无轨电车等，在选择厂址时都应进行具体调查分析，周密思考，慎重从事。

一、厂址选择中的环保要求

厂址选择是复杂的综合性课题，它涉及到政治、经济、技术、环保等多方面问题。厂址选择合理不合理，对环境质量的影响关系很大。因此，在建设项目的规划中，不仅要考虑生产上的需要，同时也要考虑环境保护的要求，做到工业和农业、城市和农村、生产和生活、经济发展和环境保护等方面全面安排，统筹兼顾，协调发展。

对于环保方面，应考虑如下因素。

1. 背景浓度

背景浓度即某地区已有的污染物浓度水平，如背景浓度已超过环境质量标准则不宜建厂，应选择背景浓度小的地区建厂。

2. 风向

大气的水平运动称为风，风是矢量，它包括气流运动速率（风速）和方向（风向）。风向指风的来向，地面风向用8（16）个方位表示，方位角为45°（22.5°），见图3-1。

风速指单位时间内空气在水平方向上移动的距离。

在空气污染分析中，风的资料常画成风玫瑰图，即在8个或16个方位上给出风向、风速的相对频率或绝对值，见图3-2。

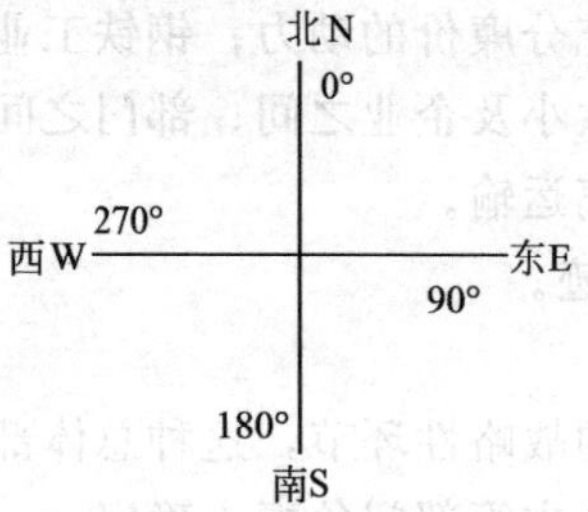

图 3-1　地面风向图

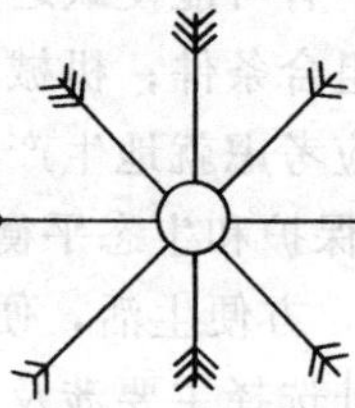
图 3-2　风玫瑰图

图中矢线长度代表风向频率大小，表示污染的时间。矢线末端风速羽（一羽代表0.5m/s）代表平均风速，表示扩散程度。风玫瑰图一般按5～10年的气象资料制作，或者按某月、某季多年平均值制作。

风向对厂址的选择有以下重要的影响。

① 污染源应选在居住区最小频率风向的上侧。

② 尽量减少各工厂的重复污染，即不宜把各污染源配置为一直线且与最大频率风向一致。

③ 排放量大、毒性大的污染源远离居住区。

④ 对农作物而言，有一抗害能力最弱的生长季节，此时污染源应位于此季节主导风向下侧。

例如，日本的石油化学工业，由于石油来自国外进口，工厂都布置在海边码头附近，工厂区后面则是商业区，在商业区背后才是居民区，而居民区后面又往往是山地。这种企业布局在日本一年四季海风居多的情况下，正好把工厂浓烟扩散到商业区和居民区，受到山地的阻挡，浓烟久而不散，给广大居民健康造成严重损害。日本的川崎市与横滨市就是这样一种受害的典型。

我国华北地区盛行西北风，也有不少工厂布置在城市的西北区。例如石家庄有个焦化厂不仅是位于城市的上风区，而且还建在城市里，对周围环境污染很大。邢台也有几个化工厂建在西面上风向地方，同样造成污染。

根据我国实践证明，按照上下风原则布置厂，对大多数平原地区来说，其效果是良好的。例如，我国上海金山石油化工区，它的生活住宅区布置在常年主导风向（东南风）的上风侧（建厂地区西风较少），生产区则根据各工厂的不同污染影响分别与住宅区保持不同距离，污染性越大的工厂离住宅区越远，并建立了300m宽的工厂区和住宅区之间的卫生防护带。这一布置对改善厂区卫生条件、防止环境污染起到了良好的效果，见图3-3。

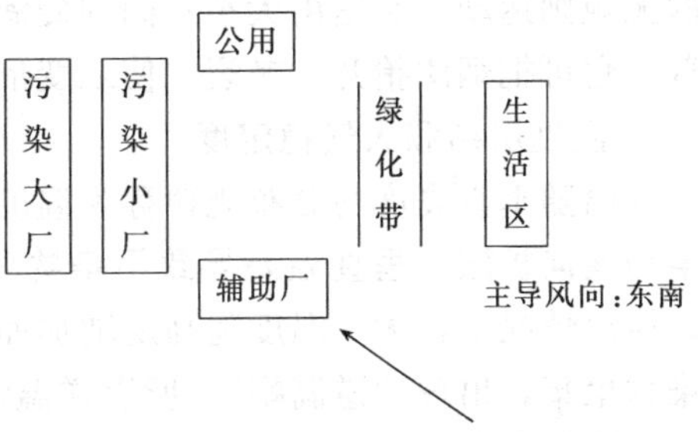

图3-3　上海金山石油化工区平面布置示意图

但是，对于一些自然条件复杂的地区，按上下风原则布置工厂就有些不够了。例如，我国东南部受东亚季风影响的地区，大部分地区每年都受两种风的影响，一般夏季为偏南风，冬季为偏北风，而且这两种风向频率相当。在这种情况下，布置工厂最好的办法是避开这两种盛行风向的影响，选用主导风向和次要风向之间合适的侧面来布置污染性大的工厂，或者将生产区和生活区分别摆在两种盛行风的左右两侧，或者选择适当的夹角来确定它们的位置。

3. 污染系数

厂址选择时仅考虑风向频率还不够，因为它只是说明被污染的时间，而没说明被污染的程度。例如，某风向出现频率虽少，但该方向风速小，不利扩散，导致污染物浓度较高。

从某污染源排入大气的污染物会沿着下风向输送、扩散和稀释。风速越大，扩散范围越大，污染物在大气中的浓度越小，即大气污染程度与风速成反比关系。

某一风向频率越大，其下风向受到污染的概率越高，即大气污染程度与风向频率成正比关系。

为综合表示某一地区风象（风向频率和平均风速）对大气污染影响的程度，提出用污染系数来表达。

$$\text{某一风向的污染系数}=\frac{\text{风向频率}}{\text{相应风向的平均风速}}$$

污染系数反映了各污染系数下方位污染可能性大小的相对关系。

按上式算出各风向的污染系数，绘制成风玫瑰图。不难看出，污染系数越大，下风向的污染就越严重。因此，污染源应设在污染系数最小方向的上侧。污染系数对厂址选择的影响举例见表3-1。

表3-1　污染系数对厂址选择的影响

项　目	北	东北	东	东南	南	西南	西	西北
风向频率/%	14	8	7	12	14	17	15	13
平均风速/(m/s)	3	3	3	4	5	6	6	6
污染系数	4.7	2.7	2.3	3.0	2.8	2.8	2.5	2.1
污染百分比/%	21	12	10	13	12	12	11	9

由表3-1可知，若仅考虑风向频率，污染源应设在东面，但从污染系数看，污染源应设在西北方。

4. 静风

另一个风的指标是静风出现频率及持续时间，全年静风出现频率高（超过40%）或静风持续时间长的地区不宜建厂。

风速时强时弱，风向来回不停摆动的现象称为大气湍流。大气湍流是大气短时间不同尺度的无规则运动。它是由大小不同的旋涡构成的，尺度大小与污染烟团相当的湍窝最有利于扩散，它可把烟团抬升、撕裂，使之变形，加速扩散。

5. 温度层结和大气稳定度

气温随垂直高度的分布规律称为温度层结。温差对大气扩散有很大影响，水平温差导致污染物横向扩散，垂直温差导致污染物垂直扩散。正常情况下，大气温度随高度增加而下降，逆温情况下，大气温度随高度增加而增加，逆温时会阻止对流层内层下烟气上升，造成污染物聚集，出现“逆温帽”，所以逆温情况下，大气状况稳定，抑制气体混合，不利于大气污染物扩散，容易加重污染程度。

因此建设项目的厂址选择不应在经常出现逆温现象的地区。

大气稳定度指空气块在铅直方向的稳定程度。Pasquill 根据地面风速（u_{10}）、日照量和云量把大气稳定度分为 6 类，即强不稳定、不稳定、弱不稳定、中性、较稳定和稳定，并分别以 A、B、C、D、E、F 表示，稳定指空气团受力移动后有返回原高度的趋势，中性指空气团受力移动后推到哪停在哪，不稳定指空气团受力离开原位后加速，有远离原高度的趋势。应用时，首先取得 u_{10}、云量等常规气象资料，然后确定大气稳定度类别，见表 3-2 和表 3-3。

表 3-2　太阳辐射等级数

云量,1/10 总云量/低云量	太阳辐射等级数				
	夜间	$h_0 \leqslant 15°$	$15° < h_0 \leqslant 35°$	$35° < h_0 \leqslant 65°$	$h_0 > 65°$
≤4/≤4	−2	−1	+1	+2	+3
5～7/≤4	−1	0	+1	+2	+3
≥8/≤4	−1	0	0	+1	+1
≥5/5～7	0	0	0	0	+1
≥8/≥8	0	0	0	0	0

注：1. 云量（全天空十分制）观测规则与中国气象局编定的《地面气象观测规范》相同。

2. h_0 为太阳高度角。

表 3-3　大气稳定度的等级

地面风速/(m/s)	太阳辐射等级					
	+3	+2	+1	0	−1	−2
≤1.9	A	A～B	B	D	E	F
2～2.9	A～B	B	C	D	E	F
3～4.9	B	B～C	C	D	D	E
5～5.9	C	C～D	D	D	D	D
≥6	D	D	D	D	D	D

注：地面风速（m/s）系指距地面 10m 高度处 10min 平均风速，如使用气象台站资料，其观测规则与中国气象局编定的《地面气象观测规范》相同。

太阳高度角 h_0 用下式计算：

$$h_0 = \arcsin[\sin\varphi\sin\sigma + \cos\varphi\cos\sigma\cos(15t + \lambda - 300)]$$

$$\sigma = 180(0.006918 - 0.39912\cos\theta_0 + 0.070257\sin\theta_0 - 0.006758\cos2\theta_0 + 0.000907\sin2\theta_0 - 0.002697\cos3\theta_0 + 0.001480\sin3\theta_0)/\pi$$

式中　h_0——太阳高度角，(°)；

φ——当地纬度，(°)；

λ——当地经度，(°)；

t——进行观测时的北京时间；

σ——太阳倾角，(°)；

θ_0——$360d_n/365$，(°)；

d_n——一年中日期序数，$d_n=0, 1, 2, \cdots, 364$。

建设项目的厂址选择应充分考虑到大气稳定度的影响。

6. 地形影响

如果厂址地形条件选择不好也会造成环境严重污染。特别是位于盆地的城市，当风把污染物吹进来，受到地形阻挡容易形成机械涡流区，使污染物不易稀释和扩散。

例如，我国兰州石油化学工业公司，周围多山，当遇到气压低、湿度大、风速小、雾多等不利条件时，烟雾长久不散，会造成比较严重的污染。

北京燕山石油化学有限公司也是地处山谷地带，有害气体经常积聚不散。燕山夏天刮东南风，冬天刮西北风，正好都沿着山沟吹，西北面又是高山，所以有害气体浓度特别高。

胜利石油化工总厂厂区多在谷底，居民区在山坡，烟囱出口处同居民区在一个水平面上，加上有的工厂建在上风向，正好把浓烟扩散到居民区。

7. 全面考虑建设地区的自然环境与社会环境

凡排放有毒、有害物质及放射性元素，产生恶臭、噪声等的建设项目，严禁在城市规划确定的生活居住区、水源保护区、名胜古迹、风景游览区及疗养区和自然保护区内选址。

排放有毒、有害废水的项目，应布置在生活饮用水源的下游。有些工业部门选厂址时往往愿意把工厂摆在靠近水的河流出口处冲击扇顶部或水源地上游，因为那里地质基础好，水源充足，水质良好。如果在冲击扇顶部和水源上游布置排放大量有害废水的化工企业，废水直接排入江河和渗入地下，下游沿岸的城市、居民点和工厂的水源就会遭受污染和破坏。

例如，洋河水质受到宣化钢铁厂焦化车间的严重污染，水体浑浊，河水有明显的刺激味，酚的含量很高；靠近官厅水库及其主要河道上游地区的沙城农药厂的滴滴涕和苯酚车间也有大量有毒废水流入库区，影响到官厅水库的水质，威胁着北京的水源供应。

考虑排放有毒废气对人体、农作物的不同影响。由于各类化工厂所排放的废气性质不同，其对环境的污染情况也不完全一样。例如，排放硫化氢的化工厂（如石油化工厂）和排放一氧化碳的化工厂（如合成氨厂等）对农作物、植物或树木都没有影响，但对人危害很大。相反，排放氟化氢的化工厂（如磷肥厂）则对农林业是个严重的威胁，但对人体的健康影响不大。因此，在考虑厂址的选择时也要在这方面给予应有的注意。

废渣堆置场应与生活区及自然水体保持距离，否则会引起环境污染。国家生活饮用水卫生标准中规定，地面水取水点周围不小于100m的水域内不得停靠船只、游泳、捕捞和从事一切可能污染水源的活动。河流取水点上游1000m至下游100m的水域内不得排入工业废水和生活污水。

填埋厂的选址应遵循如下原则：

① 地下水位应低，距下层填埋物至少1.5m；

② 远离居民区500m，位于城市下风向；

③ 交通运输方便；

④ 地下水防护条件好，防渗衬里如沥青、橡胶、塑料薄膜，渗透系数$<10^{-7}$ cm/s，厚度至少为1m；

⑤ 不在石灰岩地区；

⑥ 不在地震多发区。

现以氮肥厂为例，有三种布点类型，见图 3-4。

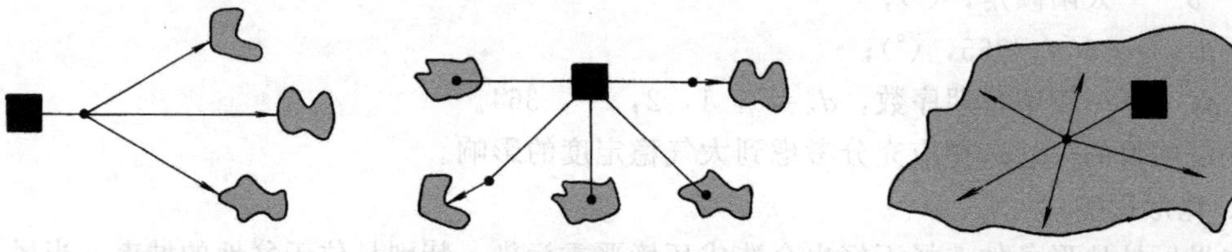

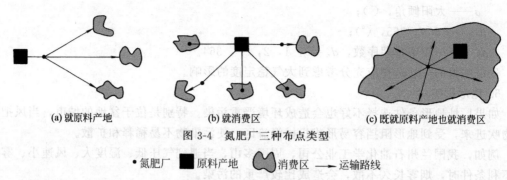

(a) 就原料产地　　(b) 就消费区　　(c) 既就原料产地也就消费区

图 3-4　氮肥厂三种布点类型

•氮肥厂　■原料产地　消费区　→运输路线

现代的氮肥厂从采用的原料路线到相应的工艺流程，以及动力设施等都有成熟的定型设计，生产成本、投资及原材料与水电气的消耗，不同规模、不同类型的厂都有其不同的设计数据。同一规模和类型的工厂在不同地区布点，它们的投资差别都不很大。但是由于各地区的原材料和动力供应条件不同，运输条件各异，它们彼此之间的生产成本就有很大差别。例如同样规模、同样原料路线的甲、乙两个合成氨厂，若它们的经营管理水平与消耗定额相同，甲厂靠近原料与燃料产地，乙厂远离原料与燃料产地，两厂的生产成本乙厂必然要比甲厂高。但是从整个的社会劳动消耗来评价，两个厂的经济效益还得计算产品从原料供应到产品消费整个周转过程的所有费用。例如，甲厂虽然靠近原料和燃料产地，但远离产品消费区，而乙厂虽然离原料与燃料产地远，但接近肥料消费区，由于产品距离消费地区远近不同，花在单位产品运输上的费用也不相同。因此要从经济上正确评价甲乙两厂的厂址何者优越，还需计算后面产品到达消费者手中这一过程所用的劳动耗费。由于化学肥料和煤都是载重量大的大宗物资，哪一种货物都不宜大量远程运输，因此在企业距离原料与产地不太远的情况下，应尽量使氮肥生产既接近原料与燃料产地，又靠近消费区。只有在原料产地与消费区距离很远的情况下，才可考虑把企业建在原料、燃料产地好，还是建在消费区好。

图 3-4 中氮肥厂的三种不同布点类型分别为：就原料产地、就消费区、既就原料产地也就消费区。

上面三种企业布点类型各有特点。从节省运费、合理布局的角度来看，以第三种类型比较理想，但实际情况很少有既是肥料消费区，又可就地取得原料与燃料的厂址。因此，图 3-4 所示的三种类型中，不是第一种占优势，就是第二种占优势。即使是第三种类型布点比较理想，但由于种种因素的影响，它的技术经济指标也不一定比第一、第二两种类型好，这就需要在选点过程中对不同方案进行技术经济比较后才能得出实际的结论。

总之，污染源是内因，其污染程度总是与具体的气象、地形、水文等外因条件相联系的，而且是错综复杂的。在厂址选择时，应该弄清楚这两者的关系，利用有利条件，采取必要的措施，使工厂、居住区和城镇的相互位置更趋于合理，达到改善和保护环境的目的。为了做好这项工作，在进行项目建设时，必须结合企业布点，调查清楚建厂地区各个季节的风向、风速和气象的变化，测定大气的扩散能力和防止污染所必需的烟囱高度，以及河流的水量、流速和自净能力等。如在沿海地区建厂，还要根据潮流、水位、波浪、水深等情况，测定排出物如何在海中净化，并以此规定排出场所，控制排放浓度等。

二、厂址选择中的其他要求

1. 原料供应的要求

新建企业在经济上是否有利，在布局上是否合理，在很大程度上与这些企业是否能就近找到廉价的原料供应基地有关。因此深入研究原料因素的作用，正确地评价原料基地开发利用的价值，合理地解决原料种类选择与原料基地布局的问题，有着非常重大的意义。

在厂址选择中，正确选择原料和做好原料基地的评价及其合理布局有着紧密的联系。正确选择原料是合理利用原料资源、提高厂址选择经济效益的重要手段，而对原料基地进行经济评价则是作好企业原料选择的基础。因此，正确选择原料和做好原料基地的评价及其合理布局应该是厂址选择中的重要组成部分。

(1) 原料因素在厂址选择中的意义和作用　原料是多种多样的，总的来说可分为两大类：一类是各种初级原料（矿物、动植物、水、空气）；另一类是各种副产工业原料（工业加工中的副产物）和中间体。这些原料，有的是直接取自于自然界，有的是采掘工业生产的产品，有的是加工工业部门的副产品，有的是农业提供的产品。

厂址选择中，原料因素之所以重要，是因为以下几点。

① 在企业生产中所使用的原料及材料费用占有很大的比重，在很多情况下，原料费用常占生产费用的60％～80％。因此在厂址选择中，选择最经济的原料，使新建企业靠近于廉价原料的产地，对于降低生产成本有着决定性的意义。

以合成氨生产为例，用天然气原料生产合成氨要比用粉煤便宜得多。如果以天然气为原料时每吨合成氨的原料费用作为100，则用粉煤作原料时，每吨合成氨的原料费用为208。由于用天然气为原料时水、电和车间费用减少，因而其产品成本也大大降低。如果在具有丰富而易于获得天然气与油田气的地区发展合成氨生产，这不但可以使地区廉价的资源得到合理的利用，而且还可以使新建企业获得更大的经济效果，做到合理布局。

② 许多企业生产中需要消耗大量的原料。例如，要获得1t苯酚，需要消耗1.2t纯苯、1.8t硫酸和1.4t烧碱。由于单位产品的原料消耗量很大，而且有些原料不便于远距离运输，因此附近有无这些原料的分布，是选择厂址的重要因素。

原料因素对厂址选择影响的程度，首先取决于单位产品的原料消耗定额的大小。原料消耗量大的产品生产，对原料因素的依赖性也就越大。在化工生产中，不同产品的生产和同一产品的不同生产方法，所消耗的原料量是不同的，同时，不同种类化工原料的运输条件与运费也不相同，因而原料因素对不同的化工生产布局产生不同的影响。

原料因素对厂址选择影响的程度，还取决于原料和成品运输经济指标的比较，以及综合利用原料的经济效果。例如利用硫铁矿为原料生产硫酸，原料和成品的重量几乎相等，但原料的运输费用低于成品。如果仅仅为了减轻原料的运输负担和降低产品成本中的原料费用，把硫酸企业配置在硫铁矿产地，那就要提高社会劳动总消耗，增加运输上具有特殊要求的硫酸运输量，增大运输工具的投资。再如，炼焦化学工业也是一个大量消耗原料的部门，每吨产品（焦炭）的原料（煤炭）消耗量为1.2～1.4t。如果把炼焦企业直接配置在有煤的地方，就可大大减少煤炭的运输量。但是，由于炼焦工业是和钢铁生产或化工生产紧密联系的，实行联合化生产，在综合利用资源上可以获得更大的经济效果，因此，把炼焦化工企业配置在冶金厂内或化工厂内比分开配置更为合理。

此外，在分析原料因素对厂址选择的影响时，还必须考虑到由于使用不同性质的原料所产生的不同要求。例如，合成氨工业的原料来源，主要有固体原料、液体原料和气体原料三大类。当合成氨企业使用固体与液体原料时，由于这些原料便于运输，企业就不一定要靠近原料产地，但如果改用气体原料，则其企业必须接近出产这些气体的地区或在天然气管道附近。

随着技术的进步和生产的发展，在自然界中和生产领域中有可能不断出现新型的原料，那些缺乏化工原料的地区也可能出现新的原料来源。因此，正确对待原料问题的途径应该是：一方面，大量消耗原料而对能源基地和消费地依赖较少的企业的建设，要力求接近原料产地，充分考虑原料的来源；另一方面，在勘探地质资源时，也要充分考虑地区平衡，特别是要注意在那些缺乏原料的地区，有计划地寻找与发展新的原料基地，并且根据当地所能提供原料的可能性，适当地配置有关的企业。另外，在建设某些相关企业时，也应考虑到可供本项目利用的副产品的加工要求。总之，原料因素对厂址选择的影响不是孤立的，而是在与其他因素的共同影响下表现出来的。

(2) 厂址选择中原料种类的选择问题　在厂址选择中，决定原料选择的因素是多方面的。在选择企业原料种类时，一般应考虑下列基本因素。

① 原料来源的数量和质量。生产所用的原料是多种多样的，原料需要量一般也较大，对其质量和规格也有一定的要求。在配置企业时，首先要调查所选用原料的来源是否有保证，在数量上和质量上是否能满足需要。如果选用的原料是矿物，则要了解其工业储量、质量规格、采掘计划，以及国家的分配方案，如果选用的原料是其他工业部门的产品，则还必须了解其生产发展的远景能否保证本企业将来的需要。

② 技术上的可能性。企业生产中所使用的原料，是和一定的生产工艺相适应的。使用的原料不同，则生产工艺方法也不同。例如，碳氢化合物气体制乙炔，用电裂化法与加氧热裂化法；液体石油产品制乙炔，用热氧化热解法；电石制乙炔，用电石法等。一项新原料能否采用，不但取决于经济效果，同时还要考虑采用该项原料的生产技术是否已经掌握，在设计上、设备制造上及生产操作上有没有问题。

③ 交通运输条件。一个年加工原油 700 万吨，生产各种油品和化工产品 500 万吨的大型石油化工联合企业，每年总原材料运输量达 700 多万吨。如果没有足够的交通运输工具，就不可能负担如此大量的运输任务。因此，原料的运输是否方便，运输能力有无保证，也是选择原料的重要因素之一。

上述因素是影响厂址选择中原料选择的最基本的条件。如果拟选原料不符合这些条件的要求，在生产中也就不可能采用该种原料。但是，当有几种原料都符合上述条件时，应当以最大的经济效益和环境效益为选择的标准。

但是在实际工作中还往往会碰到以下一些复杂的情况。

a. 有时采用某种原料可能在经济效果上不如另一种原料，但从合理利用国家资源出发，在生产上也仍应采用。例如用天然气为原料生产合成氨，虽然比用煤炭为原料有利得多，但是由于我国石油和天然气资源分布不平衡，在许多煤炭资源丰富的地区，就不能忽视利用煤炭资源。

b. 从全国来说，采用某种原料可能在经济效果上不如另一种原料，但从各地区具体条件出发，也可能会得出相反的结论。例如，在一般情况下，用石油乙炔和天然气乙炔生产氯丁橡胶要比用电石乙炔生产氯丁橡胶经济些，但是在某些地区不仅有大量的炼焦煤矿床，还有易于开采的不含镁的石灰石，电力便宜，又靠近食盐产地，而且生产废料能够合理利用，则发展电石乙炔生产氯丁橡胶也可能比那些既缺乏石油、天然气，又远离食盐产地的地区采用石油和天然气乙炔生产氯丁橡胶更为有利。

因此，要正确地选择原料，解决原料的来源问题，在厂址选择中还要注意下列几个问题。

a. 应将国家合理利用资源和每一个企业合理利用资源结合起来。现代的工业部门之间有着千丝万缕的联系，这一部门生产的副产品和废料，可能就是另一些部门的原料，而某一些部门所用的原料，也可能是其他一些部门所需要的原料或燃料。如果其中有一个部门不注意从整体出发，只顾本部门的方便，就必然会影响到其他部门，使国家的资源得不到合理的利用。例如，石油气既是一种高热值的动力燃料，又是一种有价值的化工原料。对石油气进行化学加工，可以取得一系列的石油化工原料和有机合成产品，取得巨大的经济效益。石油企业把石油气当作燃料使用，对于石油企业本身来说虽然极为有利，但就国家资源的合理使用着眼则是一种浪费。又如在一般情况下，企业使用劣质原料可能会对其生产指标和经济效益产生不利的影响。但是在优质原料资源不足的情况下，在能用劣质原料的地方企业应当尽量利用劣质原料，把优质原料腾出来用作非用优质原料不可的地方。

在企业原料选择过程中，国家资源的合理利用与一个企业的原料选择应是统一的。如果两者发生矛盾，企业的利益应该无条件地服从于国家的利益。那种只从本部门企业的利益和方便出发而忽视国家资源合理利用的现象必须坚决反对。

b. 既要从世界发展趋势出发，又要结合本国、本地区条件考虑。在国际上或一个国家内确定一项原料路线，往往是通过不同原料的技术经济比较以后决定的。由于此类大范围的技术经济比较都是采用平均数值，因而很难具体反映各个国家和地区多种多样的原料选择条件，也很难都代表各个国家和地区的具体情况。

c. 大力发展综合利用，开辟新的原料来源。在生产过程中，综合利用原料资源、废料和废渣，是合理利用原料、动力资源，扩大企业的原料来源，节约国家财富的重要途径。一个年产 10 万吨的合成氨厂，每年就有 20 万吨的二氧化碳气体可供制取尿素、碳酸氢铵等肥料。

在企业选择原料来源的过程中，必须优先考虑采用通过综合加工得来的廉价原料。因为这些原料一般都是各企业在生产主要产品的同时获得的副产品。对于这些大量的副产品，如果不进一步加以利用，则只能当作废物处理，使国家资源大量浪费掉。

d. 使工业企业尽可能靠近原料基地，减少不合理的远途运输 。一个大型化工企业所需要的原材料，每年常以十万吨、百万吨计算，如果经常依靠远程运输来供应，既不利于生产，运输业也负担不了。因此使新建企业尽可能靠近原料基地，是充分地、合理地利用各地资源的一项根本性措施。

由上可见，在厂址选择中，正确地选择原料种类，是一个关系着企业的经济效益和国家自然资源合理利用的问题。而深入分析影响原料选择的各种基本因素，并考虑到其经济效益和有关国家资源利用的技术政策，及地区具体条件，应该是做好此项工作的科学依据。

(3) 厂址选择中原料基地的评价　企业所用原料有许多不是初级原料，而是有关工业部门的产品或副产品。例如合成材料生产中就大量使用基本有机合成工业生产出来的各种中间原料。这类原料来源是否有保证，主要取决于生产该种原料的工业部门的生产发展规模以及市场上的供需关系。因此，在厂址选择时，要结合工业部门之间的协作条件，来解决新建企业对于此类原料的需要问题。

例如，在化工企业中，化工生产所用的原料虽有许多是工业产品，但归根到底，化工生产都直接或间接采用初级原料，而初级原料又以矿物为主。因此，做好矿物原料基地的评价，对于确定整个化学工业原料基地的建设和利用方向就有着重大的意义。

在化学工业布局中，对矿物原料基地进行评价，其目的在于研究各种矿物资源与化学工业生产的联系，评定矿物资源在一定的经济、技术条件下进行开发利用的可能性和合理性，从而为企业选定经济而又便利生产的原料基地和原料种类提供科学依据。

化学工业布局中矿物原料基地的评价所涉及的方面不仅是地质条件，而且也包括开采技术和经济地理条件。

① 地质条件对矿物基地的生产规模和开采工艺有直接的影响，并决定着原料开采的主要技术经济指标。

地质条件包括原料资源的储量和质量、矿层的埋藏条件、可开采的厚度和长度等因素。

一个矿山或油田、气田是否有开采利用价值，首先决定于它的储量能否满足企业生产最低限度的需要。在储量上达到了可以开采的标准后，才能根据储量的大小和用户需要量来确定矿山、油田、气田的开采规模、开采年限和开采强度。因此，矿藏的储量是确定矿物资源工业价值的出发点。

化学工业所用的矿物原料主要是可燃矿物（石油、天然气、煤炭）和各种化学矿物（硫铁矿、磷矿、钾矿等）。前一类矿物不仅可用做化工原料，同时也是其他国民经济部门（如冶金、电力、石油等）所需要的原料或燃料。化学工业中此类矿物的来源是否有足够数量保证，不仅决定于这些矿物蕴藏量的大小，而且还取决于参加这些矿物分配用户的需要情况。后一类矿物基本上是由化学工业部门内部分配的，一个化工矿山是否能开发利用，主要取决于化学工业本身的发展要求和该矿能提供多少合格的商品矿石。

矿物资源储量的评价，除了确定矿山、油气田储量的大小及其服务年限外，还要说明它在各区以及全国储量平衡表中的比重，这是缺乏该种矿物资源的地区扩大地质勘探的依据。

矿物的储量虽然在矿物基地评价上是一个很主要的指标，但它不能表明整个矿床利用价值的高低。例如，一个油田出产的是高质量的低硫石油，但储量不大；另一个出产的是高硫石油，而储量很大。在这里就不能只从数量上判明这个油田或那个油田的价值大小，而必须把油田的储量和质量联系起来，才能作出正确的评价。

化学工业所用的原料有许多是和其他国民经济部门共用的燃料矿物。这些燃料矿物对不同工业部门是要求不同的。例如焦炭既是化工的原料，又可作为冶金和铸造的燃料。从冶金角度看，焦炭的质量最好是灰分少、含硫低、强度大、固定炭高，而在化工方面则突出要求挥发分高。由于不同部门对焦碳的质量要求不同，因此对煤种的选择和配煤的比例要求也不一样。冶金用焦需要多配一些煤焦，而化工用焦则需要多配一些挥发分高的气煤，因为挥发分越高，煤气的产量就越大，回收的化学产品数量也就越高。化学工业对燃料矿物要求的特点是数量不很大，但质量指标要求很严。如果矿物质量指标达不到规定的标准，在现有技术水平上，就不可能在生产上被采用。

化学工业对各种原料质量的要求，是随着不同的产品和不同的工艺方法而不同的。同是利用一种原料，由于加工的产品不同，采用的工艺方法不同，其对原料的品位、成分的要求也不同。例如，用接触法生产硫酸，对硫铁矿品位要求不高（含硫量18%以上）；而改用塔式法时，则硫铁矿含硫量要求在30%以上。又如，化工用石灰石在用于制纯碱时，要求碳酸钙含量大于90%，而用于制电石时则碳酸钙含量必须在96%以上。在制电石用石灰石和含碳材料中，还要求少含磷、砷、硫、镁、硅、铁等杂质，因为这些杂质会使电石生产用的电耗量增大和产品的质量恶化，从而影响到电石生产一系列的重要技术经济指标。由此可见，对化工原料资源进行经济评价是个比较复杂又细致的工作，而做好这一工作不仅要对原料资源本身的质量状况有所了解，同时也要对加工企业的生产特点及其对原料的要求有所了解。

② 构成矿床开采技术条件的矿物开采能力、矿床形状、矿床深度、岩石坚固度、含水量等因素，对确定化学矿山的开采方式、开采方法、开采系统和布井程序有着决定性的

意义。

矿床开采技术条件好，如矿体规则、靠近地面、地质和水文地质条件简单等，不但能节约基本建设投资，而且可以提高劳动生产率，降低产品成本。

在自然界中，矿床的地质状况是比较复杂的。矿层有深有浅，矿体有规则与不规则。在评价化工矿物开发技术条件时，必须经常注意地质条件的变化，摸清各矿体地质构造的特点，以便根据投资和材料供应的可能性，来选择开采技术条件最好、投资效果最大的矿床作为加工企业原料供应的基地。

③ 经济地理条件在矿物原料基地的经济评价中有着重大意义。在评价矿物原料生产时，必须考虑矿物产地的经济地理位置、农业基础、运输与动力条件、水源、建筑材料供应等。

矿物产地的地理位置，对资源的开发时间、开发期限和建设指标有很大影响。如在交通便利而又靠近工业城市的地区，组织矿物开采就可收到投资省、收效快的效果。与此相反，如在交通不便、经济上未开发的地区组织化工矿物开采，势必大量增加基建投资，延长开发期限。

地区的农业基础，对矿物基地的开发规模有着重大的影响。在农业基础好、商品粮和副食品供应有保证的地区扩大矿物的开采规模，劳动力来源容易解决，职工生活也好安排。如果在农业基础薄弱的地区大规模发展矿物开采，势必从远地大量运进粮食，增加运输上的负担。

运输与动力条件的评价，首先应估计到现有交通与动力设施是否能解决矿物产地开发的需要，如有这种可能，就可以缩短矿产地建设期限和减少投资。但是，在一般情况下，新开发的矿产地都必须在道路建设和动力设施等方面投入大量的资金。因此，建设交通线路和动力设施的投资大小，对于确定矿物基地的开发价值也具有很大意义。

矿区所在地有无充足的水源，也是评价矿物基地时必须考虑的重要因素。现代的采矿方法，需要消耗大量的水。例如，每生产 1t 原油需耗水 4～5t。如果矿区缺乏充足的水源，则需要建设较长的输水管。

经济地理条件，虽然在很大程度上可以决定矿物基地开采的经济合理性，但它们不能成为确定矿物产地是否可以进行开发的决定性因素。

对矿物原料基地经济评价的最终目的，是要为加工企业寻找能获得最大经济效益的矿物原料基地。由于决定矿物原料基地经济效果的因素往往是多方面的，常常有的矿物原料基地在某些方面的效果好，如矿物储量、质量，而在另一些方面的效果则不好，如交通与水源条件。因此，要全面评价某一矿物原料基地的经济效果，就必顺对能反映各原料基地经济效果的各个指标和各个因素进行详细的综合分析和计算，才能得出正确的结论。要正确地对矿物原料基地进行评价，必须把自然、技术和经济三方面结合起来，既要研究各种矿物原料资源的自然特性及其与生产之间的内部联系，又要考虑到国内当前技术水平和可以预见到的将来技术水平，估计到不同的技术水平对于该种矿物资源的利用可能产生的影响，同时还要考虑到国民经济发展需要和经济效果。这三方面的任何一方面都是不可忽视的。

2. 能源供应的要求

能源供应与厂址选择有着密切的联系。从有工业生产的时候起，能源就变成了影响厂址选择的重要因素。在蒸汽机发明以前，流水的力量是动力的主要源泉，机器靠水力转动，所以工厂只能分散建立在河道的旁边。蒸汽机的发明，使工业生产摆脱了工场手工业由于采用原始动力所造成的地域限制，使工厂可以从孤立的水流落差地区靠近到分布普遍的煤产地。电气化为现代工业的发展带来了巨大的变革。在电力使用初期，依靠运来的燃料进行生产，而且只限于发电地区应用。输电工程的发展，改变了能源产地和能源消费地区、发电地点和用电地区之间的这种联系，扩大了电力供应的范围，并使距离用户地区很远的能源也能得到利用。这种情况在工业地理上有着重大的意义。因为，在一国境内能源产地分布和能源消费地分布往往是不一致的。比如，煤集中在煤矿埋藏的地方，水力集中在江河落差较大的地方。许多大的工业城市因为历史的关系远离能源产地，因此形成能源产地与能源消费区之间的隔离状态。电力的集中生产和远距离输送，使各种工业的工厂可以建设在靠近生产原料的地点，或靠近产品消费区，使电厂建设在靠近有燃料或水力的地方，使我们能在国土之内有计划地合理配置工业生产。

能源对厂址选择的影响程度是根据各种生产消耗能源的多少而不同的。消耗能源大的生产，由于单位产品消耗能源量大，厂址的选择对能源因素的依赖性也最大，能源往往是其决定性因素。能源消耗量小的生产，厂址选择则对能源的依赖性较小。但是，随着技术的进步，生产方法的改变，某些消耗能源小的工业也可能改变为大量消耗能源的工业。例如，以石油废气等为原料代替以马铃薯、粮食或糖浆为原料生产酒精，这种改变，在能源需要上将有很大变化，单位产品的耗电量要成十倍、百倍地增加，电源对厂址选择的影响也将大大扩大。

能源供应对消耗能源大的工业企业的厂址选择的强烈影响，由以下情况决定：

① 发展能源消耗大的工业必须要有强大的能源为基础。消耗能源大的工业单位产品消耗的能源量很大，需要能源很多。例如，建设由一套年产 60 万吨乙烯的联合装置及其配套工程组成的大型石油化工联合企业需要配备 42 万千瓦的大型热电站才能满足要求。在能源消耗比重高的各企业中，用于能源基地的基本建设投资也比较高。

② 廉价的能源是决定消耗能源大的工业发展的重要依据。在耗电量大的化工产品的总成本费用中，电费所占的比重一般达到 20%～40%，个别达到 80%左右。电费的变动将直接影响到产品成本的升降。

③ 在一个地区配置消耗能源大的工业企业时，不仅要考虑是否能取得廉价的能源，同时还要考虑地区能源分配的盈亏情况。如果把地区能源资源所能生产的全部能源分配给区内必要的国民经济部门使用而毫无剩余，该地虽有廉价的能源，也不适宜建设耗能源大的工业企业，否则不是影响其他国民经济部门动力需要，就是要从外区输入昂贵的能源来供应，这在经济上是不合算的。

④ 大型的消耗能源的工业企业，必须建立在强大的水电站和廉价燃料基地附近。由于消耗能源大的生产耗电、耗热大，企业的规模在很大程度上受电源和燃料来源的限制。

在一般耗电少而耗热多的化工企业中，如合成氨厂、石油裂化厂、肥皂厂等，在它们的厂址选择时，必须考虑到要尽量靠近热电中心站，因为这样就可以不必建设自己的电热基地，或者专门的输电输热线路，以及可以减少这些项目在生产时期的生产费用。

在工业企业中使用的动力需要各种燃料提供能源。而正确地选择能源基地，对于降低工业企业的经营费用、改善技术经济指标和降低产品成本等方面都有很大的意义，特别是对于大型工厂和联合企业则意义更大。

正确地比较企业的能源消耗，必须是全面估计各种化工企业的能源经济特性，既要考虑到该企业在经营方面所需的能源消耗，也要计算入与保证该企业以原料、辅助材料有关的能源消耗。

在进行能源供应来源的选择时，一般应考虑下列因素。

① 必须符合国家的能源政策，最大限度地节约燃料动力资源。在确定企业的能源供应

时，必须从整个国家的利益出发，最大限度地节约能源，否则破坏了国家能源政策原则就会导致国民经济比例失调，造成人为的困难与带来巨大的损失。例如，石油不但是一种有价值的燃料，而且也是重要的原料，以石油为原料进行加工，可以获得大量的各种各样的化工产品、如果把宝贵的大量原油用于烧锅炉，这对整个国民经济来说无疑是极大的损失。

许多现代的化学工艺过程要求高热值的燃料。技术进步提高了煤气作为动力资源的作用。实践证明，在化工生产中和利用高热值煤气甚至比使用液体燃料更为有效。由于气体燃料具有燃烧产物干净、不会污染大气等优点，在许多化工企业中正越来越多地使用天然气、焦炉气和煤的气化代替固体燃料。

② 选择的燃料来源不仅在开采上应有最好的指标，而且还包括运输、加工和利用上应产生最大的经济效益。

在开采方面主要包括：a. 开采的规模和矿山地质条件；b. 燃料的质量（主要是发热量指标）。

前者直接影响燃料开采的经济指标，如开采的单位投资和成本。技术革新在一定程度上能减少不利的条件，但这种新技术采用，需要大量附加费用，所以只能缓和而不能根本克服对经济指标的影响。

后者影响到开采、运输、加工和电厂中使用燃料的经济指标。如果单位开采投资相同，则燃料质量越高，开采成本和运输费用就越低。燃料的质量不仅影响燃料的开采成本和运输费用，而且也直接影响到电厂的单位投资、劳动生产率水平和生产电能的运行费用，相应地影响到每度电的成本。目前我国火力发电厂利用的燃料主要有煤炭、石油、天然气、油页岩、原子能等，而利用最广泛的是煤炭。在同样的容量和建厂条件下，用天然气做燃料，可以减少一系列的复杂设备，改善运输条件，缩小厂房面积。

③ 尽量就地选择燃料基地，消除不合理运输。我国化学工业使用的动力燃料和工艺燃料以煤炭占比重最大，其次是石油和天然气。但石油的使用量正在增长。煤炭是大宗货物，体积大而单位价值不高，而化学企业和火电厂的需煤量又很大，所以在选择燃料基地时，一定要考虑尽量就地选择，或使企业靠近燃料基地，避免远距离运输。原油及油品虽可通过管道、油轮和罐车远途运输，但炼厂气因数量少只宜就地消费。因此化工企业在以油气为燃料时，也必须尽量使炼油厂和化工厂企业靠近或联合在一起，或者使化工企业靠近输油管和输气管。

应该指出，在一些企业选择燃料基地时，往往只片面注意燃料的质量和本企业内的盈利，宁愿使用远途运来的优质价廉的燃料，而不愿就近利用当地的劣质燃料。这种情况必须纠正。为了减少国家铁路运量，消除不合理流向，在两个燃料基地供煤条件相差不大的情况下，应首先考虑距离近、交通方便、战时安全、现有运输能力可以承担的煤矿作为它的燃料基地。

为了正确地选择化工燃料基地和燃料供应来源，必须对各种可能取得的燃料来源进行必要的技术经济比较论证，以确定其投资较低、供应有保证的燃料基地。化学工业燃料基地选择的经济比较与论证，一般是从燃料蕴藏量、开采计划与开采条件、运输条件等方面肯定了供应的现实性后，再进行其他费用和有关因素的比较，以选定经济而又便于利用的燃料基地和燃料来源。

3. 水源的要求

水是工业生产发展的最基本条件，没有足够数量和合格质量的水供应，工业实际上就无法存在。如化学工业，生产需要大量的水，在具有一定规模的现代化炼油厂、石油化工厂、炼焦化工厂、合成氨厂、制碱厂等，每昼夜需要消耗上十万，以至上百万立方米的水，因此如果水源不可靠、不落实就建厂，必然会导致投产以后减产、停产，甚至迁厂的后果，使国家财产大量浪费。例如，山西地区有个小型化肥厂，在基建全部完成后，发现水源不落实，不得不另选厂址重新建设，损失达100万元；又如某维尼纶厂，在厂外水源及输水工程全部完工以后，由于工农业争水，不得不报废厂外供水设施，另找水源，造成90万元的损失。

现代的大型石油化工联合企业耗水量巨大，如果当地水源没有足够保证，或者只部分保证，势必造成远距离大量引水，增加国家投资。例如，我国华北地区某大型石油化工基地，由于选厂时没有充分考虑到将来的发展，以至后来由炼油厂发展成大型石油化工基地时，发现水源不足而不得不从40km以外的地区引水，仅引水管道工程一项投资就花了数亿元，约占整个化工基地总投资的9%。由此可见，使企业靠近充足的水源地具有多么重要的意义。

用水大户对水的依赖性大，如果有大量廉价的水供应，对减少企业投资和降低产品成本无疑是一个很有利的条件。例如，在华东地区有两个准备利用原有基础进行新建的大型化工企业，一个紧靠大江，取水方便，另一个当地水源不足需要从70公里以外的地方引水。由于前者处在紧靠大江的有利条件，其用水量虽比后者大六倍多，但其水的投资却与后者大致相等，水的投资占企业总投资的比重比后者低得多。可见，大用水企业如能靠近大水源地，将可大大节省水的投资和总的投资费用。

必须指出的是，水是不适宜远距离运输的。从我国水源分布特点看，要在一定地区范围内找到合适水源的可能性是很大的，即使是在一些沿海缺乏淡水的地区，由于气候湿润多雨，地形起伏，只要筑坝引水仍可以尽量解决工业用水和生活用水的需要，但是，从工业布局的角度来看，使工业企业特别是那些耗水量大的大型化工企业就近水源，避免远距离输水，这是十分重要的。因为这样可以节省大量投资和电力，降低生产成本。例如，我国沿海地区某市的一个化工厂，该厂日取水36万吨，其紧靠江边的厂址方案比离江1.5公里远的方案，仅供水工程投资即可节省130万元，每年用电可节省约192万千瓦时。如相应估计到排水管道基建费用，则紧靠水源的厂址经济效益就更加明显了。

由此可见，水的供应应该是厂址选择的一个十分重要的因素，必须充分估计到水的作用。在新建企业时一定要弄清水源地的情况，做好水的平衡工作，使新建企业水的供应能在经济上获得最大的节约，在供水上得到最可靠的保证。

在厂址选择中，不但要求有足够的水量保证，而且还须有一定的水质要求。如果仅从水量上选定厂址而忽略了水质情况，就往往会造成企业投产后因水质不好而严重腐蚀设备或影响产品质量，给生产上带来许多麻烦，并增加额外的投资。例如，上海金山石油化工总厂，选在黄浦江下游的海滨地区，水源充足，取水也方便，但投产后发现淡水来源含氯离子过高，腐蚀设备严重，因而不得不另搞引水工程，仅此一项就增加三千多万元的投资。

生产对象不同，对水的质量，如味道、杂质、可溶物、微生物含量、水温等都有不同的要求。例如，化工企业用水主要是用于冷却气体或液体。如果水温高，不但要求水量大，而且有时还会影响产品数量和质量。水温一般要求在25～32℃以下，水温越低对化工产品越有利，因为这样可以节省冷却设备，节约投资。

在大多数化工企业中，对水中含有的悬浮物亦有一定的要求。管式冷却器对水中悬浮物的要求一般是不超过50mg/L，悬浮物多了，冷却效率就会降低，产生结垢现象。敞式冷却器对水中悬浮物要求不高，但悬浮物数量也不宜过多，一般以平时不超过400mg/L、洪水期不超过 1000mg/L 为宜，否则会增加沉积物的清除次数。

在靠海地区，有的厂址水源往往取自与海口直接沟通的大江下游，受着潮汐的影响，往往混入大量的盐类，氯离子含量比较高。这对于工业用水的设备、生活饮水、处理投资及人体健康等不利。同时，随着海潮的涨落，也会将海中的水生动植物卷入海口及通海河流。这些水生动植物，在常温条件下繁殖性都很强，并顽固地黏附在进水管金属混凝土壁表面上，生存日久之后层层增长，对水源造成侵害，使进水能力减少，管流阻力增加，并影响安全供水。因此避开海潮选择水源是防止上述现象发生的有效办法。

在自然界里，水质是因水源不同而不同的。一般，地下水比较清洁，浑浊度、耗氧量和温度均低，几乎不含细菌，适于饮用、冷却、空调等用。河水中矿物含量较少，硬度低，适于锅炉用水。海水由于含盐量大，腐蚀性强，未经处理一般不宜使用。化学工业是一般用水量较大、对水质有特殊要求的部门，因此在配置化工企业时，必须考虑靠近可靠而又经济的水源地，然后再根据水源地的水量、水温、水质，水源地距厂址的远近，水源水位与厂址的标高位差，设置水泵房及铺设管线的难易，工程投资和年经营费用的多少来进一步确定企业是采用循环水还是采用直流水。如果有河水、湖水、地下水集中水源可利用时，还要根据企业对水量水质的要求和供水安全，以选用一种或两种以上的水源。在进行水源选择时，首先应该考虑一切可能利用的水源，根据需要水量和水源资料，做出比较方案。一般说来，化学工业用水多为冷却水，要求低温，因此有低温的地下水时，采用这种水往往是经济的。但当地下水量不足，或者地表水在枯水期流量很小时，可以并用地下水和地表水，以互相调剂。

为了使有限的水源得到充分的合理的使用，在厂址选择时考虑给水方面必须注意以下几个问题。

① 要本着节约用水的原则选择水源。大型企业在规划设计阶段就要充分注意水的节约问题，在厂址选择时应尽可能靠近大江河水源地，如果当地没有大江河水源地，要大量使用地下水源或大水库时，也得首先考虑农业用水需要，从节约用水角度出发，通过地下水的合理分配，使工业与农业都能得到发展。

② 在需要大量冷却用水的企业，必须建立循环水系统，做好水的回收与再利用工作。

目前在化学工业中被广泛采用的循环水系统不仅可以大量节省企业新鲜水的用量，而且还可以减轻对水体的热污染。以年产 6 万吨合成氨、11 万吨尿素的化肥厂为例，如果用直流供水系统，每小时需要给水 3000m^3，通过冷却水带走的热量如果放到一条流量为 10m^3/s 的小河流里，将使河水温度升高 1.4～2.0℃。可见直流供水对水体的热污染是相当严重的。如果采用循环水系统，只需要少量新鲜水和冷却塔补充水，又不会造成水体的热污染。因此，在生产中广泛推广循环供水方式应该是大量节约用水和防止水体热污染的一个很重要的措施。在大型化工联合企业中，除冷却循环回收的水外，还有大量排出的污水。这些污水进行净化处理后一般都可供化工厂冷却用。这样就可以节省出大量优质水改做其他工业用水和生活用水。在大型化工联合企业都应当建立污水处理厂，以解决废水的排放与利用问题。在有条件而水源又不足的大型化工区，还可将污水回灌入地下经净化后再利用。例如，我国天津、上海等城市，冬季把冷冰的地表水回灌到地下含水层里，夏季再把它取上来作为冷却水使用，1t 回灌水能顶 2～3t 普通深井水使用，不但调整了用水负荷，而且提高了深井水的冷却效率。

③ 要从全局出发，相互协作，综合利用国家水资源。一般化工企业都希望有一个自备的水源，特别是用水量大的化工联合企业，考虑到安全供水的需要都想自己开辟水源地。但实际上大的水源地一般都是工农业生产各个方面共同使用的，不可能一家独占。因此，在共

同使用同一个水源时应从全局出发，节约用水，以保证重点用户的需要。在条件许可的条件下，厂与厂之间要搞好用水的协作关系。例如，小化肥厂若与洗煤厂靠近，洗煤厂的生产用水可先借给化肥厂用完后再利用洗煤，因为经过化肥厂使用过的水，只是温度升高了，水质没有变化，而水温升高对洗煤厂浮选反而有利，这样小化肥厂也就可以省去另建水源地的投资，共同协作，双方都有好处。又如磷酸制造厂，可利用生活污水洗烟气，然后再利用它输送石膏副产品等，综合利用水资源，就可大大节约用水，提高水的利用率。

④ 在靠海地区的企业，应尽量创造条件以海水代替淡水作工业用水。海水数量大，取用方便，且水温较低（夏季一般可比内河水温低 1～1.5℃），适宜于做化工企业冷却用水。但其盐分含量高达 35g/kg，对金属管道和设备的腐蚀性较强。有的海水还含有较多的泥砂，水质浑浊，需经加药沉淀后方可使用。同时，海水中有许多海生生物容易在管道内吸附繁殖，缩小管道断面，增加水头损失，减少供水能力，甚至严重堵塞管道。

总之，在厂址选择中，节约用水的途径是多方面的，只有从思想上重视这个问题并相应采取必要措施才能保证企业不断取得经济、充足又合格的用水来源。反之，如果不注意用水的节约，虽有水量充沛的水源也会造成用水紧张，以致影响企业正常生产。因此，节约用水问题无论是在选择厂址阶段还是企业投产以后都要给予应有的注意。

三、厂址选择的步骤

1. 准备阶段

根据计划任务书中工厂的组成、工艺流程及类似工厂的资料，确定主要车间的面积和外形尺寸，绘制总平面草图，一般选 2～3 个方案进行比较。

根据工厂生产规模及扩建规划，初步确定工厂的运输量、电、水、蒸汽、煤气、氮气、氧气等的粗略需用量。

根据企业规模，确定职工概略人数及劳动力来源，收集选厂址地区的地形、气候、交通运输、附近城市发展规划等有关资料及图纸，并听取当地城建部门关于城市规划和建厂地点的意见。

要对所选厂址进行初步勘察，其内容包括：地形起伏、土壤条件、工程地质、水文地质、铁路码头的条件、厂区内现有房屋、田地、坟墓、灌溉渠道、文物古迹、高压电线等设施，初步定出厂区、住宅区、废物场的位置，并研究分析与铁路连接和其他企业协作条件等。

在经过系统、深入地调查了解和必要的勘察工作以后，即可对所取得的资料和图纸进行分门别类的整理、分析和研究，对有些资料需要进行识别、鉴定，必要时再进行一些核实工作。最后，再在这些工作的基础上，对建设项目各种可能的建设地点和具体地址方案进行技术、经济等方面的分析、比较，并提出推荐方案和推荐理由。

2. 方案比较阶段

根据上述收集到的资料，对已选定的 2～3 个厂址方案进行技术经济比较。

厂址方案比较的各个方面和内容，没有什么统一的、固定的模式，由于行业的性质不同，建设项目的具体条件和具体情况不同，所需比较的各个方面和内容也就各不一样。

由于影响因素很多，应根据工厂的主要要求，抓住几个主要因素对其优缺点进行分析比较。一个好的方案往往不可能都十全十美，但在决定性因素上能超过其他方案，成为相对最合理的方案。

厂址选择方案的比较，一般有定性和定量两方面工作。定性比较时，可以列出主要影响因素，如位置、地质条件、占地、运输、环境保护等，确定每个因素的最高分和等级，然后评分，根据总分得出评定结果。定量比较是根据已掌握的数据对企业的建设费和经营费，如土方工程、铁路专用线、厂外公路、给排水、供电、区域开拓费、建筑材料及运输费、劳动力来源等各项经费的总和进行比较。

一般来说，厂址方案的比较，需从技术条件和经济条件两个方面进行。

(1) 技术条件比较　从技术条件比较两个或两个以上的厂址方案时，需包括气象、地形、占地等十多个方面的内容。在具体进行比较时，可以用工程量做比较，也可用优缺点做比较。技术条件比较的内容，可以参照表 3-4 进行。

表 3-4　厂址技术条件比较

序号	比较的内容名称	厂址方案			
		方案一	方案二	……	方案 K
1	主要气象条件(气温、雨量、海拔等)				
2	地形、地貌特征				
3	占地面积及情况 耕地 荒地				
4	土石方开挖工程量/m^3 土方 石方				
5	区域稳定情况及地震烈度				
6	工程地质条件及地基处理内容				
7	水源及供水条件 自来水 地表水 地下水				
8	交通运输条件 铁路 公路 航运				
9	动力供应条件 电力 热力 其他				
10	通讯条件				
11	污染物的处理及对附近居民的影响				
12	拆迁工作量				
13	施工条件				
14	生活条件				

(2) 经济条件的比较　任何方案都必然要从经济条件方面进行比较，在其他条件相同或相近时，经济效益的大小就是衡量方案优劣的一个重要标准。厂址方案的比较和选择，情况也是如此。

厂址经济条件一般指基建投资和经营费用（生产成本及有关经营、管理费等）两个部分。其比较内容可以参照表 3-5。

表 3-5 厂址建设投资及经营费用比较表

序号	比较的工程或费用名称	单位	厂址一		厂址二		……
			数量	金额	数量	金额	
1	基建投资 土地购置费 场地开拓费 土方工程 石方工程						
	地基工程						
	供水工程 水井 泵房 管道						
	交通运输工程 铁路及相应工程 公路及相应工程 船舶及码头						
	动力工程 供电工程 供气工程						
	通讯工程						
	拆迁及安置费						
	其他费用						
2	经营费用(年运行费用)						
	原料、材料及成品运费						
	水费						
	电费						
	其他费用						

厂址选择是一项政策性很强的工作。它不仅要考虑技术经济效益，又要贯彻一系列有关方针政策。从长远观点看，节约用地是选择厂址必须考虑的重要因素，这是既定国策。但节约投资、讲究经济效益也是不可忽视的重要因素。对于生产产品而言，环境污染问题必须引起高度重视，这是造福于人类的百年大计。

四、实例

1. 化工基地的选择

在化工基地建设中，厂址选择问题是战略性的问题。一个厂址选择得好，不仅可以使企业在企业建设过程中节约投资，减少人力、物力的消耗，缩短建设时间，而且还能使企业建成投产后长期节约生产费用和运输费用，获得更多的利润。选择不好，不仅会使企业在建设过程中增加投资，浪费人力、物力，拖延建设实践，而且还会使企业建成后生产不协调，运输不合理，生产费用高，利润少，甚至亏本。这些情况都已为国内外实践所证明。在化学工业企业选点中好的事例是很多的，但不好的例子也不少。例如，有的企业在选点时由于没有考虑到环境保护问题，把企业摆在水源上游，或城市上风向，以致企业建成投产后，因污染严重而被迫停产和迁厂；有的企业在选点时没有弄清水源，或者没有很好地考虑企业将来发展的用水需要，以致企业投产后出现供水不足的情况，而不得不在远处另找水源地，追加大量引水工程投资费用。另外，还有的企业在原料基地建厂时，由于没有很好地摸清资源条件，精确计算它的服务年限和矿物的加工利用价值，以致企业建成投产后没几年就出现原料供应不足，或者矿物原料不适于某些工艺流程，而又不得不在远处另找原料供应地，造成大量原材料运进和大量产品运出的不合理运输现象。这种情况如果在选择厂址时能很好地注意，就不会带来如此严重的后果。

在化工基地选点中，应该特别注意下面几个问题。

(1) 水源问题　化工生产是大量用水的企业，为保证企业正常安全运行，必须有充沛的水源和良好的水质满足生产需要。特别是大型化工联合基地对水的需要量很大，如果没有一个安全可靠而又经济的供水系统，对基地的建设和发展是十分不利的。为了解决大量用水问题，在国外许多新建的化工基地一般都注意选在沿江靠海的地方，既便于取水又有利于利用廉价的水运，节省投资和经营费用。在我国，从水资源的利用与生产合理布局的角度来看，沿江设厂要比沿海设厂具有更大的好处和更深远的意义。因为我国海岸线虽长，但沿海岸地区毕竟占我国土地面积的比例很小，而我国的河流众多，从沿海伸展到广大的腹地。广泛利用江河建厂不仅有利于企业的经济效益，而且对均衡配置生产力，发展我国内地经济有很大的好处。

(2) 环境保护问题　一个大型化工基地是由许多生产装置和工厂组成的，这些装置和工厂布局相邻，生产高度集中，规模大，三废排放量多，因而造成的污染也最严重。从便于企业的三废排放角度来看，最理想的建厂地理环境是荒山和海滩。它们都是远离大居民点和耕作区，最便于三废排放。例如，我国的上海金山石油化工区，坐落在远离上海市区的杭州湾北岸的海滩上，地邻海边河岸，交通便利。该基地除北侧沿海堤一带有少数林场和农田外，绝大部分是地形平坦的荒滩，这对于按照环境保护的要求，合理规划全新的工业基地是一个十分有利的条件。但是，从厂址的选择要求来看，一个环境保护条件较好的厂址，有可能不一定像上海金山石油化工区那样在其他条件方面都好，往往有一种情况，凡是容易排污的场所一般都是人烟稀少，交通不便，供应困难，协作条件很差的地方。如果不是靠近原料产地或有良好的建设条件配合起来，要在这样的地区平地起家创建一个全新的大型企业也是很不利的，因为这样势必增加大量建设投资，在经营过程中还会碰到许多困难。因此，在选择化工基地时重视环境保护这个问题是对的，但是还必须将环境保护同其他条件结合起来一起考虑，只有这样，选出的厂址才会既合乎保护环境的要求，又有利于企业生产发展。

(3) 节约土地问题　一个大型化工基地的建设需要占用大片的土地，例如，我国北京、上海、辽阳、大庆等地建的大型石油化工联合企业的占地面积一般多在五六百公顷以上。要选择这样一块面积的土地，如果不是选在海滩或荒山上，要一点都不占用农田，实际上是办不到的。但是，由于我国人口多、耕地少，生产水平不高，不能大量减少耕地面积，所以工业建设必须以农业为基础，在选择厂址时一定要注意节约用地，尽量不占农田，少占耕地。在国外，由于地价很贵，大多数的工厂厂区布置都是很紧凑的。例如，在日本和德国，不少石油化工联合企业，装置与装置之间的距离，有的大约在40m，有的在30～35m，一般都在20～25m之间。而我国的大型化工联合企业，各装置之间的距离一般都超过100m，特别是厂与厂之间的距离很大，有的多达一二里地，厂内空地很多，建筑系数平均一般不到20%。因此，在进行总平面布置时，必须根据企业特点，在满足安全生产前提下，要力求做到生产流程合理，运输顺畅，缩短厂内外管线长度。在考虑近期与远期关系时，既要考虑企业的综合利用、发展扩建的可能性，又要避免过早过多地征用土地，做到近期布置紧凑，远期亦留有必要的发展用地。这也是工业基地选点规划中应该注意的问题。

据有关规划设计表明，在一般情况下，化工企业成组布局与单独布局比较，用地总面积可以减少15%～20%以上，工程管线及厂内运输线的长度也有相应减少。但是，这并非所有新建化工厂都有条件和有必要这样做。因此，在选择工业企业用地时，在平原地区要注意尽量利用不适宜耕种的坡地、废弃地，并且要尽可能地提高工业场地的建筑密度。有的化工企业厂内留有大量土地来堆放废料或供净化污水之用。这类用地占的面积也不小，有的常与基本生产占地面积相当，或者超过生产用地。非生产性占地面积大、污染性大的化工厂的场地选择更不应占用好地。在一般情况下，其厂址宜于选在靠近荒山和海边有大量荒废地的地方。

(4) 必须重视现有农业基础　一个大型化工基地建设将要出现拥有几万人口的新兴城市，人口在地域上的高度集中，必然需要大量的农产品来供应。如果在一个农业十分落后的地区建立许多大型化工企业，要当地满足众多消费水平高的工业人口粮食、肉类、蛋品等的需要是有困难的，往往就要从远地区大量运进，而这样又势必造成交通运输上更大的压力，增加更多的困难。

在农业很落后的地区建立大型化工企业，不但粮食、副食品供应有困难，同时劳动力也不好解决，因为要从当地招收职工就必然减少农村的劳动力，而在一个农业很落后的地区抽调大量劳动力，其后果是不难想像的。因此，在一些资源丰富但农业十分落后的地区建立大型化工基地，必须积极采取措施加快农业生产的发展，否则就要延缓工业发展的进程，甚至暂时不能考虑建厂。

(5) 企业靠近原料产地和靠近消费中心问题　建设一个化工基地除了要解决原料的供应外，还要解决产品的销售问题。一座大型石油化工企业每年运进的原料可达几百万吨，以至上千万吨，而运出的化工产品和油品也可多达几百万吨至上千万吨。像这样的大型企业究竟应靠近原料产地，还是靠近消费中心，是个很值得研究的问题。

例如，以油田气、炼厂气作原料的石油化工企业，由于原料贮存运输不便，它的布局只能靠近丰富的天然气资源产地，并与炼厂建在一起。如美国和我国大庆油田所建的企业基本都属这一类型。这是经济有效地就近综合利用油气资源的布局。但是以石脑油和轻柴油为原料的石油化工企业的布局就不一定要靠近石油产地。因为石脑油和轻柴油运输方便，如果供应石脑油的炼厂建在有油管或油轮到达的消费中心，则与此相联系，该石油化工企业的建设位置也应该是靠近消费中心，或与炼油厂联合在一起在经济上最为有利。在建设大型石油化工联合企业时，把炼油企业联合在一起应该是合理利用资源、节省投资的最好方案。

2. 城市污水处理厂厂址的选择

制定城市污水处理系统方案，污水处理厂厂址的选择是重要的环节，它与城市的总体规划、城市排水系统的走向和布置、处理后污水的出路都密切相关。

当污水处理厂的厂址有多种方案可供选择时，应从管道系统、泵站、污水处理厂各处理单元考虑，进行综合的技术、经济比较与最优化分析，并通过有关专家的反复论证再行确定。

污水处理厂厂址选择时，应遵循下列各项原则。

① 应与选定的污水处理工艺相适应，如选定稳定塘或土地处理系统为处理工艺时，必

须有适当的土地面积。

② 无论采用什么处理工艺，都应尽量做到少占农田和不占良田。

③ 厂址必须位于集中给水水源下游，并应设在城镇、工厂厂区及生活区的下游和夏季主风向的下风向。为保证卫生要求，厂址应与城镇、工厂厂区、生活区及农村居民点保持约300m以上的距离，但也不宜太远，以免增加管道长度，提高造价。

④ 当处理后的污水或污泥用于农业、工业或市政时，厂址应考虑与用户靠近，或者便于运输。当处理水排放时，则应与受纳水体靠近。

⑤ 厂址不宜设在雨季易受水淹的低洼处。靠近水体的处理厂，要考虑不受洪水威胁。厂址尽量设在地质条件较好的地方，以方便施工，降低造价。

⑥ 要充分利用地形，应选择有适当坡度的地区，以满足污水处理构筑物高程布置的需要，减少土方工程量。若有可能，宜采用污水不经水泵提升而自流入处理构筑物的方案，以节省动力费用，降低处理成本。

⑦ 根据城市总体发展规划，污水处理厂厂址的选择应考虑远期发展的可能性，应有扩建的余地。

3. 给水处理厂厂址的选择

厂址选择应在整个给水处理系统设计方案中全面规划，综合考虑。一般应考虑以下几个问题：

① 厂址应选择在工程地质条件较好的地方。一般选在地下水位较低、承载力较大、湿陷性等级不高、岩石较少的地层，以降低工程造价和便于施工。

② 水厂尽可能选择在不受洪水威胁的地方，否则应靠近防洪措施。

③ 水厂应尽量少占农田和不占良田，并留有适当的发展余地。要考虑周围卫生条件和生活饮用水水质标准中规定的卫生防护要求。

④ 水厂应设置在交通方便、靠近电源的地方，以利于施工管理和降低输电线路的造价，并考虑沉淀池排泥及滤池冲洗水排除方便。

⑤ 当取水地点距离用水区较近时，水厂一般设置在取水构筑物附近，通常与取水构筑物建在一起。当取水地点距离用水区较远时，厂址选择有两种方案，一种是将水厂设置在取水构筑物附近；另一种是将水厂设置在离用水区较近的地方。前一种方案主要优点是，水厂和取水构筑物可集中管理，节省水厂自用水（如滤池冲洗和沉淀池排泥）的输水费用并便于沉淀池排泥和滤池冲洗水的排除，特别对浊度较高的水源而言。但从水厂至主要用水区的输水管道口径要增大，管道承压较高，从而增加了输水管道的造价，特别是当城市用水量逐时变化系数较大及输水管道较长时，或者需在主要用水区增设配水厂（消毒、调节和加压），净化后的水由水厂送至配水厂，再由配水厂送入管网，这样也增加了给水系统的设施和管理工作。后一种方案优缺点与前者正相反。对于高浊度水源，也可将预沉构筑物与取水构筑物建在一起，水厂其余部分设置在主要用水区附近。

以上不同方案应综合考虑上述因素并结合其他具体情况，通过技术经济比较确定。

第二节　总平面布置

厂址确定后，即可进行总平面布置，它直接影响到处理或生产装置的建设费用和运转费用。它是由工艺设计人员和土建设计人员共同完成的。总平面布置应该具有布置紧凑、用地节省、工艺流程合理、功能明确、运输畅通、动力区接近负荷中心、工程管线短捷、管理方便等特点。总平面布置必须适合工艺、土建、防火安全、卫生绿化及生产与处理规模发展等方面的要求，要特别注意以下几个方面。

一、生产车间的布置

在完成工艺流程图与设备选型及设计计算后，接着需对厂房的配置和设备的排列做合理安排，即进入车间工艺设计阶段，它是车间工艺设计的重要项目之一，它关系到今后治理能否符合设计要求，能否在较良好的操作条件下正常、安全地运行。车间布置设计要考虑各方面的因素，是一项即重要又十分细致的工作。

生产车间的位置，应按工艺过程的顺序进行布置。生产线路尽可能做到直线而无返回流动，并不要求所有的生产车间在一条直线上。应考虑辅助车间的配置距离和管理上的方便。一般功能、工艺相似的车间、工段，尽可能布置在一起，可集中管理，统一操作，节省人力，原料和成品应尽量接近仓库和运输线路，车间之间的管道应尽可能沿道路铺设，生产有害气体的车间应布置在下风方向等。

二、环保车间的布置

根据治理污染源的不同，环保车间的布置也有所不同，可布置在厂区的一侧，也可布置在靠近污染源的地方。在车间内部应按处理流程的顺序进行布置，处理线路尽可能做到直线而无返回流动。

三、辅助车间的布置

辅助车间包括：锅炉房、配电房、水泵站、机修车间、中心实验室、仪表修理间及仓库等。锅炉房应尽可能布置在使用蒸汽较多的地方，这样可缩短管路、减少热损失。

锅炉房附近不能配置有火灾或爆炸危险的车间或易燃品仓库，应将它们放置于厂区的下风位置。

配电室一般应布置在用电大户附近，并位于产生空气污染的上风位置。

机修车间应放在与各生产车间联系方便而安全的位置。

中心实验室和仪表修理间一般应置于清洁卫生、震动和噪声少、灰尘少的上风位置。

仓库应设在与生产车间联系方便并靠近运输干线的位置。

消防站应设在一旦发生火灾，车辆能顺利到达现场的有利地点，并能通向厂外的交通要道。

以上各项设施均应符合防火安全所要求的距离。

四、行政管理部门及住宅区的位置

行政管理部门包括：工厂各部门的管理机构、公共会议室、饭厅、礼堂、托儿所、保健站，一般应建在厂区边缘或厂外，最好位于工厂的上风位置。

居民住宅区应在厂区外围，并在上风位置。

五、建筑物之间的距离

工业建筑物之间的距离不仅要符合消防安全的要求，而且也要满足工业卫生、采光、通风等方面的要求。

1. 防火

厂房间的防火距离，主要是为了一旦失火时，消防队能顺利进入现场灭火。

我国建筑物的耐火等级分为四级，其等级是以楼板为基准而划分的。耐火等级越高，火灾烧垮的可能性越小。但耐火等级高，造价必然高。因此，要按实际需要而定。建筑物的耐火等级见表 3-6。

表 3-6 建筑物的耐火等级

耐火等级	建筑物结构、材质
一级	钢筋混凝土结构，或砖墙与钢筋混凝土混合结构
二级	钢结构架、钢筋混凝土柱或砖墙组成混合结构
三级	木屋顶和砖墙组成的砖木结构
四级	木屋顶、难燃烧体墙壁组成的可燃结构

根据生产产品及使用原料物质特性，工业企业的火灾危险性分为以下五类。

① 甲类。使用或产生下列物质的生产：闪点<28℃的可燃液体；爆炸下限<10%的可燃气体；常温下能自动分解或在空气中氧化即能导致自燃或爆炸的物质；极易燃烧或爆炸的强氧化剂；在压力容器中超过自燃点的物质等。

② 乙类。使用或产生下列物质的生产：闪点在28～60℃之间的易燃液体；爆炸下限≥10%的可燃气体；助燃气体和不属甲类的氧化剂等。

③ 丙类。使用或产生下列物质的生产：闪点≥60℃的可燃液体；可燃固体。

④ 丁类。具有下列情况的生产：对非燃烧物进行加工，经常在生产中产生火花或火焰；用气体、液体、固体为燃料或将其燃烧作为其他用途的生产。

⑤ 戊类。常温下使用或加工非燃烧物质。

在建厂时，应根据火灾危险性类别，对工厂提出不同的耐火等级要求，如对甲、乙类生产应采用一、二级耐火等级建筑，对于丙类宜采用一、二、三级建筑，对于丁、戊类生产可任选各耐火等级建筑。一般对失火后影响大、损失大的生产厂房提出较高的耐火等级要求。

此外，厂房的层级和面积除由工艺生产决定外，还受火灾类别和耐火等级的制约，因为厂房层数太高不利于扑灭火灾和人员疏散，而面积过大，火易在大范围内蔓延。一般建筑采用一、二级耐火等级的层数不做严格要求，但对火灾危险性类别为甲、乙类的生产厂房，除生产上必须用多层结构的通常宜采用单层厂房。表 3-7 列出了耐火等级与防火墙间占地面积的数据。

表 3-7 厂房的耐火等级、层数和面积

生产的火灾危险性类别	耐火等级	最高允许层数	防火墙间最大允许占地面积/m^2	
			单层厂房	多层厂房
甲	一级	不限	4000	3000
	二级	不限	3000	2000
乙	一级	不限	5000	4000
	二级	不限	4000	3000
丙	一级	不限	不限	6000
	二级	不限	7000	4000
	三级	2	3000	2000
丁	一、二级	不限	不限	不限
	三级	3	4000	2000
	四级	1	1000	—
戊	一、二级	不限	不限	不限
	三级	3	5000	3000
	四级	1	1500	—

2. 自然采光和通风

为保证充分的自然采光和通风，建筑物间距不小于 15m，如有 15m 以上的高建筑物，则间距不应小于两相邻建筑物高度之和的一半。

六、厂内道路

厂内人行道的宽度根据上下班通过人数而定，一般为1.8～2m。图3-5为典型厂区平面布置图。

主要厂房均应有出口和露天场地，以利消防车通过以及在其他特殊情况的使用。

公路宽度不应小于5m，能允许两辆大卡车面对面通过，也要考虑输送线路的循环性，避免交通堵塞。

总图布置中还要考虑绿化、美化环境、改善劳动条件等。

总之，总图布置设计时，必须遵守国家最新颁布的有关法令，如环境保护、工业卫生、安全防火等法律和规定，并及时征得城市规划部门和消防监督机构的同意。

总图布置方法是根据生产需要，考虑到上述各种因素，选择几个方案进行技术论述和经济比较。具体做法可用样片法、模型法、物料运量法、相对位置法等，进行分析比较，择优选用。

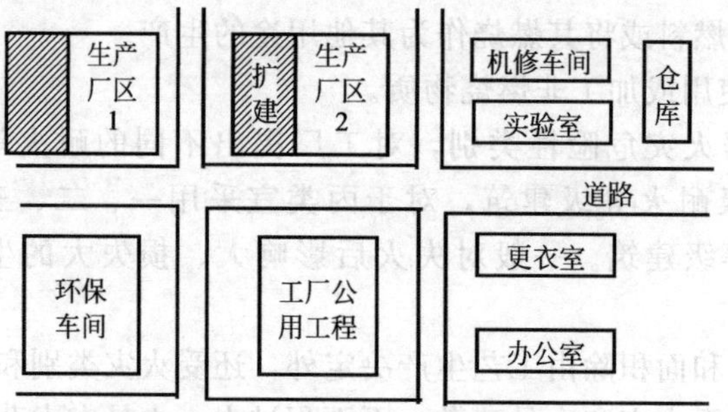

图3-5　典型厂区平面布置图

七、实例

1. 城市污水处理厂平面布置

生活污水的组成见表3-8。

(1) 处理构筑物、处理设备的布置　构筑物包括格栅井、沉砂池、沉淀池、消化池、污泥池等，以及附属泵房、鼓风机房等。

① 按工艺过程的顺序，布置紧凑，但也要留有必要间距。

② 使连接构筑物的管渠简单、便捷，尽量为直线，而无返回流动。

③ 根据地形进行高程布置，确定标高，利用重力流动，减少运行费用。

(2) 厂内管线布置

① 应能使各处理构筑物（单元）独立运行，即一处理单元因故停止运行，其他仍可正常运行。

② 满足紧急排放要求。

③ 平行布置，不穿越空地，易于检查、维修。

(3) 辅助建筑物布置　辅助建筑物包括：泵房、鼓风机房、办公室、化验室、变电所、机修车间、仓库、食堂等。

① 鼓风机房应设于曝气池附近，变电所设于用电大户附近。

② 锅炉房、煤气站附近不能有易燃、易爆车间。

③ 中心实验室、化验室应设于清洁卫生、无振动区。

（4）道路　以方便运输为原则布置。

（5）污水处理流程　城市生活污水处理流程如图 3-6 所示。

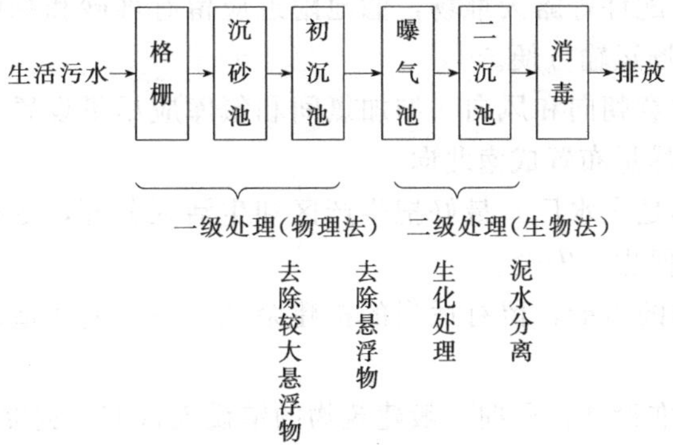

图 3-6　城市生活污水处理流程

表 3-8　生活污水来源组成　　单位：%

项　目	比　例	项　目	比　例
冲厕	20～38	洗涤	12～25
洗浴	30～38	其他	4～12
炊事	9～15		

2. 给水处理厂平面布置

水厂的基本组成分为两部分：第一部分为生产构筑物和建筑物，包括处理构筑物、清水池、二级泵房、药剂间等；第二部分为辅助建筑物，其中又分生产辅助建筑物和生活辅助建筑物两种。前者包括化验室、修理部门、仓库、车库及值班宿舍等，后者包括办公楼、食堂、浴室、职工宿舍等。

生产构筑物及建筑物平面尺寸由设计计算确定。生活辅助建筑物面积应按水厂管理体制、人员编制和当地建筑标准确定。生产辅助建筑物面积应本着勤俭办企业的精神，根据水厂规模、工艺流程和当地具体情况确定。

当各构筑物和建筑物的个数和面积确定之后，根据工艺流程和构筑物及建筑的功能要求，结合本厂地形和地质条件，进行平面布置。

处理构筑物一般均分散露天布置。北方寒冷地区需有采暖设备的，可采用室内集中布置。集中布置比较紧凑，占地少，便于管理和实现自动化操作，但结构复杂，管道立体交叉多，造价较高。

水厂平面布置主要内容有：各种构筑物和建筑物的平面定位；各种管道、阀门及管道配件的布置；排水管（渠）布置；道路、围墙、绿化及供电线路的布置等。

做水厂平面布置时，应考虑下述几点要求：

① 布置紧凑，以减少水厂占地面积和连接管（渠）的长度，并便于操作管理。如沉淀池或澄清池应紧靠滤池，二级泵房应尽量靠近清水池。但各处理构筑物之间应留出必要的施工和检修间及管（渠）道地方。

② 充分利用地形，力求挖填土方平衡以减少填、挖土方量和施工费用。例如沉淀池或澄清池应尽量布置在地势较高处，清水池尽量布置在地势较低处。

③ 各构筑物之间连接管（渠）应简单、短捷，尽量避免立体交叉，并考虑施工、检修方便。此外，应设置必要的超越管道，以便某一构筑物停产检修时，为保证必须供应的水量

采取应急措施。

④ 滤池或澄清池排泥及滤池冲洗废水排除方便。力求重力排污，避免设置排污泵。

⑤ 厂区内应有管、配件等露天堆场，滤池附近应留有堆砂和翻砂场，锅炉房附近应有堆煤场，并考虑上述堆场运输方便。

⑥ 建筑物布置应注意朝向和风向。如加氯间和氯库应尽量设置在水厂主导风向的下风向，泵房及其他建筑物尽量布置成南北向。

⑦ 有条件时（尤其是大水厂）最好把生产区和生活区分开，尽量避免非生产人员在生产区通行和逗留，以确保生产安全。

⑧ 应考虑水厂扩建的可能，留有适当的扩建余地。对分期建造的工程，应考虑分期施工方便。

厂内道路按下列标准设计：通向一般建筑物的铺设人行道，宽度为1.5～2.0m，采用碎石、炉渣、灰土等路面；通向仓库、检修车间、堆砂场、堆煤场、管件堆置场、泵房、变电所等主要建筑物的铺设车行道，路面宽度为3～4m，转弯半径为6m，纵坡不大于3%，应有回车的可能，采用沥青、混凝土、碎石、灰土、炉渣等路面。

水厂应充分绿化，绿化面积不宜少于水厂总面积20%，应设置围墙，墙高一般为2.5m左右。

水厂平面布置一般均需提出几个方案进行比较，以便确定在技术经济上较为合理的方案。图3-7为水厂平面布置一例。该水厂设计水量为60000m^3/d，分两期建造，第一期和第二期工程各30000m^3/d。第一期工程建两座脉冲澄清池、一组双虹吸快滤池（5个池）及一座圆形清水池，冲洗水箱置于滤池操作室屋顶上。第二期工程同第一期工程。主体构筑物分期建造（虚线为第二期工程），水厂其余部分一次建成。全厂占地面积约21亩（1亩＝

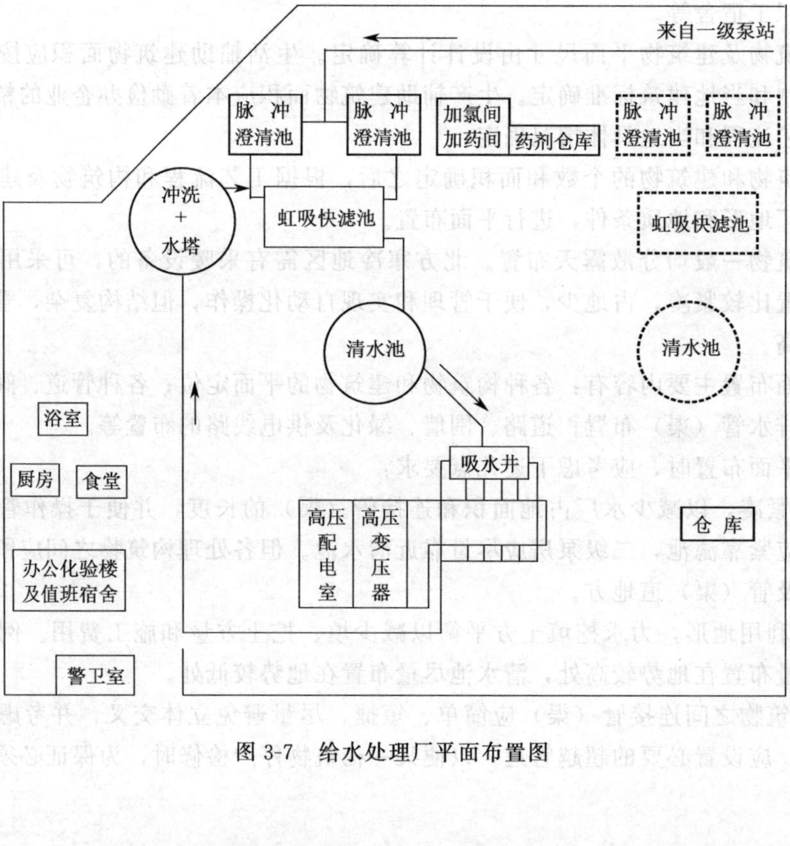

图3-7 给水处理厂平面布置图

666.67m^2)，生产区和生活区距离较远，可以分开。水处理构筑物布置较整齐、紧凑，但其余部分间距尚可缩短以节约用地。

思考题与习题

1. 厂址选择遵循的基本原则是什么?
2. 厂址选择的基本要求是什么?
3. 厂址选择中的环保要求主要应考虑哪几方面?
4. 在厂址选择时考虑给水方面必须注意哪几个问题?
5. 厂址选择的步骤主要分哪几步?
6. 总平面布置应考虑哪几方面?

第四章　污染源强度计算

第一节　污染源调查

一、污染源分类

污染源是指对环境产生污染影响的污染物的来源。在开发建设和生产过程中，凡以不适当的浓度、数量、速率进入环境系统而产生污染或降低环境质量的物质和能量，称为污染物。污染源向环境中排放污染物是造成环境问题的根本原因。根据污染物的来源、特征，污染源的结构、形态和调查研究目的的不同，污染源可分为不同的类型。污染源类型不同，对环境的影响方式和程度也不同。

① 根据污染物产生的主要来源，可将污染源分为自然污染源和人为污染源，其中人为污染源又可分为生产性污染源（工业、农业、交通、科研）和生活性污染源（住宅、医院、商业）。

② 根据环境要素的影响，污染源可分为大气污染源、水体污染源（地面水污染源、地下水污染源、海洋污染源）、土壤污染源和噪声污染源。

③ 按污染源几何形状可分为点源、线源和面源。

④ 按污染物的运动特性可分为固定源和移动源。

⑤ 按对环境造成影响的程度，可分为对环境可能造成重大影响的污染源、对环境可能造成轻度影响的污染源以及对环境影响很小的污染源。

（1）对环境可能造成重大影响的污染源　指符合下列任一条件的建设项目：

① 所有流域开发、开发区建设、城市新区建设和旧区改建等区域性开发项目。

② 可能对环境敏感区造成影响的大中型建设项目。

③ 污染因素复杂，产生污染物种类多、产生量大，产生的污染物毒性大或难降解的建设项目。

④ 造成生态系统结构的重大变化或生态环境功能重大损失的项目以及影响到重要生态系统、脆弱生态系统，或有可能造成或加剧自然灾害的建设项目。

⑤ 易引起跨行政区污染纠纷的建设项目。

（2）对环境可能造成轻度影响的污染源　指符合下列条件的建设项目：

① 不对环境第三区造成影响的中等规模的建设项目以及可能对环境敏感区造成影响的小规模建设项目。

② 污染因素简单、污染物种类少和产生量小且毒性较低的中等规模的建设项目。

③ 对地形、地貌、水文、植被、野生珍稀动植物等生态条件有一定影响但不改变生态环境结构和功能的中等规模以下的建设项目。

④ 污染因素少，基本上不产生污染的大型建设项目。

⑤ 在新、老污染源均达标排放的前提下，排污量全面减少的技改项目。

（3）对环境影响较小的污染源　指符合下列条件的建设项目：

① 基本不产生废水、废气、废渣、粉尘、恶臭、噪声、振动、放射性、电磁波等不利影响的建设项目。

② 基本不改变地形、地貌、水文、植被、野生珍稀动植物等生态条件和不改变生态环境功能的建设项目。

③ 未对环境产生影响的第三产业项目。

(4) 对环境敏感区的界定原则

① 需特殊保护地区，指国家或地方法律法规确定的、县以上人民政府划定的需特殊保护的地区，如水源保护区、风景名胜、自然保护区、森林公园、国家重点保护文物、历史文化保护地（区）、水土流失重点预防保护区、基本农田保护区。

② 生态敏感及脆弱区，指水土流失重点治理及重点监督区、天然湿地、珍稀动物栖息地或特殊环境、天然林、热带雨林、红树林、珊瑚礁、产卵场、渔场等重要生态系统或自然资源。

③ 社会关注区，指文教区、疗养地、医院等区域以及具有历史、科学、民族、文化意义的保护地。

④ 环境质量已达不到环境功能区划要求的地区。

二、污染源调查内容

一般地把获得污染源资料的过程称为污染源调查。污染源排放的污染物种类、数量、排放方式、途径及污染源的类型和位置，直接关系到其影响对象、范围和程度。污染源调查就是要了解和掌握这些情况，通过污染源调查了解污染源的状况和污染物排放状况，为实施污染物控制寻找途径。污染源调查的内容丰富而广泛，通常涉及工业污染源调查、农业污染源调查、生活污染源调查，主要包括大气污染源、水污染源、噪声污染源、固体废物污染源等方面的内容。

1. 工业污染源调查主要内容

(1) 概况　主要包括企业名称、厂址、主管机关、企业性质、规模、厂区占地面积、职工组成、投产时间、产品、产值和生产水平。

(2) 工艺调查　主要包括工艺原理、工艺流程、工艺水平、设备水平，找出生产中的污染源和污染物。

(3) 能源、原材料调查　主要包括种类、产地、成分、单耗、资源利用率及规定的利用率。

(4) 生产布局调查　主要包括原料燃料堆放车间、办公室、厂区、居民区、污染源位置、绿化带等的布局，要给出厂内环境图、厂外环境图。

(5) 管理调查　包括管理体制、编制、规章制度、管理水平及经济指标。

(6) 污染物治理调查　包括工艺改革、综合利用、管理措施、原有治理方法、原有治理工艺、投资效果、运行费用、副产品的成本及销路、存在问题、改进措施、今后治理规划及设想。

(7) 污染物排放调查　包括污染物种类、数量、性质、排放方式、规律、途径、排放浓度、绝对排放量（日、年），排放口位置、类型、数量、历史情况、事故排放情况。

2. 生活污染源调查内容

(1) 工程项目范围内居民人口调查　包括总人数、总户数、密度、居住环境等。

(2) 居民用水排水调查　包括用水类型（城市集中供水、自备水源），不同居住环境每人用水量，办公楼、旅馆、商店、医院或（及）其他单位的用水量，下水道设置情况（有无下水道、下水去向）。

（3）民用燃料调查　包括燃料构成（煤、煤气、液化气）、来源、成分、燃料消耗情况（年、月、日用量，各区用量，每人消耗量）。

（4）垃圾产生及处置方法调查　垃圾种类、成分、数量、垃圾点的分布。

3. 农业污染源调查

（1）农药使用情况调查　包括农药品种、数量、使用方式、使用时间、使用剂量、年限、有效成分含量（有机氯、有机磷等）、稳定性等。

（2）化肥使用情况调查　包括化肥的品种、数量、使用方式、使用时间、每亩平均使用量。

（3）水土流失情况调查

（4）农业废弃物调查　包括农作物秸秆、牲畜粪便、农用机油渣。

（5）农业机械使用情况调查　包括汽车、拖拉机台数及其月、年耗油量，行驶范围和路线及其他机械的使用情况等。

在进行某一个地区或某一单项污染源调查时，都进行自然环境背景调查和社会背景调查。根据目的、项目不同，调查内容可以有所侧重，自然背景包括地质、地貌、气象、水文、土壤、生物；社会背景包括居民区、水源地、风景区、名胜古迹、工业区、农业区、林业区等。

第二节　污染源控制工程分析

一、概述

工程分析主要是通过对工程全部组成、一般特征和污染特征进行全面分析，从项目总体上纵观开发建设活动与环境全局的关系，同时从微观上为环境工程设计提供基础性数据。在工程分析中，应力求对生产工艺进行优化论证，并提出符合清洁生产要求的清洁生产工艺建议，指出工艺设计上应该重点考虑的防污减污问题。此外，工程分析还应对环保方案中拟选工艺、设备及其先进性、可靠性、实用性进行论证分析。

在环境工程设计中，工程分析应根据环保技术、政策分析生产工艺的先进性，根据资源利用政策分析原料消耗、水耗、燃料消耗的合理性，同时探索把污染物排放量压缩到最低限度的途径。应根据当地环境条件对工程设计提出必须保证的环保措施，为环境工程初步设计提供建议。

二、工程分析的主要内容

工程分析的工作内容，应根据建设项目的工程特征，包括建设项目的类型、性质、规模、开发建设方式与强度、能源与资源用量、污染物排放特征，以及项目所在地的环境条件来确定。对于环境影响以污染因素为主的污染源，其工作内容一般包括六部分，见表 4-1。

表 4-1　工程分析基本内容

工程分析项目	工　作　内　容
工程概况	工程一般特征简介 物料与能源消耗定额 主要技术经济指标
产污环节分析	污染物产污环节分析
污染物分析	污染物分布及污染物源强核算 物料平衡与水平衡 无组织排放源源强 风险排污源源强统计及分析

续表

工程分析项目	工作内容
清洁生产水平分析	清洁生产水平分析
环保方案分析	分析本项目可以确定环保方案所选工艺及设备的先进性和可靠程度 分析处理工艺有关技术经济参数的合理性 分析环保设施投资构成及其在总投资中占有的比例
总图布置方案分析	分析厂区与周围的保护目标之间所定防护距离的安全性 根据气象、水文等自然条件分析工厂的车间布置的合理性 分析村镇居民拆迁的必要性
补充措施与建议	关于合理的产品结构与生产规模的建议 优化总图布置的建议 节约用地的建议 可燃气体平衡和回收利用措施建议 用水平衡及节水措施建议 废渣综合利用建议 污染物排放方式改进建议 环保设备造型和实用参数建议
工程分析小结	建设项目在拟选厂址的合理生产规模与产品结构 最佳总图布置方案 筛选确定的主要污染源与污染因子 主要污染因子的削减与治理措施 可能产生的事故特征与防范措施建议 必须确保的环保措施项目和投资

1. 工程概况

(1) 工程一般特征简介　主要是介绍项目的基本情况，包括工程名称、建设性质、建设地点、项目组成、建设规模、车间组成、产品方案、辅助设施、配套工程、储运方式、占地面积、职工人数、工程总投资及发展规划等，附总平面布置图。

(2) 物料及能源消耗定额　包括主要原料、辅助材料、助剂、能源（煤、焦、油、气、电和蒸汽）以及用水等的来源、成分和消耗量。

(3) 主要技术经济指标　包括产率、效率、转化率、回收率和放射率等。

2. 工艺路线与生产方法及产污环节

用形象流程图的方式说明生产过程，同时在工艺流程中标明污染物的产生位置和污染物的类型，必要时列出主要化学反应和副反应式。

3. 污染源源强分析及核算

(1) 污染源分布与污染物源强核算　污染源分布和污染物类型及排放量是环境工程设计的基础资料，应该进行详细调查、核算和统计，力求数据准确和完整。因此，对于污染源分布应根据已经绘制的污染流程图，按排放点编号，标明污染物排放部位，然后列表逐点统计各种因子的排放强度、浓度及数量。

对于废气，可按点源、面源、线源进行核算，说明源强、排放方式和排放高度及存在的有关问题。废水应说明种类、成分、浓度、排放方式、排放去向。废液应说明种类、成分、浓度、处置方式和储存方法。噪声和放射性应说明源强、剂量及分布。

统计方法应以车间或工段为核算单元，对于泄漏和散放量部分，原则上要求实测，实测有困难时，可以利用年均消耗定额的数据进行物料平衡推算。

(2) 新建项目污染物源强　在统计污染物排放量的过程中，对于新建项目主要涉及两个方面，一方面是工程自身的污染物设计排放量，另一方面是按治理规划和评价规定措施实行后能够实现的污染物削减量。

(3) 改扩建项目和技术改造项目污染物源强　对于改扩建项目和技术改造项目的污染物排放量的统计，主要包括三个方面，一方面是改扩建与技术改造前现有的污染物实际排放量，一方面是改扩建与技术改造项目计划实施的自身污染物排放量，一方面是实施治理措施后能够实现的污染削减量。

(4) 通过物料平衡计算污染物源强　依据质量守恒定律，投入的原材料和辅助材料的总量等于产出的产品和副产物以及污染物的总量，通过物料平衡，可以核算产品和副产品的产量，并计算出污染物的源强。详细计算参见第四章第三节。

(5) 水平衡　水平衡是指建设项目所用的新鲜水总量加上原料带来的水量等于产品带走的水量、损失水量、排放废水量之和。可以用下式表达：

$$Q_f + Q_r = Q_p + Q_l + Q_w \tag{4-1}$$

式中　Q_f——新鲜水总量；

Q_r——原料带来的水量；

Q_p——产品带走的水量；

Q_l——生产过程损失水量；

Q_w——排放废水量。

(6) 无组织排放源的统计　无组织排放是指生产装置在生产运行过程中污染物不经过排气筒（管）无规则排放，表现在生产工艺过程中具有弥散型的污染物的无组织排放，设备、管道和管件的跑冒滴漏以及在空气中的蒸发、逸散引起的无组织排放。

(7) 风险排污的源强统计及分析　包括事故排污和非正常工况排污两部分。

4. 清洁生产水平分析

主要分析建设项目与国内外同类型项目按单位产品或万元产值的排放水平，对新建项目应贯彻清洁生产策略，对改扩建和新建项目应进行审计，找出清洁生产实施的可能途径。

5. 环保方案分析

(1) 分析建设项目可研阶段环保方案　根据建设项目产生的污染物特点，充分调查同类企业的现有环保处理方案，分析建设项目可研阶段所采用的环保设施的先进性和运行可靠程度，确定初步设计阶段拟采用的环保措施。

(2) 分析污染物处理工艺有关技术经济参数的合理性　根据现有的同类环保设施的运行技术经济指标，结合建设项目环保设施的基本特点，分析论证建设项目环保设施的技术经济参数的合理性，并确定污染物处理工艺及技术经济参数。

6. 总图布置方案分析

(1) 分析厂区与周围的保护目标之间所定卫生防护距离和安全防护距离的保证性　参考国家的有关安全防护距离规范，分析厂区与周围的保护目标之间所定防护距离的可靠性，合理布置建设项目的各构筑物，充分利用场地。

(2) 根据气象、水文等自然条件分析工厂和车间布置的合理性　在充分掌握项目建设地点的气象、水文和地质资料的条件下，认真考虑这些因素对污染物的污染特性的影响，尽可能有良好的气象、水文和地质等自然条件，减少不利因素，合理布置工厂和车间。

(3) 分析村镇居民拆迁的必要性　分析项目所产生的污染物的特点及其污染特征，结合现有的有关资料，确定建设项目对附近村镇的影响，分析村镇居民拆迁的必要性。

7. 补充措施与建议

（1）关于合理的产品结构与生产规模的建议 合理的产品结构和生产规模可以有效地降低单位污染物的处理成本，提高企业的经济效益，有效地降低建设项目对周围环境的不利影响。

（2）优化总图布置的建议 充分利用自然条件，合理布置建设项目中的各构筑物，可以有效地减轻建设项目对周围环境的不利影响，降低环境保护投资。

（3）节约用地的建议 根据各个构筑物的工艺特点和结构要求，做到合理布置，有效利用土地。

（4）可燃气体平衡和回收利用措施建议 可燃气体排入环境中，不仅浪费资源，而且对大气环境造成不良影响，因此，必须考虑对这些气体进行回收利用。根据可燃气体的物料衡算，可以计算出这些可燃气体的排放量，为回收利用措施的选择，提供基础数据。

（5）用水平衡及节水措施建议 根据用水平衡图，充分考虑废水回用，减少废水排放。

（6）废渣综合利用 根据固体废弃物的特性，选择有效的方法，进行合理的综合利用。

（7）污染物排放方式的改进 污染物的排放方式直接关系到污染物对环境的影响，通过对排放方式的改进往往可以有效地降低污染物对环境的不利影响。

（8）环保设备选型和实用参数确定 根据污染物的排放量和排放规律以及排放标准的基本要求，确定污染物的处理工艺和基本工艺参数。

第三节 污染物排放量的计算方法

在污染源调查与工程分析中，都涉及到污染物排放量、排放浓度等的计算。污染物排放量的计算是环境工程设计参数的基础，通常可以采用三种方法，即实测法、物料衡算法和排放系数法进行计算。这三种方法各有其特点，应用时可以根据具体情况，选择其中的一种方法进行污染物排放量的计算。

一、实测法

实测法是通过实际测量废水或废气的排放量及其所含污染物的浓度，计算其中某污染物排放量的方法。经常使用的公式为：

$$G_j = KC_jQT \tag{4-2}$$

式中 G_j——废水或废气中 j 种污染物的排放量，t；

Q——单位时间废水或废气的排放量，m^3/h；

C_j——j 种污染物实测浓度，mg/L 或 mg/m^3；

T——污染物排放时间，h；

K——单位换算系数，对于废水 K 为 10^{-6}，对于废气 K 为 10^{-9}。

如果污染源有几个排放口，每个排放口所排放的废水或废气中的污染物不只一种，则污染源中每种污染物的排放总量的计算公式为：

$$G_j = \sum_{i=1}^{n} KC_{ij}Q_iT \tag{4-3}$$

式中 G_j——j 种污染物排放总量，t；

C_{ij}——第 i 个排放口，第 j 种污染物的实测浓度，mg/L 或 mg/m^3；

Q_i——第 i 个排放口的单位时间废水或废气排放量，m^3/h。

在式（4-2）和式（4-3）中，C_j 和 C_{ij} 都是污染物的实测浓度，也就是从实地测定中得到的数据，因而比其他方法更接近实际，比较准确，这是实测法的最主要的优点。但是实测法要求所测得的数据是具有代表性的，是准确的。因此，测定时常常不只测定一个浓度值，而是进行多次测定，获得多个浓度值。此时，对于污染物的实测浓度 C 的最终取值有两种情况：如果废水或废气流量只有一个测定值，而污染物的浓度反复测定多次，C 可取算术平均值；如果废水或废气流量与污染物浓度同时反复多次测定，此时废水或废气流量可取算术平均值，而污染物的浓度则取加权算术平均值。计算公式如下：

$$\overline{Q}=Q_1+Q_2+\cdots+Q_m=\frac{1}{m}\sum_{k=1}^{m}Q_k \tag{4-4}$$

$$\overline{C}=\frac{Q_1C_1+Q_2C_2+\cdots+Q_mC_m}{Q_1+Q_2+\cdots+Q_m}=\frac{\sum\limits_{k=1}^{m}Q_kC_k}{\sum\limits_{k=1}^{m}Q_k} \tag{4-5}$$

式中 $\overline{Q}$——废水或废气的平均流量，m^3/h；

C——污染物的实测浓度，mg/L 或 mg/m^3；

m——测定次数；

k——测定次数的下标变量；

$\overline{C}$——污染物加权算术平均浓度，mg/L 或 mg/m^3。

【例 4-1】 某煤油厂共有两个排水口。第一排水口每小时排放废水 400t，废水中平均含油量为 650mg/L，酸为 85mg/L，COD 为 300mg/L，第二排水口每小时排放废水 500t，平均含油量为 100mg/L，酸为 10mg/L，COD 为 120mg/L，该厂全年连续工作，求全年排放的油、酸和 COD 的数量。

解 本题按式（4-3）计算。

其中 $n=2$，$K=10^{-6}$，$T=365\times24=8760h$，则每年排放的油量 $G_{油}$ 为：

$$G_{油}=(10^{-6}\times650\times400\times8760)+(10^{-6}\times100\times500\times8760)$$
$$=2715.6t$$

每年排放的酸量 $G_{酸}$ 为：

$$G_{酸}=(10^{-6}\times85\times400\times8760)+(10^{-6}\times10\times500\times8760)$$
$$=341.64t$$

每年排放的 COD 的量 G_{COD} 为：

$$G_{COD}=(10^{-6}\times300\times400\times8760)+(10^{-6}\times120\times500\times8760)$$
$$=1576.8t$$

二、物料衡算法

物料衡算法是对生产过程中所使用的物料情况进行定量分析的一种科学方法，它是根据质量守恒定律对某系统进行物料的数量平衡计算。在生产过程中，投入某系统的物料质量必须等于该系统产出物质的质量，即等于所得产品的质量和物料流失量之和，即：

$$\sum G_{投入}\rightarrow\boxed{某生产系统}\rightarrow\sum G_{产出}(\sum G_{产品}+\sum G_{流失})$$

根据质量守恒定律，可以得到物料衡算的通用数学公式：

$$\sum G_{投入}=\sum G_{产品}+\sum G_{流失} \tag{4-6}$$

式中 $\sum G_{投入}$——投入物料总量；

$\sum G_{产品}$——所得产品总量；

$\sum G_{流失}$——物料和产品流失总量。

式（4-6）既适用于整个生产过程的总物料衡算，也适用于生产过程中的任一个步骤或某一生产设备的局部衡算。不论进入系统的物料是否发生化学反应，或是化学反应是否完全，这个公式都是成立的。

1. 物料衡算的步骤

一般来说，物料衡算应遵循下列步骤。

（1）确定物料衡算系统　所谓物料衡算系统，是指进行物料平衡计算的对象。在对物料投入与产出的关系研究中，首先要将研究的对象同周围的物体区分开来。通常将单独分割出来的研究对象称为系统，这样的系统应有明确的边界线。系统的边界线可以是实际的界线或界面，如车间或工序的排出口；也可以是假想的，如设备或管道的进口或出口的截面。因此，在物料衡算以前，要根据所研究问题的性质、要求和目的，以及有利于分析和计算的目的，正确地确定所要研究的系统或体系。

【例 4-2】 图 4-1 是一工厂的简单工艺流程图，图中 A、B、C 为三个车间，他们之间的物料流关系用 Q 表示，这些物料流可以是水、气或固体废弃物。

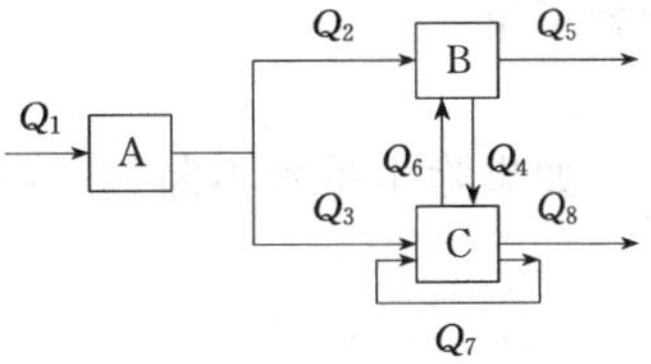

图 4-1　工艺流程图

如果将全厂作为一个衡算系统，则物料的平衡关系为 $Q_1=Q_5+Q_8$。如果将 A 车间作为衡算系统，则物料的平衡关系为 $Q_1=Q_2+Q_3$；如果将 B 车间作为衡算系统，则物料的平衡关系为 $Q_2+Q_6=Q_4+Q_5$；如果将 C 车间作为衡算系统，则物料的平衡关系为 $Q_3+Q_4+Q_7=Q_6+Q_7+Q_8$，消去循环量 Q_7 后则有 $Q_3+Q_4=Q_6+Q_8$。如果将 B、C 车间作为衡算系统，则有 $Q_2+Q_3+Q_7=Q_5+Q_7+Q_8$，消去 Q_7 后，得 $Q_2+Q_3=Q_5+Q_8$。

从例题中可以看出，不同的物料衡算系统其目的不一样，计算的方式也不一样。因此，在物料衡算以前，必须确定物料衡算系统的边界线。

（2）收集物料衡算的基础资料　根据物料衡算的要求，画出生产工艺流程示意图和写出相应的生产过程中的化学反应方程式，包括主、副反应方程式和处理过程中的反应式，以此作为计算依据。在示意图上可以定性地标明物料由原材料转变为产品（主、副产品和回收品）的过程以及物料的流失方式、位置和流向等。根据工艺流程图和化学反应式，收集物料衡算的各种资料和数据。

（3）确定计算基准物　在物料衡算中，往往将所有的污染物折算成某一基准物进行计算，以便于比较和评价。如将所有的铬酸盐、重铬酸盐、铬的氧化物都折算成基准物铬来进行计算和比较，所有的硝基物都折算成硝基苯来进行计算和比较等。因此在物料衡算中要选择一个合理的基准物。

（4）进行物料平衡计算　物料平衡计算可以采用总量法或定额法，以简便、精确为原则来选择计算方法。对于生产过程中任何一个步骤或某一生产设备的局部物料衡算采用总量法简便，对于整个生产过程的总物料衡算采用定额法较为简便。这两种方法在后面将分别给予介绍。实际中也可灵活运用这两种计算方法。

（5）物料衡算结果的分析及应用　物料衡算是对物料利用和流失情况进行科学分析的方法。通过物料衡算，可以得到以下结果：

① 生产吨产品或半成品的原料实际消耗量；

② 生产吨产品或半成品的各污染物（或原料、产品等物料）排放量（或流失量）；

③ 物料流失位置和排放形式、流向。

在实际运用过程中，物料衡算步骤并不是一成不变的，可以根据具体情况进行调整。

2. 进出系统过程中无化学变化的物料衡算

物料进出系统过程中，如果不发生化学反应，即其分子结构没有变化，而只有形状、温度等物理性能的变化，对于这种情况的物料衡算，其计算过程比较简单。现举例说明其计算方法。

【例 4-3】 某除尘系统，每小时进入除尘系统的烟气量 Q_0 为 12000m^3（标准状态），含尘浓度 C_0 为 2200mg/m^3，每小时收下的粉尘量 G_2 为 22kg，若不考虑除尘系统漏气影响，试求净化后的废气含尘浓度 C_1。

解 进入除尘系统的烟尘量

$$G_0=Q_0\times C_0=12000\times 2200\times 10^{-6}=26.4\text{kg}$$

根据物料平衡公式（4-6），得到 $G_0=G_1+G_2$，其中，G_1 为出口的粉尘量，G_2 为收下的粉尘量。

$$G_1=G_0-G_2=26.4-22=4.4\text{kg}$$

如果除尘系统不漏气，则

$$Q_1=Q_0=12000\text{m}^3$$

$$C_1=\frac{G_1}{Q_1}=\frac{4.4\times 10^6}{12000}=366.67\text{mg/m}^3$$

3. 进出系统过程中发生化学反应的物料衡算

如果物料进出系统过程中发生化学反应，转变为新的物质，物料衡算可以根据化学反应式进行，求得污染物的排放量。由于化学变化的发生，物料衡算变得比较复杂，计算方法通常可以采用总量法或定额法。总量法是以计算系统内的原料总耗量、主副产品及回收产品的总产量为基础，按式（4-6）计算物料或污染物流失总量。下面通过例 4-4 来说明总量法的应用。

【例 4-4】 某化工厂年产重铬酸钠（$Na_2Cr_2O_7\cdot 2H_2O$）2010t，其纯度为 98%，每吨重铬酸钠耗用铬铁矿粉（$FeO\cdot Cr_2O_3$）1440kg，铬铁矿粉含 Cr_2O_3 量为 50%，重铬酸钠转炉焙烧转化率为 80%，含铬废水处理量为 75000m^3，处理前废水六价铬浓度 C_0 为 0.175kg/t，处理后六价铬浓度 C_1 为 0.005 kg/t，铬渣、铝渣、芒硝未处理，试求该厂全年六价铬的流失量。已知生产过程中总的化学反应方程式如下：

$$FeO\cdot Cr_2O_3+2Na_2CO_3+H_2SO_4+\frac{7}{4}O_2\longrightarrow$$

$$Na_2Cr_2O_7+Na_2SO_4+\frac{1}{2}Fe_2O_3+H_2O+2CO_2\uparrow$$

解 计算中选择铬作为基准物，以铬的迁移转化作为物料衡算的基础。

铬与产品重铬酸钠的分子量比值为 $\frac{104}{298}$，铬与原料中 Cr_2O_3 的分子量比值为 $\frac{104}{152}$，原料总耗量中铬有效使用量为：

$$G_{原}=2010\times 1440\times 0.5\times\frac{104}{152}\times 0.8=792152\text{kg}$$

重铬酸钠产品中的铬含量为：

$$G_{产}=2010\times 0.98\times\frac{104}{298}\times 1000=687447\text{kg}$$

废水处理中处理掉的铬量为：

$$G_{处}=75000\times 1\times(C_0-C_1)$$

$$=75000\times 1\times (0.175-0.005)=12750\text{kg}$$

则铬的流失总量为：

$$G_{流失}=G_{原}-G_{产}-G_{处}=792152-687447-12750=91955\text{kg}$$

其中废水中铬的流失量为：

$$G_{水流失}=75000\times 1\times C_1=75000\times 1\times 0.005=375\text{kg}$$

在铬渣、铝渣、芒硝中流失的铬量为：

$$G_{渣流失}=G_{流失}-G_{水流失}=91955-375=91580\text{kg}$$

定额法是总量法的另一种表现形式，这种方法首先求出单位产品的污染物流失量，然后根据生产中产品总量，求取污染物流失总量。定额法和总量法可以相互变换。因此，根据式(4-6)，生产过程中所使用或生成的污染物最终流失于环境的流失总量可用下式计算。

$$G=MG_{定} \tag{4-7}$$

式中　G——某种污染物的流失总量，t 或 m^3；

$G_{定}$——单位产品某污染物的流失定额，kg/t 或 m^3/t；

M——生产期内某产品的产量，t。

其中 $G_{定}$ 可根据下式进行计算。

$$G_{定}=B_{定}-(a_{定}+b_{定}+c_{定}+d_{定}) \tag{4-8}$$

式中　$B_{定}$——单位产品所使用或生成的污染物量，kg/t 或 m^3/t；

$a_{定}$——单位产品结构中污染物量，kg/t 或 m^3/t；

$b_{定}$——单位产品产生的副产品、回收品结构中污染物量，kg/t 或 m^3/t；

$c_{定}$——单位产品分解、转化掉的污染物量，kg/t 或 m^3/t；

$d_{定}$——单位产品净化处理掉的污染物量，kg/t 或 m^3/t。

$B_{定}$、$a_{定}$、$b_{定}$、$c_{定}$、$d_{定}$ 又可分别用以下一系列公式进行计算。

$$B_{定}=\sum H_i s_i g_i K_B \tag{4-9}$$

式中　H_i——单位产品的原料消耗量，kg/t；

s_i——原料主要成分的纯度，%；

g_i——原料在生产过程中的转化率，%；

K_B——换算系数，为基准物的分子量（或原子量）与原料中与污染物有关的主要成分的分子量比值。

$$a_{定}=1000s_1K_a \tag{4-10}$$

式中　s_1——主产品中与污染物有关的主要成分纯度，%；

K_a——换算系数，为基准物的分子量（或原子量）与主产品中与污染物有关的主要成分的分子量比值。

$$b_{定}=Fs_2K_b \tag{4-11}$$

式中　F——单位产品所回收的副产品或回收品数量，kg/t；

s_2——副产品、回收品中与污染物有关的主要成分纯度，%；

K_b——换算系数，为基准物的分子量（或原子量）与副产品、回收品中与污染物有关的主要成分的分子量比值。

$$c_{定}=Ls_3K_c \tag{4-12}$$

式中　L——单位产品分解、转化掉的污染物数量，kg/t；

s_3——分解物中与污染物有关的主要成分的纯度，%；

K_c——换算系数，为基准物的分子量（或原子量）与分解物中与污染物有关的主要成分的分子量比值。

$$d_{定}=(C_0-C_1)\times\frac{Q}{M} \tag{4-13}$$

式中 C_0——处理前某污染物的浓度，kg/t 或 kg/(1000m³)；

C_1——处理后某污染物的浓度，kg/t 或 kg/(1000m³)；

Q——生产期内废弃物的处理量，t 或 1000m³。

为说明如何使用定额法，现以例 4-4 中的条件为例，采用定额法进行计算，具体的计算步骤如下：

$$B_{定}=\sum H_i s_i g_i K_B=1440\times0.5\times0.8\times\frac{104}{152}=394.1\text{kg/t}$$

$$a_{定}=1000s_1K_a=1000\times0.98\times\frac{104}{298}=342.0\text{kg/t}$$

$$d_{定}=(C_0-C_1)\times\frac{Q\rho_{水}}{M}=(0.175-0.005)\times\frac{75000\times1}{2010}=6.34\text{kg/t}$$

由于铬渣、铝渣、芒硝未处理，生产过程中的六价铬没有被还原，故 $b_{定}$、$c_{定}$ 均为零。

$$G_{定}=B_{定}-(a_{定}+b_{定}+c_{定}+d_{定})$$
$$=394.1-(342.0+6.34)=45.76\text{kg/t}$$
$$G=MG_{定}=45.76\times2010=91978\text{kg}$$

三、排放系数法

根据生产过程中单位的经验排放系数进行计算求得污染物排放量的计算方法叫排放系数法。排放系数是根据实际调查数据，不断积累并加以统计分析而得出的。

1. 产污系数和排放系数概念

（1）污染物产生系数和排放系数　污染物产生系数（简称产污系数）是指在正常技术经济和管理条件下，生产单位产品或单位强度（如重量、体积和距离等）的产生污染活动所产生的原始污染物量。污染物排放系数（简称排污系数）是指上述条件下经污染控制措施削减后或未经削减直接排放到环境中的污染物量。显然，产污系数和排污系数与产品生产工艺、原材料、规模、设备技术水平以及污染控制措施有关。

（2）个体产污系数和综合产污系数　个体产污系数是指特定产品在特定工艺（包括原料路线）、特定规模、特定设备技术水平以及正常管理水平条件下求得的产品生产污染物产生系数。综合产污系数是指按规定计算方法对个体产污系数进行汇总求取的一种产污系数平均值。因此综合产污系数代表指定产品在该行业生产活动中生产单位产品排放污染物的平均水平。

2. 污染物排放量的计算

污染物的产生量可以用下式计算。

$$G'=K'M \tag{4-14}$$

式中 G'——某污染物的产生量；

K'——单位产品的经验产污系数；

M——某产品的年产量。

污染物的排放量可以用下式计算。

$$G=KM \tag{4-15}$$

式中 G——某污染物的排放量；

K——单位产品的经验排污系数。

3. 主要工业产品综合产污系数和排污系数

根据国家环境保护总局（现环境保护部）对污染物实行总量控制的战略布置，国家环境保护总局科技标准司组织有色金属工业、轻工、电力、纺织、化工、钢铁和建材等七个工业部门和中国环境科学研究院的几百名科研和管理人员，完成了“工业污染物控制研究”课题。在这一研究中，共调查了解 1029 家企业，在实测、物料衡算和调查分析庞大的原始数据基础上，确定了 48 种产品的 4398 个系数。这些系数对于环境工程设计中污染物排放的计算具有非常好的指导作用。表 4-2～表 4-8 是一些主要工业产品综合产污和排污系数，他们是指产品在不同生产工艺、不同技术水平、不同原材料的情况下，按照各种类型企业的权重综合计算出的系数，反映了本产品目前排污的全国平均水平。

表 4-2　有色金属产品综合产污和排污系数

产品名称	污　染　物	产污系数	排污系数
铜精矿（每生产含 1 t 铜的铜精矿）	废水/t	961	417.94
	Cu/kg	11.78	1.08
	Pb/kg	0.09	0.02
	Zn/kg	2.91	0.57
	Cd/kg	0.08	0.02
	As/kg	0.17	0.01
	废石/t	212.0	212.0
	尾渣/t	114.8	114.8
粗铜（1 t）	二氧化硫/kg	1630.18	387.47
	烟气/$m^3$①	38063	21878
	烟尘/kg	321.79	13.24
	冶炼渣/t	2.998	1.24
	废水/m^3	105.8	186.89
	废水中的 Cu/kg	0.617	0.2548
	废水中的 Pb/kg	0.8294	0.1679
	废水中的 Zn/kg	1.0348	0.2502
	废水中的 Cd/kg	0.0539	0.0144
	废水中的 As/kg	1.3738	0.3538
铜锭（1 t）	油/kg	0.76	0.13
	悬浮物/kg	4.83	0.822
	废水/m^3	94	16
铜板带（1t）	油/kg	11.65	2.64
	悬浮物/kg	30.17	3.022
	废水/m^3	58.6	129
铜管材（1 t 管棒）	油/kg	22.21	2.83
	悬浮物/kg	34.53	4.682
	废水/m^3	672	91
粗铅（1 t）	废水/m^3	56.64	50.53
	Pb/kg	3.4595	0.0590
	Zn/kg	9.9578	0.2776
	Cd/kg	0.9778	0.6204
	As/kg	0.2126	0.0156
	粉尘/kg	349.60	7.6081
	二氧化硫/kg	952.53	199.45
	冶炼渣/kg	839.13	393.24
粗锌（1 t）	废水/m^3	45.28	44.97
	Pb/kg	12.0668	8.839
	Zn/kg	4.3185	1.4020
	Cd/kg	0.3345	0.0899
	As/kg	0.0781	0.0304

续表

产品名称	污 染 物	产污系数	排污系数
粗锌(1 t)	粉尘/kg	253.33	13.2104
	二氧化硫/kg	1254.32	277.21
	冶炼渣/kg	804.61	682.88
氧化铝(1 t)	废气/$m^3$①	12063.87	14973.0
	粉尘/kg	1650.7	7.08
	废水/m^3	28.58	20.83
	碱/kg	22.5	22.5
	悬浮物/kg	16.50	10.21
	石油类/kg	0.044	0.044
	赤泥/kg	1430.3	1430.3
电解铝(1 t)	废水/m^3	17.15	15.58
	含氟废气/$10km^3$①	23.25	23.25
	氟化物/kg	21.02	8.43
	粉尘/kg	45.71	17.95
	沥青烟/kg	37.02	12.77
铝锭(1 t 产品)	废水/m^3	60.75	6.172
	油类/kg	0.153	0.016
	尘/kg	0.386	0.257
厚板(1 t 产品)	废水/m^3	195.25	115.163
	油类/kg	7.302	1.093
	尘/kg	0.390	0.316
薄板(1 t 产品)	废水/m^3	295.45	115.163
	油类/kg	7.335	0.316
	尘/kg	0.390	0.316
铝箔(1 t 产品)	废水/m^3	828.23	115.163
	油类/kg	7.774	0.316
	尘/kg	0.390	0.316
铸件(1 t 产品)	废水/m^3	810.23	665.528
	油类/kg	16.405	0.411
	尘/kg	0.485	0.411
铝材(1 t 产品)	废水/m^3	1074.72	333.148
	油类/kg	16.05	2.852
	尘/kg	32.187	2.852
镍(1 t 电镍)	二氧化硫/kg	4882.7	2926.78
	烟尘/kg	1973.68	103.61
	废渣/t	16.40	16.4
	废水/m^3	13.72	13.71
	Ni/kg	2.386	0.022
	Cu/kg	0.047	0.003
	Co/kg	0.021	0.002
	Pb/kg	0.017	0.003
	As/kg	0.000	0.000
	Cd/kg	0.002	0.001

① 指标准状态。

表 4-3 轻工行业产品综合产污和排污系数

产品名称	污 染 物	产污系数	排污系数
碱法制浆(1 t 浆)	废水/m^3	289.2	288.1
	COD/kg	1152.9	1133.2
	BOD_5/kg	299.5	290.5
	悬浮物/kg	112.0	106.7
纸袋纸、新闻纸、书写纸(1 t 浆)	废水/m^3	124.6	124.6
	COD/kg	56.5	15

续表

产品名称	污染物	产污系数	排污系数
纸袋纸、新闻纸、书写纸(1t浆)	BOD_5/kg	14.2	6.4
	悬浮物/kg	83.5	18.5
酒精(1t酒精)	废水/m^3	108.7	94.3
	COD/kg	925.0	459.9
	BOD_5/kg	485.0	220.7
	悬浮物/kg	437.0	114.8
制革(1t原皮)	废水/m^3	142.6	121.4
	COD/kg	265.0	201.0
	BOD_5/kg	90.3	71.3
	悬浮物/kg	181.6	131.0
	硫化物/kg	7.0	5.1
	总铬/kg	2.6	1.8

表 4-4 电力行业综合产污和排污系数(每生产万千瓦时电)

污染物	产污系数	排污系数
烟尘/kg	1537.18	82.10
二氧化硫/kg	111.60	104.05
粉煤灰/kg	1468.21	
炉渣/kg	170.80	
冲灰渣水/t	28.76(稀浆)	24.45(稀浆)
	8.20(浓浆)	6.97(浓浆)

表 4-5 纺织行业产品综合产污和排污系数

产品名称	污染物	产污系数	排污系数
棉机织	废水/(t/hm)	2.8	2.8
	COD/(kg/hm)	1.97	0.81
	BOD_5/(kg/hm)	0.56	0.06
	pH	10.25	8.22
	色度/倍	310	80
棉针织	废水/(t/hm)	2.76	2.76
	COD/(kg/hm)	1.39	0.51
	BOD_5/(kg/hm)	0.37	0.05
	pH	9.5～10.0	7.40
	色度/倍	200	50
毛粗纺织产品	废水/(t/hm)	37.4	37.4
	COD/(kg/hm)	12.6	5.24
	BOD_5/(kg/hm)	4.4	2.24
	pH	7.4	7.5
	色度/倍	200	80
毛精纺织产品	废水/(t/hm)	24.4	24.4
	COD/(kg/hm)	5.54	2.44
	BOD_5/(kg/hm)	1.95	0.73
	pH	6.8	7.5
	色度/倍	60	50
绒线产品	废水/(t/t产品)	75.2	75.2
	COD/(kg/t产品)	21.3	9.01
	BOD_5/(kg/t产品)	7.35	3.00

续表

产品名称	污染物	产污系数	排污系数
绒线产品	pH	6.7	7.5
	色度/倍	190	65
丝织产品	废水/(t/hm)	3.6	3.6
	COD/(kg/hm)	0.78	0.16
	BOD_5/(kg/hm)	0.3	0.03
	pH	7.7	7～8
	色度/倍	240	35
麻纺产品	废水/(t/t麻)	716	716
	COD/(kg/kg麻)	1.07	0.15
	BOD_5/(kg/kg麻)	0.44	0.04
	pH	9.0	7.5

表 4-6 化工行业产品综合产污和排污系数

产品名称	污染物	产污系数	排污系数
合成氨(1 t氨)	废水/m^3	644.21	138.53
	悬浮物/kg	11.61	10.18
	氰化物/kg	0.4	0.18
	挥发酚/kg	0.064	0.012
	油/kg	0.45	0.30
	氨氮/kg	16.09	12.39
	COD/kg	21.46	10.36
	硫化物/kg	0.74	0.4
	CO/kg	212.39	142.27①
	氨/kg	23.62	13.61
	炉渣/kg	664.33	34.11①
	炭黑/kg	20.09	0.04
尿素(1 t尿素)	废水/m^3	1.65	1.6
	氨氮/kg	10.79	2.72
	尿素/kg	5.3	1.60
	COD/kg	0.77	0.72
	氨/kg	3.5	2.06
	尿素粉尘/kg	2.38	2.33
硫酸(1 t硫酸)	砷/kg	140.2	5.9
	氟/kg	298.8	98.5
	二氧化硫/kg	16.69	13.46
	硫酸雾/kg	0.377	0.312
硝酸(1 t)	氮氧化物/kg	22.26	7.14
磷酸(1 t P_2O_5)	废气氟/kg	2.95	0.29
	废水氟/kg	28.9	1.9
	废水 P_2O_5/kg	34.5	0.58
磷铵(1 t)	NH_3/kg	13.2	1.34

① 以煤（焦）为原料生产合成氨的污染物。

表 4-7　钢铁行业产品综合产污和排污系数

产品名称	污染物	产污系数	排污系数
炼焦(1 t 焦)	硫化氢/kg	1.4～3.0	0.1～0.6
	酚/g	250～700	0.1～20
	氰化物/g	40～80	1～5
	氨/g	250～1000	150～500
烧结矿(1 t)	烟尘/kg	25～60	0.1～1
	二氧化硫/kg	2～15	2～15
炼铁(1 t 铁)	烟尘/kg	46～60	0.08～0.11
	悬浮物/kg	10～20	0.05～3.0
	高炉渣/kg	350～700	
转炉炼钢(1 t 钢)	烟尘/kg	35～57	0.1～0.5
	悬浮物/kg	20～40	0.02～0.30
	钢渣/kg	120～140	120～140
平炉炼钢(1 t 钢)	烟尘/kg	20～30	2～5
	钢渣/kg	150～300	150～300
电炉炼钢(1 t 钢)	烟尘/kg	10～17	2～5
	钢渣/kg	100～130	100～130
连铸(1 t 坯)	废水/m^3	5.0～20	0.2～0.6
	悬浮物/kg	3.0～5.0	0.01～0.04
	油类/kg	0.2～0.7	0.002～0.007

表 4-8　建材行业产品综合产污和排污系数

产品名称	污染物	产污系数	排污系数
水泥	废水(每吨水泥)/t	4.57	1.45
	废气(每吨水泥)/m^3	5605	5605
	粉尘(每吨水泥)/kg	130.86	23.2
	二氧化硫(每吨熟料)/kg	0.982	0.982
平板玻璃(每重量箱)	废气/m^3		536
	粉尘/kg	0.531	0.132
	二氧化硫/kg		0.185
	废水/t	2.91	0.95
	COD/g		27.14
	悬浮物/g		33.36
	油/g		3.04

第四节　废气排放计算

一、燃料燃烧过程中产生的废气量

纯燃料燃烧过程废气通常指工业锅炉、采暖锅炉以及家用炉灶等纯燃料燃烧装置使用的煤、油、气等燃料在燃烧过程中产生的废气。纯燃料燃烧过程使用的燃料一般不与物料接触，燃料燃烧产生的废气量就是燃料本身燃烧产生的废气量。按废气排放方式可分为有组织排放，即通过烟囱或排气筒集中排放和无组织排放。废气排放量可以实测，也可以用经验公式进行计算。

污染物排放量是指排入大气环境的废气所携带的污染物质的纯量。煤和油类在燃烧过程中产生大量烟气和烟尘，烟气中主要污染物有二氧化硫、氮氧化物和一氧化碳等，这些污染物通常也可以采用经验公式进行计算。

1. 锅炉燃料耗量计算

锅炉燃料耗量一般与锅炉的蒸发量（或热负荷）、燃料的发热量等因素有关。对于产生饱和蒸汽的锅炉，可用下式计算。

$$B=\frac{D(i''-i')}{Q_L^y\eta} \tag{4-16}$$

式中 B——锅炉燃料耗量，kg/h 或 m^3/h；

D——锅炉每小时的产汽量，kg/h 或 m^3/h；

Q_L^y——燃料应用基的低位发热值，kJ/kg；

η——锅炉的热效率，%，可实测，也可以从有关手册或产品说明书中获取；

i''——锅炉在工作压力下的饱和蒸汽热焓值，kJ/kg 或 kcal/kg；

i'——锅炉给水热焓值，kJ/kg 或 kcal/kg，一般计算给水温度为 20℃，则 $i'=$ 83.75kJ/kg 或 20kcal/kg。

对于热水锅炉的耗煤量，可用下式计算。

$$B_w=\frac{K_w(i_s-i_j)}{Q_L^y\eta_w} \tag{4-17}$$

式中 K_w——热水锅炉热水出水量，kg/h；

i_s——热水锅炉热水出水热焓，kJ/kg；

i_j——热水锅炉热水进水热焓，kJ/kg；

η_w——热水锅炉热效率，%；

B_w——热水锅炉耗煤量，kg/h。

2. 理论空气需要量的计算

理论空气需要量是指燃料中的可燃物质（主要是碳、氢、硫）燃烧时，完全变成燃烧产物所需的空气量。其值可以根据完全燃烧的化学反应方程式和元素分析求取。

(1) 固体和液体燃料　固体和液体燃料燃烧产物的计算是以 1kg 燃料为基准的，以燃烧的化学反应方程式作为计算的依据。燃烧反应方程式如下：

$$C+O_2 \longrightarrow CO_2$$

$$2C+O_2 \longrightarrow 2CO$$

$$2H_2+O_2 \longrightarrow 2H_2O$$

$$S+O_2 \longrightarrow SO_2$$

如果以 w_C，w_H，w_S，w_O 分别表示燃料中碳、硫、氢、氧元素的重量百分含量，则根据以上方程式可以求得完全燃烧时的理论空气需要量 V_0：

$$V_0=\frac{2.667\frac{w_C}{100}+7.94\frac{w_H}{100}+\frac{w_S}{100}-\frac{w_O}{100}}{0.21\times1.429}$$

$$=0.0889w_C+0.265w_H+0.0333w_S-0.0333w_O\quad(m^3/kg) \tag{4-18}$$

(2) 气体燃料　气体燃料的组成成分常以每立方米（标准）干气体中各种成分的容积百分比表示，它的计算以 $1m^3$[1] 的气体燃料为基准，燃烧的化学反应方程式通常有以下几个：

$$2CO+O_2 \longrightarrow 2CO_2$$

[1] 本书中气体除特别指明外均为标准状况。

$$2H_2S+3O_2 \longrightarrow 2SO_2+2H_2O$$

$$2H_2+O_2 \longrightarrow 2H_2O$$

$$CH_4+2O_2 \longrightarrow CO_2+2H_2O$$

$$C_2H_4+2O_2 \longrightarrow 2CO_2+2H_2O$$

各种碳氢化合物燃烧的化学反应，可用下面方程表示。

$$C_mH_n+\left(m+\frac{n}{4}\right)O_2=mCO_2+\frac{n}{2}H_2O$$

因此，1m^{3}气体燃料燃烧所需理论空气量 V_0 为：

$$V_0=\frac{1}{100\times0.21}\left[\frac{1}{2}\varphi_{CO}+\frac{1}{2}\varphi_{H}+\frac{3}{2}\varphi_{H_2S}+\sum\left(m+\frac{n}{4}\right)\varphi_{C_mH_m}-\varphi_{O_2}\right]$$

$$=0.0238\varphi_{CO}+0.0238\varphi_{H}+0.0714\varphi_{H_2S}+$$

$$0.0476\sum\left(m+\frac{n}{4}\right)\varphi_{C_mH_n}-0.0476\varphi_{O_2}\ (m^3/m^3) \tag{4-19}$$

式中，φ 表示气体燃料中各组分的容积百分比。

(3) 经验公式计算　由于一般工业企业或供热单位没有条件设置燃料分析室，而且燃料来源也不是固定的，因此利用前面的公式计算理论空气量存在一定困难。通常可用以下经验公式进行计算。

对于燃料应用基的挥发分 $V^y>15\%$ 的每公斤烟煤，

$$V_0=1.05\,\frac{Q_L^y}{4.82}+0.278(m^3/kg) \tag{4-20}$$

对于 $V^y<15\%$ 的每公斤贫煤或无烟煤，

$$V_0=\frac{Q_L^y}{4140}+0.606(m^3/kg) \tag{4-21}$$

对于 $Q_L^y<12546$kJ/kg 的每公斤劣质煤，

$$V_0=\frac{Q_L^y}{4140}+0.455(m^3/kg) \tag{4-22}$$

对于每公斤液体燃料，

$$V_0=0.85\,\frac{Q_L^y}{4182}+2(m^3/kg) \tag{4-23}$$

对于 $Q_L^y<10455$kJ/m^3 的 1m^3 气体燃料，

$$V_0=0.875\,\frac{Q_L^y}{4182}(m^3/m^3) \tag{4-24}$$

对于 $Q_L^y>14637$kJ/m^3 的 1m^3 原气体燃料，

$$V_0=1.09\,\frac{Q_L^y}{4182}-0.25(m^3/m^3) \tag{4-25}$$

3. 燃烧产生烟气量的计算

(1) 固体和液体燃料　根据燃料的燃烧方程式可知，1kg 碳燃烧生成的 CO_2 体积为 1.866m^3，1kg 硫燃烧生成的 SO_2 体积为 0.7m^3，1kg 氢燃烧生成的水蒸气体积为 11.11m^3，加上氮、燃料本身带入的水、理论空气带入的水和燃料油雾化蒸气带入的水，则 1kg 燃料燃烧生成的烟气总体积 V_y 为：

$$V_y=1.866\frac{w_C}{100}+0.7\frac{w_S}{100}+0.8\frac{w_N}{100}+(\alpha-0.21)V_0+$$

$$0.0124w_W+0.111w_H+0.016\alpha V_0+1.244G_m$$

$$=0.01866w_C+0.007w_S+0.008w_N+0.0124w_W+$$

$$0.111w_H+1.016\alpha V_0-0.21V_0+1.244G_m \quad (4\text{-}26)$$

式中 w_C，w_S，w_N，w_H，w_W——燃料中的碳、硫、氮、氢、水分的百分含量；

V_0——理论空气需要量；

G_m——使用 1kg 雾化燃油的蒸气量，kg；

α——空气过剩系数，$\alpha=\alpha_0+\Delta\alpha$，$\alpha_0$ 为炉膛空气过剩系数，$\Delta\alpha$ 为烟气流程上各段受热面处的漏风系数。

α_0，$\Delta\alpha$ 的数值分别可查表 4-9 和表 4-10。沸腾炉沸腾层内过剩空气系数 α 一般取1.15～1.20，炉子出口处 α_0 需另加悬浮段漏风系数 $\Delta\alpha=0.1$。对于其他炉窑，α 可取 1.3～1.7，对于机械式燃烧，α 值可取小一些，对于手烧炉，α 可取大一些。

表 4-9 炉膛空气过剩系数 α_0

燃烧方式	烟 煤	无烟煤	重 油	煤 气
手烧炉及抛煤机炉	1.3～1.5	1.3～2	1.15～1.2	1.05～1.10
链条炉	1.3～1.4	1.3～1.5		
煤粉炉	1.2	1.25		
沸腾炉	1.23～1.30			

注：沸腾炉沸腾层内空气过剩系数一般取 1.15～1.20，炉子出口处 α_0 需另加悬浮段漏风系数 $\Delta\alpha=0.1$。

表 4-10 漏风系数 $\Delta\alpha$

漏风部位	炉膛	对流管束	过热器	省煤器	空气预热器	除尘器	钢烟道(每 10m)	砖烟道(每 10m)
$\Delta\alpha$ 值	0.1	0.15	0.05	0.1	0.1	0.05	0.01	0.05

【例 4-5】 已知某厂煤的工业分析数据如下：$w_C=61.01\%$，$w_S=4.57\%$，$w_H=5.12\%$，$w_N=1.59\%$，$w_{O_2}=5.79\%$，$w_W=0.80\%$，挥发分为 26.67%，灰分为 21.52%，求该厂的煤完全燃烧时的理论空气需要量 V_0。当 α 为 1.2 时，求煤完全燃烧后的烟气量 V_y。

解 根据式 (4-18) 得每公斤上述煤完全燃烧的理论空气需要量为：

$$V_0=0.0889w_C+0.265w_H+0.0333w_S-0.0333w_{O_2}$$

$$=0.0889\times61.01+0.265\times5.12+0.0333\times$$

$$4.57-0.0333\times5.79$$

$$=6.74(m^3/kg)$$

已知燃煤，不用雾化蒸气，G_m 为 0，则根据公式 (4-26)，

$$V_y=0.01866w_C+0.007w_S+0.008w_N+0.0124w_W+$$

$$0.111w_H+1.016\alpha V_0-0.21V_0+1.244G_m$$

$$=0.01866\times61.01+0.007\times4.57+0.008\times1.59+0.0124\times$$

$$0.8+0.111\times5.12+1.016\times1.2\times6.74-0.21\times6.74$$

$$=8.56(m^3/kg)$$

(2) 气体燃料 根据化学反应方程式，对于1m³燃气可计算出烟气中各烟气成分的体积，其中产生的三原子气体体积为：

$$V_{RO_2}=0.01(\varphi_{CO_2}+\varphi_{CO}+\varphi_{H_2S}+\sum m\varphi_{C_mH_n})(m^3/m^3) \tag{4-27}$$

式中，φ_{CO_2}，φ_{CO}，φ_{H_2S}，$\varphi_{C_mH_n}$分别为气体燃料中各自成分的百分比，%。

理论烟气中的氮体积

$$V_{N_2}=0.79V_0+\frac{\varphi_N}{100}(m^3/m^3) \tag{4-28}$$

水蒸气的体积

$$V_{H_2O}=0.01(\varphi_{H_2S}+\varphi_{H_2}+\sum\frac{n}{2}\varphi_{C_mH_n}+0.124d)+0.0161V_0(m^3/m^3) \tag{4-29}$$

式中 d——气体燃料的湿度，g/m^3。

因此，烟气体积的计算公式为：

$$V_y=V_{RO_2}+V_{N_2}+V_{H_2O}+(\alpha-1)V_0(m^3/m^3) \tag{4-30}$$

(3) 经验公式计算 在不掌握燃料准确组成的情况下，烟气量可用以下经验公式计算：

对于1kg无烟煤、烟煤或贫煤，

$$V_y=1.04\frac{Q_L^y}{4182}+0.77+1.0161(\alpha-1)V_0(m^3/kg) \tag{4-31}$$

对于$Q_L^y<12546kJ/kg$的1kg劣质煤，

$$V_y=1.04\frac{Q_L^y}{4182}+0.54+1.0161(\alpha-1)V_0(m^3/kg) \tag{4-32}$$

对于1kg液体燃料，

$$V_y=1.11\frac{Q_L^y}{4182}+1.0161(\alpha-1)V_0(m^3/kg) \tag{4-33}$$

对于1m³气体燃料，当$Q_L^y<10455kJ/m^3$时，

$$V_y=0.725\frac{Q_L^y}{4182}+1.0+1.0161(\alpha-1)V_0(m^3/m^3) \tag{4-34}$$

当$Q_L^y>14637kJ/m^3$时，

$$V_y=1.14\frac{Q_L^y}{4182}-0.25+1.0161(\alpha-1)V_0(m^3/m^3) \tag{4-35}$$

(4) 烟气总量的计算 对于烟气总量可用下面经验公式计算。

$$V_{yt}=BV_y \tag{4-36}$$

式中 V_{yt}——烟气总量，m^3/h或m^3/a；

B——燃料耗量，kg/h或kg/a，m^3/h；

V_y——实际烟气量，m^3/kg或m^3/m^3。

(5) 对于小型锅炉，可以采用下面简化公式计算每公斤燃料的烟气量。

$$V_0=\frac{K_0Q_L^y}{4182}(m^3/kg) \tag{4-37}$$

式中，K_0为燃料有关的系数，具体的数值可查表4-11。

表 4-11 系数 K_0 数值表

燃料	烟煤	无烟煤	油	褐煤($W_y \leqslant 30\%$)	褐煤($30\% < W_y < 40\%$)
K_0 值	1.1	1.11	1.1	1.14	1.18

注：W_y 为燃料中含水率（%）。

除水分很高的劣质煤，一般情况取 K_0 为 1.1，式（4-37）可简化为：

$$V_0 = \frac{1.1Q_L^y}{4182}(m^3/kg) \tag{4-38}$$

二、燃料燃烧过程产生污染物量的计算

1. 烟尘量的计算

煤在燃烧过程中产生的烟尘主要包括黑烟和飞灰两部分，其中黑烟是指烟气中未完全燃烧的炭粒，燃烧越不完全，烟气中黑烟的浓度越大。飞灰是指烟气中不可燃烧的矿物质的细小固体颗粒。黑烟和飞灰都与炉型和燃烧状态有关。

烟尘的计算可以采用两种方法，一种是实测法，在一定测试条件下，测出烟气中烟尘的排放浓度，然后用下式进行计算：

$$G_d = 10^{-6} Q_y \overline{C} T \tag{4-39}$$

式中 G_d——烟尘排放量，kg/a；

Q_y——烟气平均流量，m^3/h；

$\overline{C}$——烟尘的平均排放浓度，mg/m^3；

T——排放时间，一年排放多少小时。

对于无测试条件和数据的或无法进行测试的，可采用以下公式进行估算：

$$G_d = \frac{BAd_{fh}(1-\eta)}{1-C_{fh}} \tag{4-40}$$

式中 B——耗煤量，t/a；

A——煤的灰分，%；

d_{fh}——烟气中烟尘占灰分量的百分数，%，其值与燃烧方式有关，具体数据可以查表 4-12；

η——除尘系统的除尘效率，参见表 4-13；

C_{fh}——烟尘中的可燃物的百分含量，%，一般取 15%～45%，电厂煤粉炉可取 4%～8%，沸腾炉可取 15%～25%。

表 4-12 烟气中烟尘占灰分量的百分数（d_{fh} 值）

炉 型	d_{fh}/%	炉 型	d_{fh}/%
手烧炉	15～25	沸腾炉	40～60
链条炉	15～25	煤粉炉	75～85
往复推饲炉	20	油炉	～0
振动炉	20～40	天然气炉	～0
抛煤机炉	25～40		

表 4-13　各类除尘器的除尘效率

除　尘　方　式	平均除尘效率/%	除　尘　方　式	平均除尘效率/%
立帽式	48.5	XDN/G 旋风	92.3
干式沉降	63.4	SG 旋风	89.5
湿法喷淋、冲击、降沉	76.1	XZY 旋风	80
XSW(原 DG)双级旋风	80.6	XZS 型旋风	80.9
XPW(原 PW)平面旋风	81.1	双级蜗旋——6.5、10	86.5
CIG、DGL 旋风	79.9	XCG/G 旋风	88.5
XZZ-D450 旋风	90.3	XPK 旋风	93
XZZ-D550、750	93.6	XCZ 旋风	92.0
XZD/G-578-110	94.0	XDF 旋风	75.1
XZD/G-ϕ980×2-ϕ1264×4	88.9	埃索式旋风	93.3
XS-1A-4A 旋风	92.3	扩散式	85.8
XS-6.5A-20A	88.0	陶瓷多管	71.3
金属多管	83.3	管式静电	85.1
XWD 卧式多管	94.1	板式静电	89.7
同济(DE)旋风	90.7	玻璃纤维布袋	96.2
C 型 CLP(XLP)	83.3	湿式文丘里水膜两级除尘	96.8
管式水膜	75.6	百叶窗加电除尘	95.2
麻石水膜	88.4	SW 型加钢管水膜	93.0
其他旋风水膜	83.3	立式多管加灰斗抽风除尘	93.0

2. 二氧化硫的计算

煤炭中的全硫分包括有机硫、硫铁矿和硫酸盐，前两者为可燃性硫，燃烧后生成二氧化硫，第三者为不可燃硫，燃烧后的产物常列入灰分。通常情况下，可燃性硫占全硫分的70%～90%，计算时可取80%。在燃烧过程中，可燃性硫和氧气反应生成二氧化硫。每千克硫燃烧将产生2kg二氧化硫。因此，燃煤产生的二氧化硫可以用下式进行计算：

$$G_{SO_2}=2\times80\%\times B\times w_S=1.6Bw_S \tag{4-41}$$

式中　G_{SO_2}——二氧化硫产生量，kg；

B——耗煤量，kg；

w_S——煤中的全硫分含量,%，可查表 4-14。

表 4-14　全国主要原煤（统配煤矿）成分表

省或自治区	矿　名	全硫分/%	灰分/%	可燃体挥发分/%	低位发热值/(kcal/kg)
河北省	北京矿务局	0.5	11～18	10	6300
	开滦煤矿	1.3	24～29	35	3500～5300
	峰峰矿务局	1.0～1.5	16～43	6～27	4000～6400
	井陉矿务局	1.0	22～40	24	4600～5400
	邢台矿务局	1.0	26～30	34	5800
	邯郸矿务局	1.5～3.0	16～32	24～32	5200～6200
	兴隆矿务局	2.4～3.0	36～49	33～38	3200～4000
	下花园煤矿	3.0	12～22	30～33	6000～6400
	八宝山煤矿	0.3～0.8	24～32	18～20	5200～6000
山西省	大同矿务局	1.5	4～16	31	6000～6500
	阳泉矿务局	1.0	24～34	10	5000～5700
	西山矿务局	1.0～2.5	16～32	14～17	6300～6800
	汾西矿务局	0.5～4.0	14～30	25～32	5500～6600
	轩岗矿务局	0.9～1.5	18～43	34	4200～6400

续表

省或自治区	矿名	全硫分/%	灰分/%	可燃体挥发分/%	低位发热值/(kcal/kg)
山西省	潞安矿务局	0.4～0.5	16～18	18	7100
	晋城矿务局	0.4	—	8	7000
	霍县矿务局	0.5	18～32	32	6800
内蒙古自治区	乌达矿务局	1.0～1.4	14～36	30～34	5000～6000
	渤海湾矿务局	0.6～2.6	20～32	25～30	4800～6300
	包头矿务局	0.5～1.0	20～28	17～37	5100～5800
辽宁省	抚顺矿务局	0.8～0.69	14～43	45～50	2900～5500
	阜新矿务局	1.7	14～40	40	3300～5200
	本溪矿务局	3.0	18～34	10	4800～6300
	北票矿务局	<0.5	—	30～40	
	铁法矿务局	0.7	26～43	40～44	3500～3900
	南票矿务局	1.0	34～43	40	4000～4500
	平庄矿务局	1.8	18～38	43	3000～3800
	沈阳矿务局	0.66	22～46	48～50	3000～4300
	八道煤矿	2.0	30～22	40	4200
	烟台煤矿	2.64	22～40	10	4500～6000
吉林省	辽源矿务局	0.6～0.8	14～49	45～49	2700～5700
	通化矿务局	0.5～1.0	22～49	9～35	3100～5800
	舒兰矿务局	0.25	30～49	55	2300～3300
	蛟河煤矿	0.3～0.5	38～49	40～50	2700～4000
	营城煤矿	0.8	30～49	40	3000～4400
	延边煤矿	0.8	40～46	40	3500
吉林省	和龙煤矿	0.9	30～46	42～45	3200～4500
	杉松煤矿	0.6～0.7	32～40	24～27	4400～5200
黑龙江省	鸡西矿务局	0.4	10～49	26～33	3600～6500
	鹤岗矿务局	0.4	14～43	36～38	3800～6100
	双鸭山矿务局	0.5	6～43	10～40	4000～7000
	七台河矿务局	0.3	12～28	30～36	5400～6800
	大雁矿务局	0.5	18～38	43	2500～3400
	扎赉诺尔矿务局	0.5	5～46	43	2200～3600

注：1kcal=4.1840kJ。

燃油产生的二氧化硫计算公式与燃煤基本相似，可以用下式计算：

$$G_{SO_2}=2B_0w_S \tag{4-42}$$

式中 B_0——燃油耗量，kg；

w_S——油中的硫含量，%。

天然气燃烧产生的二氧化硫主要是由其中所含的硫化氢燃烧产生的，因此二氧化硫的计算可用下列公式：

$$G_{SO_2}=2.857VC_{H_2S} \tag{4-43}$$

式中 V——气体燃料的消耗量，m^3；

C_{H_2S}——气体燃料中硫化氢的体积百分数，%；

2.857——每一立方米（标准）二氧化硫的质量，kg。

如果没有脱硫装置，则二氧化硫的排放量等于产生量。如果有脱硫装置，则二氧化硫的排放量为：

$$G_P=(1-\eta)G_{SO_2} \tag{4-44}$$

式中 G_P——二氧化硫排放量，kg；

η——脱硫装置的二氧化硫去除效率，%。

3. 氮氧化物的计算

燃料燃烧生成的氮氧化物主要有两个来源，一是燃料中含氮的有机物，在燃烧时与氧反应生成的大量一氧化氮，通常称为燃料型 NO；二是空气中的氮在高温下氧化为氮氧化物，通常称为温度型氮氧化物。燃料含氮量的大小对烟气中氮氧化物浓度的高低影响很大，而温度是影响温度型氮氧化物量的主要因素。天然化石燃料燃烧过程中生成的氮氧化物中，一氧化氮约占 90%，二氧化氮约占 10%。因此，对于燃料燃烧产生的氮氧化物量可用以下公式计算：

$$G_{NO_x}=1.63B(\beta n+10^{-6}V_yC_{NO_x}) \tag{4-45}$$

式中 G_{NO_x}——燃料燃烧生成的氮氧化物量，kg；

B——煤或重油耗量，kg；

β——燃料氮向燃料型 NO 的转变率，%；

n——燃料中氮的含量，可查表 4-15；

V_y——1kg 燃料生成的烟气量，m^3/kg；

C_{NO_x}——燃烧时生成的温度型氮氧化物的浓度，mg/m^3，通常可取 $93.8mg/m^3$。

表 4-15 锅炉用燃料的含氮量

燃料名称	含氮质量百分比/%	
	数值范围	平均值
煤	0.5～2.5	1.5
劣质重油	0.2～0.4	0.20
一般重油	0.08～0.4	0.14
优质重油	0.005～0.08	0.02

β 值与燃料含氮量 n 有关，一般燃烧条件下，燃煤层燃炉为 25%～50%。$n\geqslant0.4\%$时，燃油锅炉 β 为 32%～40%，煤粉炉可取 20%～25%。

4. 一氧化碳的计算

固体和液体燃料燃烧产生的一氧化碳是由含碳的化合物不完全燃烧所致，1kg 碳燃烧生成的一氧化碳是 2.33kg，因此对于固体和液体燃料，产生的一氧化碳可用以下公式计算：

$$G_{CO}=2330qw_C \tag{4-46}$$

式中 G_{CO}——CO 产生量，g/kg 或 g/m^3；

w_C——燃料中碳的质量百分含量，%，可见表 4-16；

q——不完全燃烧值，%，可见表 4-16。

表 4-16 燃料含碳量和化学不完全燃烧值

燃料种类	q/%	w_C/%	燃料种类	q/%	w_C/%
木材	4	30～50	木炭	3	—
泥煤	4	30～60	焦炭	3	75～85
褐煤	4	40～70	重油	2	85～90
烟煤	3	70～80	人造煤气	2	15～20
无烟煤	3	80～90	天然气	2	70～75

对于天然气和人造气体燃料，一氧化碳的产生量为：

$$G_{CO}=1250q(V_1+V_2+\cdots+V_n) \tag{4-47}$$

式中 V_1，V_2，…，V_n——分别为气体燃料中 CO、CH_4、C_2H_4、C_2H_6、C_3H_8、C_4H_{10}、

C_5H_{12}、C_6H_6 和 H_2S 等的质量百分含量,%。

三、生产过程产生的气体污染物量的计算

除了燃煤、燃油等燃料燃烧过程产生的大气污染物外，不同行业的生产过程也会产生大量的各种气态污染物。由于行业不同，同一行业中生产工艺不同，生产水平不同，各个不同污染源所排放的污染物量也不同。对于这类污染源在生产过程中排放气体污染物的计算可以采用实测法，或采用前面介绍的排放系数法，也可以采用以下将介绍的经验估算方法。在经验估算法中，公式中的各种排放因子应在对工艺过程仔细分析、全面了解后进行选择。下面介绍几种常见的对环境影响较大的污染物的计算方法。

1. 水泥熟料烧成过程中二氧化硫排放量的计算

水泥熟料烧成过程中，燃料中的硫一部分进入水泥熟料和窑灰中，如煤中的硫酸盐；燃烧中生成的二氧化硫将与生料或料浆中碳酸钙、氧化钙等反应生成亚硫酸盐或硫酸盐，一部分以二氧化硫形式排入大气。因此，水泥熟料烧成中排放的二氧化硫量可用下式计算：

$$G_{SO_2}=2(Bw_S-0.4Mf_1-0.4G_df_2) \tag{4-48}$$

式中 G_{SO_2}——水泥熟料烧成中排放的二氧化硫量，t；

B——烧成水泥熟料的煤耗量，t；

w_S——煤的含硫量,%；

M——水泥熟料的产量，t；

f_1——水泥熟料 SO_3^{2-} 的含量,%，可以从生产中水泥熟料分析资料获得；

G_d——水泥熟料生产中产生的粉尘量，t，回转窑产生的粉尘量一般占熟料产量的20%～30%；

f_2——粉尘中 SO_3^{2-} 的含量,%，从窑灰分析资料中获取；

0.4——系数，即 S 与 SO_3 的摩尔质量之比=32/80=0.4。

2. 氟化物（以 F 计）排放量的计算

氟化物主要是指 HF，这是一种对环境影响很强的气体。产生氟化物污染的行业主要有炼铝业、磷酸（肥）业和建材业等。

(1) 炼铝过程 电解铝生产中气态氟化物（以 F 计）排放量可用以下计算公式：

$$G_F=M(H_1F_{H_1}+H_2F_{H_2})f_F(1-\eta_r) \tag{4-49}$$

式中 G_F——气态氟化物（以 F 计）排放量，kg；

M——电解铝的年产量，t；

H_1——生产每吨铝冰晶石的消耗量，kg/t 铝；

F_{H_1}——冰晶石的含氟量,%；

H_2——生产每吨铝氟化铝消耗量，kg/t 铝；

F_{H_2}——氟化铝含氟量,%；

f_F——气态氟的逸出率,%，一般可取 56.6%；

η_r——氟化物净化系统的净化效率,%。

(2) 磷肥与制磷工业 以磷矿 $Ca_5(PO_4)_3\cdot F$ 为原料的工业，包括磷肥、磷酸、黄磷及洗衣粉制造等工业，排出的气体中含有氟化氢（HF）与四氟化硅（SiF_4）等化合物，其排放量可用下式计算：

$$G_F=MHF_Hf_H(1-\eta_F) \tag{4-50}$$

式中 G_F——气态氟化物（以 F 计）的排放量，kg；

M——以磷矿粉（石）为原料产品的产量，t；

H——磷矿石的消耗定额，kg/t 产品；

F_H——磷矿石的含氟量,%，通常在 2.5%～3.7%，可根据原料的含氟量选择；

f_H——磷矿在生产工艺过程中气态氟（以 F 计）的逸出率，一般在 20%～40%之间；

η_F——气态氟的净化效率,%。

3. 高炉炼铁中一氧化碳排放量的计算

高炉炼铁是在还原气氛中进行的，炉气中 CO 高达26%～32%，高炉炉顶一般会发生漏气排入大气。通常废气泄漏量占总气量的 5%左右。高炉 CO 排放量可以用下式计算：

$$G_{CO}=nVf\rho_{CO}M=1.25nVfM \tag{4-51}$$

式中 G_{CO}——高炉泄漏排放的 CO 量，kg；

n——泄漏气量占总炉气量的百分数,%；

V——高炉废气量，m^3/m^3 铁；

f——废气中 CO 含量,%；

ρ_{CO}——CO 废气密度，其值为 1.25kg/m^3；

M——高炉生铁产量，t。

4. 工业粉尘排放量的计算

工业粉尘是指工业生产工艺中破碎、筛选等过程排放的固体微粒，在水泥、耐火、钢铁(矿石粉碎及煅烧机)、石棉等行业都可能排出大量粉尘废气。工业粉尘的排放量可用下式计算：

$$G_d=10^{-6}Q_fC_ft \tag{4-52}$$

式中 G_d——工业粉尘排放量，kg；

Q_f——排尘系统风量，m^3/h；

C_f——设备出口排尘浓度，mg/m^3，应该实测；

t——排尘除尘系统运行时间，h。

5. 燃烧电站烟尘和二氧化硫排放量的计算

烟尘排放量可用下式计算：

$$G_d=B(1-\eta_C)[(1-q_4)A^yd_{fh}+q_4] \tag{4-53}$$

式中 G_d——电站烟尘排放量，t/a；

B——燃料消耗量，t/a；

q_4——机械未完全燃烧损失百分数,%；

η_C——除尘系统效率,%；

A^y——燃料应用基灰分,%；

d_{fh}——锅炉排烟带出的烟尘占燃料灰分的百分比,%。

二氧化硫可用下式计算：

$$G_{SO_2}=2Bf(1-\eta_{SO_2})w_S \tag{4-54}$$

式中 G_{SO_2}——二氧化硫排放量，t/a；

η_{SO_2}——脱硫效率,%；

f——燃料中的含硫量在燃烧后氧化成二氧化硫的百分比,%；

w_S——燃料的应用基含硫量,%；

B——燃料消耗量，t/a。

第五节 用水量和废水排放量的计算

一、用水量的计算

1. 给水系统

在工业生产中，按给水的路线和利用程度，给水系统可分为直流给水系统、循环给水系统、循序给水系统三种。

(1) 直流给水系统 指工业生产用水由就近水源取水，水经过一次使用后便以废水形式全部或大部分排入水体。其生产用水量等于企业从地下水源和地面水源取用的新鲜用水量。

(2) 循环给水系统 指使用过后的水经适当处理重新回用，不再排入水体。在循环过程中所损耗的水量，须从水源取水加以补充。

(3) 循序给水系统 是根据各车间对水质的要求，将水重复利用，将由水源送来的水先供一车间使用，这个车间使用后的水或直接送下一车间使用，或经适当处理（冷却、沉淀等）后加压送下一车间使用或其他车间使用，然后排放。这种系统有时也叫串级给水系统。

2. 用水总量的计算

工业用水总量等于厂区新鲜用水量和重复用水量之和，厂区新鲜用水量中包括厂区生活用水量。由于厂区生活用水量和其他用水量较生产用水量小得多，通常不单独设表计算，为了计算方便，可以将其他用水量归入生活用水量。因此，企业用水总量可以用下式表示：

$$W=W_1+W_2=W_1+W_3+W_4 \tag{4-55}$$

式中 W——用水总量，t；

W_1——工业重复用水量，t；

W_2——厂区新鲜用水量，t；

W_3——工业用新鲜用水量，t；

W_4——厂区生活用水量（包括职工生活、沐浴、绿化及医院用水等），t。

3. 新鲜用水量的计算

新鲜用水量指企业从地下水源和地面水源或城市自来水取用的新鲜水总量。所以，新鲜水来源之一为自备水源，另一来源为城市自来水。新鲜用水量可采用水表或流量计进行测算。

$$W_2=W_P+W_e-W_V \tag{4-56}$$

式中 W_2——厂区新鲜用水量，t；

W_P——企业自备水源供水量，t；

W_e——来自城市自来水的供水量，t，可从有关部门的水费收据中查得；

W_V——厂家属区生活用水量，t，可按人均用量与用水天数和人数计算。若厂区供水系统与厂家属区供水系统各自独立，则 $W_V=0$。

W_P 可用水源泵出水量估算：

$$W_P=q_P t \eta_P \tag{4-57}$$

式中 q_P——单位时间机泵出水量，t/h；

t——机泵运行时间，h；

η_P——机泵抽水效率，%。

新鲜水量还可以根据耗电量计算：

$$W_2=qM \tag{4-58}$$

式中 q——每百度电抽水量，吨/百度（1 度=1kW·h=3.6×10^6^J）；

M——工厂抽水年耗电量，百度/年。

此外，还可以通过表 4-17 单位产品用水量进行计算。

表 4-17 单位产品用水量

产 品	用水量/t	产 品	用水量/t
钢铁(每吨)	300	纸浆(每吨)	200～500
钢板(每吨)	70～75	报纸(每吨)	280
煤炭(每吨)	1～5	毛织品(每吨)	150～350
水泥(每吨)	1～4	皮革(每吨)	50～125
炸药(每吨)	800	肉类加工(每吨)	8～35
汽车(每辆)	40	啤酒(每吨)	10～25
电力(每千瓦时)	0.2	机器制造(每吨)	20～45
甜菜糖(每吨)	100～200		

4. 重复用水量的计算

通常将循环使用、循序使用的水量统称为重复用水量。在循环给水系统中，循环水是使用后经过处理重新回用的水，不再外排，在循环过程中所损耗的水量，须用新鲜水加以补充。其计算公式如下：

$$W_1=W_S-W_C \tag{4-59}$$

式中 W_S——未采用重复用水措施时所需的新鲜水量，t；

W_C——采用重复用水措施时所需的新鲜水量，t。

重复用水率为：

$$K=\frac{W_1}{W_S}\times100\% \tag{4-60}$$

由于 $W=W_1+W_2$，$W_C=W_2$，$W_S=W_1+W_2=W$，因此

$$K=\frac{W_1}{W_S}\times100\% \tag{4-61}$$

5. 厂区生活用水量的计算

厂区生活用水量是指每一职工每年的生活用水量和沐浴用水量，可按下式进行计算：

$$W_4=0.365(q_1N_1+q_2N_2) \tag{4-62}$$

式中 q_1——生活饮用水定额，可按 25～35kg/(人·d)计算；

N_1——企业职工人数；

N_2——每天沐浴人数；

q_2——沐浴用水标准，可按 40～60kg/(人·d)计算。

不接触有毒物质及粉尘的车间或工厂职工，如仪表、机械、加工、金属冷加工等，其沐浴用水标准取下限，极易引起皮肤吸收或污染的工厂，如农药、煤矿、水泥、钢铁、铸造等企业取上限，一般污染取平均值。

二、废水排放量的计算

在生产和生活过程中，经过使用从而丧失了原来的使用价值而被废弃的水量，称为废水排放量。废水排放系统一般可分为合流制和分流制两种。合流排水系统就是将生活污水、工业废水和地面径流都汇集在一起排出和处理的排水系统。分流排水系统就是将生活污水、工业废水和雨水分别汇集在两个或两个以上的排水系统排出或处理。废水的排放量可采用实测

计算法、经验计算法和水衡算法。

1. 废水排放量的实测法

测算废水排放量的方法有好几种，其中实测法是最直接、最准确的方法。实测时应首先测定废水的流量或流速，然后乘以测量时间（如果测的是流速还应乘以水流截面积），从而计算得出废水排放量。

(1) 明渠流流量测算

① 按流体水力条件测算。若废水在排水管渠中做无压连续均匀流动，液流处于层流状态，即所有各过水断面的面积，断面的平均流速、水深及水坡度等水力因子，沿流程不变。在不受下游壅水、跌水、弯道水流影响的直段，可用下列流量公式测算其流量：

$$Q=CS\sqrt{Ri} \tag{4-63}$$

式中 Q——排水流量，m^3/s；

S——过水断面面积，m^2，即垂直于液流方向的液流断面；

R——水力半径，m，指过水断面积 S 与其湿周 L 之比，即 $R=S/L$；

i——水力坡度，指液体的各流体断面的总水头线的斜率，即 $i=\frac{dh_w}{dL}$（h_w 为液流两断面间的水头损失）；

C——系数。

对于系数 C 可用下式计算：

$$C=\frac{1}{n}R^Y \tag{4-64}$$

式中 n——人工管渠粗糙系数，可从表 4-18 查得；

Y——指数，与 n 和 R 有关，一般可取 1/6 或按下式计算。

$$Y=2.5\sqrt{n}-0.13-0.75\sqrt{R}(\sqrt{n}-0.10) \tag{4-65}$$

表 4-18 人工管渠粗糙系数表

管渠类别及壁面性质	n	管渠类别及壁面性质	n
缸瓦管(带釉)	0.013	砂浆块石渠道(不抹面)	0.011
混凝土管	0.013	干砌块石渠道	0.020～0.025
钢筋混凝土管(污水管)	0.014	土明渠(包括带皮的)	0.025～0.030
石棉水泥管	0.012	木槽	0.012～0.014
铸铁管	0.013	人工或机械开挖的良好排水土渠	0.020～0.025
水泥砂浆抹面渠道	0.013		
砖砌渠道(不抹面)	0.015	人砌石渠道	0.030～0.035

② 量水堰测流法。利用一定几何形状的插板，拦住水流形成溢流堰，通过量取插板前后的水头和水位可以计算出水流的流量。它具有制作和使用方便、测流精度较高等优点。三角薄壁堰是废水测流中最常用的设备，适用于水头 0.05～0.35m 之间，流量小于 $0.1m^3/s$ 的废水流量的测定。

对于不同堰夹角的三角堰流量可以用下式计算：

$$Q=\frac{8}{15}\mu\left(\text{tg}\frac{\theta}{2}\right)\sqrt{2g}H^{\frac{5}{2}} \tag{4-66}$$

式中 Q——过堰的废水流量，m^3/s；

H——堰的几何水头，m；

θ——堰口夹角，度；

μ——流量系数，约为 0.6；

g——重力加速度，9.8m/s^2。

当 θ 为 90°时，三角堰为直角三角堰。对于直角三角堰：

a. 如果 H 为 0.02～0.20m，则式（4-66）可简化为

$$Q=1.41H^{\frac{5}{2}} \tag{4-67}$$

b. 如果 H 为 0.301～0.350m，则式（4-66）简化为

$$Q=1.343H^{2.47} \tag{4-68}$$

c. 如果 H 为 0.201～0.300m，流量为式（4-67）和式（4-68）的平均值

$$Q=\frac{1}{2}(1.41H^{\frac{5}{2}}+1.343H^{2.47}) \tag{4-69}$$

当 θ 为 120°时，式（4-66）可简化为

$$Q=2.44H^{\frac{5}{2}} \tag{4-70}$$

当 θ 为 60°时，式（4-66）可简化为

$$Q=0.814H^{\frac{5}{2}} \tag{4-71}$$

为了使用方便，也可以根据过堰水头 H 查表 4-19 得出直角三角堰流量。

表 4-19 直角三角堰流量与进堰水头表

H	Q		H	Q		H	Q	
mm	L/s	m³/d	mm	L/s	m³/d	mm	L/s	m³/d
21	0.089	7.96	48	0.707	61.08	82	2.969	232.93
22	0.100	8.64	49	0.744	64.28	84	2.865	247.36
23	0.112	9.67	50	0.783	67.65	86	3.037	262.40
24	0.125	10.80	51	0.822	71.02	88	3.212	277.86
25	0.138	11.92	52	0.863	64.56	90	3.402	293.93
26	0.153	13.32	53	0.905	78.19	92	3.594	310.52
27	0.168	14.52	54	0.949	81.99	94	3.973	327.73
28	0.184	15.90	55	0.993	85.80	96	3.998	345.43
29	0.201	17.37	56	1.093	89.77	98	4.209	363.66
30	0.218	18.84	57	1.086	93.83	100	4.427	382.49
31	0.237	20.48	58	1.134	97.98	102	4.652	401.93
32	0.256	22.12	59	1.184	102.20	104	4.883	421.89
33	0.277	23.81	60	1.235	106.70	106	5.122	442.54
34	0.289	25.75	61	1.287	111.20	108	5.355	463.62
35	0.321	27.73	62	1.340	115.78	110	5.618	485.40
36	0.344	29.72	63	1.395	120.53	112	5.877	509.77
37	0.369	31.88	64	1.451	125.37	114	6.143	530.76
38	0.394	34.03	65	1.508	130.29	116	6.416	554.34
39	0.421	36.37	66	1.567	135.39	118	6.696	578.53
40	0.448	38.71	67	1.627	140.57	120	6.984	603.42
41	0.476	41.13	68	1.688	145.84	122	7.278	628.82
42	0.506	43.73	69	1.750	151.20	124	7.580	654.91
43	0.537	46.40	70	1.814	156.73	126	7.889	681.61
44	0.568	49.08	72	1.947	168.22	128	8.206	709.00
45	0.601	51.93	74	2.086	180.23	130	8.531	737.03
46	0.635	54.86	76	2.229	192.50	132	8.863	765.76
47	0.671	57.97	78	2.379	205.55	134	9.202	795.05
			80	2.543	218.94	136	9.549	825.03

续表

H	Q		H	Q		H	Q	
mm	L/s	m³/d	mm	L/s	m³/d	mm	L/s	m³/d
138	9.904	855.73	210	28.368	2451.00	282	59.010	5098.98
140	10.207	887.07	212	29.044	2509.40	284	60.062	5189.36
142	10.637	919.78	214	29.729	2568.59	286	61.119	5280.68
144	11.016	951.78	216	30.424	2628.63	288	62.186	5372.87
146	11.402	985.13	218	31.129	2689.55	290	63.265	5466.10
148	11.797	1019.12	220	31.844	2751.32	292	64.362	5560.88
150	12.200	1054.08	222	32.568	2813.88	294	65.456	5655.40
152	12.611	1089.59	224	33.302	2877.29	296	66.568	5751.47
154	13.030	1125.79	226	34.046	2941.57	298	67.691	5848.50
156	13.457	1162.68	228	34.800	3006.62	300	68.826	5946.57
158	13.892	1200.27	230	35.563	3071.62	302	69.774	6028.47
160	14.336	1238.63	232	36.336	3139.43	304	70.921	6127.57
162	14.788	1277.68	234	37.120	3327.17	306	72.079	6227.63
164	15.249	1317.51	236	37.903	3274.82	308	73.248	6328.63
166	15.718	1358.04	238	38.716	3345.82	310	74.429	6430.67
168	16.196	1399.33	240	39.530	3415.39	312	75.620	6533.57
170	16.682	1441.32	242	40.345	2486.59	314	76.823	6637.51
172	17.177	1484.09	244	41.188	3558.64	316	78.037	6742.40
174	17.681	1527.64	246	42.032	3631.56	318	79.263	6848.31
176	18.193	1577.88	248	42.886	3705.35	320	80.500	6955.20
178	18.714	1616.68	250	43.751	3780.09	322	82.749	7063.11
180	19.245	1662.77	252	44.638	3856.72	324	83.008	7171.89
182	19.783	1709.25	254	45.511	3932.16	326	84.280	7218.79
184	20.331	1756.60	256	46.406	4009.48	328	85.563	7392.64
186	20.889	1804.81	258	47.313	4087.84	330	86.857	6504.44
188	21.454	1853.62	260	48.229	4166.99	332	88.163	7617.28
190	22.030	1903.39	262	49.156	4247.08	334	89.481	7731.16
192	22.615	1953.94	264	50.095	4328.21	336	90.810	7845.98
194	23.207	2006.08	266	51.043	4410.12	338	92.157	7961.85
196	23.810	2057.18	268	52.002	4492.97	340	93.504	8078.75
198	24.423	2110.15	270	52.972	4576.78	342	94.868	8196.60
200	25.044	2163.80	272	53.952	4661.45	344	96.244	8315.48
202	25.758	2225.49	274	51.943	4747.08	346	97.732	8435.40
204	26.396	2280.61	276	55.945	4833.63	348	99.032	8556.36
206	27.044	2336.60	278	56.958	4921.17	350	100.44	8678.36
208	26.701	2393.37	280	57.982	5009.64			

应用量水堰测流量时，应注意以下几个问题：

a. 量水堰应设置在渠道平整、水流呈直线流动的直段内，堰板要垂直设置，周围不得渗漏；

b. 堰下水应低于堰顶，无壅水现象，水舌下空气应保持自由通路；

c. 测量过堰水深 H 时，应在堰口上游大于 $3H$ 处进行；

d. 当 $Q>150$L/s 时，不宜安设临时堰板。

③ 浮标法。利用排水渠水面上的浮标来测定废水的流量是一种简单易行的方法，但精确度比较差，一般在无其他测试条件下采用。测量时，选择一底壁平滑、长度不小于 10m 的无弯曲段，液面有一定的高度，经疏通后可测其平均宽度和水深。将一漂浮物，放入流动

的废水流中，在无外力影响下，让漂浮物流过被测距离，记录下漂浮物流过所用的时间。长度除以时间即为废水的流速。重复做10次，取其平均值，可以得到平均流速。

$$\overline{V}_e=\frac{V_1+V_2+\cdots+V_{10}}{10} \tag{4-72}$$

则流量为：

$$Q=0.7\overline{V}_eS \tag{4-73}$$

式中 $\overline{V}_e$——平均流速，m/s；

$V_1,V_2,\cdots,V_{10}$——每次测得的流速，m/s；

S——过水断面面积，m^2。

④ 流速仪测定法。对于流量，可以采用尾叶式流速仪测量废水流速。流速仪携带方便，便于测量，精密度较高。在用流速仪测量水流流速时，应选择排水渠道较平直段测量，适用范围为水深不低于10m，流速不大于0.05m/s。如果废水流经的排水渠较宽，可设置测流断面，在测流断面的不同宽度、深度进行测定，测点越多，结果越准确。测得各点流速后，可按下式计算断面的平均流速：

$$\overline{V}=\frac{\sum_{i=1}^{n}V_i}{n} \tag{4-74}$$

式中 $\overline{V}$——测流断面的平均流速，m/s；

V_i——第i测点的流速，m/s，每次测量应不少于100s；

n——测点个数。

则过水断面的废水流量为：

$$Q=\overline{V}S \tag{4-75}$$

式中 S——过水断面面积，m^2。

（2）管流流量的计算 管流也叫压流，测量管流流量的仪器仪表很多，比较适于测量工业（生活）废水的有皮托管、文丘里管等压差式流速仪以及电磁式流量计等。这些仪器都有专门的流量显示设备，按照仪器的使用说明操作就可进行流量的测量。如果没有测量仪器，也可采用简单的容量法，测量时，在废水排放口放置一计量容器接收，同时记录下所需时间，容器接收的废水体积除以接收时间即为废水流量。这种方法适用于废水流量较小的时候，测量时比较麻烦、不太安全。

2. 废水排放量的衡算法

水衡算法即根据水平衡来计算废水排放量，其计算式为：

$$W'=W'_1-(W'_2+W'_3+W'_4+W'_5) \tag{4-76}$$

式中 W'——工业废水排放量，t；

W'_1——工业生产新鲜用水量，t；

W'_2——产品带走水量，t；

W'_3——水漏失量，t；

W'_4——锅炉用水量，t；

W'_5——其他损失量，t。

对于工业废水排放量的计算，还可以采用排放系数法，这部分内容可参见本章第二节的相关部分。废水中污染物排放量的计算也可以选择实测法、物料衡算法或排放系数法，具体参见本章第二节内容，在此不再赘述。

思考题与习题

1. 某过程的产物由A和B两种物质组成，其中A占85%。混合物以1200kg/h的流量进入分离装置，在装置下部流出分离物，流量为1050kg/h，测得其中A物质含量为93%，其余随废气从装置顶部排出，求废气中A和B物质的排放量。

2. 某烧结厂年产150×10^4t烧结矿，每1t烧结矿产生废水中的悬浮物（污泥）20kg，废水经处理后循环使用，悬浮物去除率99%，试计算该厂每年产生的烧结污泥量。

3. 已知某钼矿年产45%的钼精矿21000t，入选厂的原矿品位为0.15%，钼的回收率为90%，试计算该厂的尾矿量。

4. 某硫酸厂的焙烧工段的生产能力为每天生产250t硫铁矿，硫铁矿含硫14%（干基），从焙烧炉出来的炉渣含硫1.2%，求该厂每天产生的炉渣量。

第五章　工艺流程设计

在环境工程设计中，环境污染治理工艺流程的设计是最重要的一个环节，贯穿设计过程的始终。在整个设计中，设备的选型、工艺的计算、设备的布置等工作都与工艺流程有直接的关系，只有处理工艺流程确定后，才能开展其他工作，工艺流程设计涉及各个方面，而各个方面的变化又反过来影响处理工艺流程的设计。环境污染治理工艺流程设计是否合理，可直接影响到污染治理效果的好坏、操作管理的方便与否、初投资的大小和运行费用的高低以及处理后得到的物料能否回收利用，甚至会影响到生产工艺的正常运行。

第一节　工艺路线的选择

在实际操作中，需要处理的污染物千差万别，处理的方式和方法也是有差异的。选择工艺路线是决定设计质量的关键，必须认真对待。如果某一种污染物仅有一种处理方法，也就无须选择；若有几种不同的处理方法，就应该逐个进行分析研究，通过各方面的比较，从中筛选出一种最佳的处理方法，作为下一步处理工艺流程设计的依据。

一、工艺路线的选择原则

在选择处理的工艺路线时，应注意考虑如下基本原则。

1. 合法性

环境保护设计必须遵循国家有关环境保护法律、法规，合理开发和利用各种自然资源，严格控制环境污染，保护和改善生态环境。

2. 先进性

先进性主要是指技术上的先进性和经济上的合理可行，具体包括处理项目的总投资、处理系统的运行费用和管理等方面的内容，应该选择处理能耗小、效率高、管理方便和处理后得到的产物能直接利用的处理工艺路线。随着经济的发展和环境意识的提高，对于各种污染物的排放要求会越来越高，因此还要考虑处理的工艺路线要有一定前瞻性。

3. 可靠性

可靠性是指所选择的处理工艺路线是否成熟可靠。工程设计中可能采用的技术有：成熟技术、成熟技术基础上延伸的技术、不成熟技术和新技术。如果采用了不成熟技术，就会影响处理的效果和环境的质量，甚至造成极大的浪费。对于尚在试验阶段的新处理技术、新处理工艺和新处理设备，应该慎重对待，防止只考虑和追求新的一面，而忽略可靠性和不稳妥的一面。必须坚持一切经过试验的原则。在实际中，要处理的污染物种类很多，有的是新的从来没有处理过的污染物，这就需要慎重考虑处理的工艺路线，一种是进行类比选择，另一种是进行试验确定。设计中考虑可靠性设计是提高工程项目质量的重要途径。

4. 安全性

无论是大气污染物、水污染物，还是固体废弃物，它们中有一些是具有毒性的，选择对这些污染物的处理工艺路线时要特别注意，要防止污染物作为毒物散发，要有较合理的补救措施。同时还要考虑劳动保护和消防的要求。

5. 结合实际情况

我们国家正在处于一个初级的发展阶段，经济能力、制造能力、自动化水平、环境保护意识和管理水平等各个方面都有一定缺陷，因此在选择处理工艺路线时，就要考虑企业的承受能力、管理水平和操作水平等各个具体问题，也就是说具体问题要具体分析。

6. 简洁和简单性

选择处理工艺路线时，要选择简洁和简单的处理工艺路线，往往简洁和简单的处理工艺路线是比较可靠的工艺路线。同时要考虑系统中某一个设备出问题时，不至于对整个系统有较大的影响。

上述六项原则必须在选择处理工艺路线时全面衡量，综合考虑。对于需要处理的污染物，任何一种处理技术既有优点，也有缺点。设计人员必须从实际出发，采取全面对比的方法，并根据处理工程的具体要求选择其中不仅对现在有利而且对将来有利的处理工艺路线，尽量发挥有利的一面，设法减少不利的因素，以保证对污染物处理的效果好、能耗低、费用小、运行管理以及维修方便。

在比较时要仔细领会设计任务书提出的各项原则和要求，要对所收集到的资料进行加工整理，提炼出能够反映本质的、突出主要优缺点的数据材料作为比较的依据。要经过全面分析、反复对比后选出优点多、符合国情、切实可行的处理工艺路线。

二、工艺路线的选择依据

1. 工艺路线选择依据的内容

工艺路线选择依据一般包括以下 5 个方面，视治理项目具体情况收集和使用。

(1) 污染物理化性质及原始数据　污染物理化性质和原始数据是开展污染控制工艺路线选择设计（方案设计、初步设计）的最基本、最重要的依据。

污染物理化性质主要包括：

① 污染物排放量及变化范围；

② 环境温度及变化范围；

③ 污染物理化性质及转移过程；

④ 污染物成分及浓度。

根据工程设计的需要，选择性地收集污染物理化性质和数据。原始资料和数据一般由排污企业提供，或排污企业委托专门的测试机构来获得。原始数据和资料应真实可靠。

(2) 有关工程设计依据性文件

① 设计委托书、设计任务书、协议书、合同等；

② 政府主管部门的批文；

③ 可行性研究报告、立项书、方案文件等文号和名称；

④ 有关项目建设的会议纪要；

⑤ 选址及环境评价报告；

⑥ 城市规划设计或总图运输设计的要求（若必要的话）；

⑦ 设计中涉及的国家相关政策、法规。

(3) 设计基础资料

① 工程所在地区气象资料；

② 水文地质、地形地貌资料；

③ 地震设防与抗震要求；

④ 公用设施、交通运输和通讯条件；

⑤ 防火、防爆、消防等要求和资料；

⑥ 用地、绿化、环保、劳动卫生、节能等要求和资料；

⑦ 工程所在地的现场状况、条件及相关图纸资料，如平立面布局、交通、水电气供应和接口等状况；

⑧ 建设单位提供的工艺资料、图纸和测试数据。

(4) 设计采用的技术法规及标准

① 国家和地方制定的污染物排放标准和总量控制指标；

② 国家和行业制定的有关技术措施、技术规程、技术规定；

③ 相关专业的设计规范、设计规定、施工验收规范。

目前我国与环境工程建设设计相关的标准，大体上分为工艺技术规范、工程设计规范、管理规范、运行维护规范四类。其中，《室外排水设计规范》、《污水稳定塘设计规范》、《污水再生利用工程设计规范》、《火电厂烟气脱硫工程技术规范》、《生活垃圾卫生填埋技术规范》、《生活垃圾焚烧处理工程技术规范》、《危险废物集中焚烧处置工程建设技术规范》等工艺技术规范、工程设计规范是环境工程师进行工程设计的技术依据，应在实际工作中熟练应用。此外，化工、石化、石油、冶金、交通、建材、机械、纺织等行业还制定了20余项本行业建设项目环境保护设计规范，如《石油化工企业环境保护设计规范》、《化工建设项目环境保护设计规定》、《有色金属工业环境保护设计技术规范》。这些规范内容与环境保护法规、国家环境标准、环境保护行业标准规定存在不一致时，应以国家环境保护法规、标准的规定为准。如表5-1所列，我们介绍了现行的环境工程设计、建设以及运行的相关技术标准。

表5-1 现行环境工程设计、建设与运行相关技术标准

标准名称	标准代号	标准名称	标准代号
室外排水设计规范	GB 50014—2006	石油化工企业给水排水系统设计规范	SH 3015—2003
建筑与给水排水设计规范	GB 50015—2003	石油化工企业循环水场设计规范	SH 3016—1990
建筑与市政降水工程技术规范	JGJ/T 111—1998	石油化工企业污水处理设计规范	SH 3034—1999
建筑中水设计规范	GB 50336—2002	化工企业循环冷却水处理设计技术规范	SH 3095—2000
给水排水工程结构设计规范	GBJ 69—1984	烟囱设计规范	GB 50051—2002
污水排海管道工程技术规范	GB/T 19570—2004	排风罩的分类及技术条件	GB/T 16758—1997
工业循环水冷却设计规范	GB/T 50102—2003	燃煤烟气脱硫设备	GB/T 19229—2003
工业用水软化除盐设计规范	GBJ 109—1987	火电厂烟气脱硫工程技术规范(石灰石/石灰-石膏法)	HJ/T 179—2005
城镇污水处理厂附属建筑和附属设备设计标准	CJJ 31—1989	火电厂烟气脱硫工程技术规范(烟气循环流化床法)	HJ/T 178—2005
城市污水处理厂工程质量验收规范	GB 50334—2002	火力发电厂烟气脱硫设计技术规程	DL/T 5196—2004
城市污水处理厂运行、维护及其安全技术规程	CJJ 60—94	火力发电厂除灰设计规程	DL/T 5142—2002
污水稳定塘设计规范	CJJ/T 54—1993	燃煤电厂电除尘器运行维护导则	DL/T 461—2004
污水再生利用工程设计规范	GB 50335—2002	电除尘器调试、运行、维护安全技术规范	JB/T 6407—1992
电镀废水治理设计规范	GBJ 136—1990	有色金属冶炼厂收尘技术设计规定	YSJ 015—1992
医院污水处理技术指南	环发[2003]197号	水泥生产防尘技术规程	GB/T 16911—1997
火力发电厂废水治理设计技术规定	DL/T 5046—1995	石英砂(粉)厂防尘技术规程	GB/T 17270—1998
公路排水设计规范	JTJ 018—1997		

续表

标准名称	标准代号	标准名称	标准代号
铅电解生产防尘防毒技术规程	GB/T 17397—1998	声屏障声学设计和测量规范	HJ/T 90—2004
铅冶炼防尘防毒技术规程	GB/T 17398—1998	声学低噪声工作场所设计指南　噪声控制规划	GB/T 17249.1—1998
滑石粉加工技术规程	GB/T 13910—1992	隔振设计规范	JBJ 22—1991
耐火材料企业防尘规程	GB 12434—1990	化工建设项目噪声控制设计规定	HG 20503—1992
铸造防尘技术规程	GB 8959—1988	石油化工企业环境保护设计规范	SH 3024—1995
城市垃圾转运站设计规范	CJJ 47—1991	合成纤维厂环境保护设计规范	SH 3025—1990
城市粪便处理厂(场)设计规范	CJJ 64—1995	陆上石油天然气生产环境保护推荐做法	SY/T 6628—2005
城市生活垃圾好氧静态堆肥处理技术规程	CJJ/T 52—1993	化工企业环境保护监测站设计规定	HG 20501—92
生活垃圾卫生填埋技术规范	CJJ 17—2004	橡胶建设项目环境保护设计规定	HG 20502—92
聚乙烯(PE)土工膜防渗工程技术规范	SL/T 231—1998	化工建设项目环境保护设计规定	HG 20667—2005
生活垃圾焚烧处理工程技术规范	CJJ 90—2002	化工矿山建设项目环境保护设计规定	HG/T 22806—94
城市生活垃圾堆肥处理厂运行维护及安全技术规程	CJ/T 86—2000	铁路工程环境保护设计规范	TB 10501—98
城市生活垃圾堆肥处理厂技术评价指标	CJ/T 3059—1996	公路环境保护设计规范	JTJ/T 006—98
城市生活垃圾卫生填埋场运行维护技术规程	CJJ 93—2003	港口工程环境保护设计规范	JTJ 231—94
		冶金工业环境保护设计规定	YB 9066—95
废弃机电产品集中拆解利用处置区环境保护技术规范(试行)	HJ/T 181—2005	有色金属工业环境保护设计技术规范	YS 5017—2004
		铝矿山土地复垦工程设计规程	YS 5029—95
医疗废物集中焚烧处置工程建设技术规范	HJ/T 177—2005	平板玻璃工厂环境保护设计规定	JCJ 08—95
危险废物集中焚烧处置工程建设技术规范	HJ/T 176—2005	水泥工厂环境保护设计规定	JCJ 11—97
		机械工业企业环境保护设计技术规定	JBJ 16—2000
危险废物安全填埋处置工程建设技术要求	环发[2004]75 号	纺织工业企业环境保护设计技术规定	FJJ 108—89
化工废渣填埋场设计规定	HG 20504—1992	电磁屏蔽室工程施工及验收规范	SJ 31470—2002

(5) 建设单位提出的项目有关要求、建议和意见　建设单位（企业用户）通常会就治理项目的设计、实施运行操作、检修维护、项目质量、进度、技术水平、设备选型等提出具体意见、建议和要求。作为环保工程师，在不违反国家政策、法律法规、技术标准与规范的前提下，应尽可能在治理工程设计中体现建设单位的合理意愿和技术要求。

2. 项目所在地工程条件

对于大气污染治理工程，无论新建项目或是改造项目，前期应了解所在地是否具备工程条件，包括以下几点。

(1) 净化系统的平立面布置条件　项目所在地方位、朝向、面积、发展余地、与建筑的红线距离，以及城建部门、规划部门的有关规定等。

项目所在地应具备一定的平面占地面积和空间，使主体设备能够按净化工艺流程的要求，进行合理的平面布置。同时，辅助设施也能够因地制宜地进行布置。主体设备之间、设备与建（构）筑物之间还能够保持适当的安装和检修的间距和空间及运输通道和起吊机具的工作位置。

涉及防火防爆的工矿企业，或具有爆炸可能性的净化系统，设备平立面布置还应能达到防火、防爆间距的要求，详见《建筑防火设计规范》(GBJ 16—87)。

(2) 地质条件及地下掩埋物状况　对于新建治理项目，必须掌握项目所在地的地貌、水文、地质条件及地震裂度等。对于大型净化设备基础的区域，建设单位应提供地质勘察报告，包括土壤承载力及土壤特性、地层的稳定性（有无滑坡、断层）、地震裂度、地下水位等。地质条件不符合净化工程要求的，应考虑重新选址，或制定地基加固措施。

除此之外，必须查明项目所在地地下掩埋物状况，如管道、电缆、沟槽、构筑物的设置情况。

(3) 水、电、气（汽）供应条件　净化项目在工程施工和投运后均会涉及用水、用电甚至用压缩空气、水蒸气等。施工阶段应落实临时用水、用电、用气（汽）的供应量和接口；净化系统运行所需的用水、用电、用气（汽）供应，应根据净化工艺的设计要求（如水质、流量、压力、供电参数等），在工程设计时考虑进去，并在工程实施时同时建设。

(4) 交通运输条件　净化项目施工阶段和运行阶段，现场应具备主体设备运输通道和条件；满足消防通道的要求和条件；满足大、中型吊车的通行要求，以及附近公路、铁路状况。

(5) 气象条件　气象条件包括气温（极限气温）、夏季室外通风计算温度、冬季室外采暖计算温度、大气压力、风向、风速、雷雨日数、冻土层深度等。

3. 治理项目建设规模确定原则

决定环保项目建设规模大小的因素很多，如净化系统的处理能力、执行的排放标准、净化工艺、采用的设备、资金能力、工程条件等，应着重把握好以下几个方面。

(1) 充分掌握污染源状况，合理确定净化系统处理能力的原则　污染源污染强度、数量、分布、排放形式等决定了净化系统处理能力的大小，最终决定了建设规模的大小。因此，应充分掌握污染源的客观状况和真实可靠的原始数据。在此基础上，按各污染源同时产生污染的最大排气量来确定净化系统的处理能力（处理风量）和工程设计。若生产工艺今后存在扩建的可能性时，所配套净化系统的主体设备选型（净化装置、风机等）时可预留适当的余量。

(2) 明确设计内容和范围的原则　设计内容和范围直接关系到项目投资和建设规模的大小。因此，在治理工程的方案设计和初步设计阶段应明确和落实设计内容和范围，不得漏项。

(3) 合理确定工程等级的原则　工程等级取决于设计所执行的技术标准和技术指标、设计使用年限、净化系统功能要求、采用的设备和材料、自动化水平、安全防护要求、施工质量要求等，不同的工程等级所造成的投资规模和建设规模也是不同的。

作为污染治理工程设计，首先应执行和满足国家和地方的排放标准和总量控制要求，净化系统的功能和技术要求必须符合设计规范和技术规程。在此基础上，设计时应努力实现工程的经济合理性，不宜刻意追求高标准，但也不得无条件降低工程技术标准，更不能以资金不足为理由，上马一些技术水平低下，达不到环保要求和净化效果的污染治理项目。

对净化项目设施的耐火等级、抗震设防的要求，应遵守国家设计规范。

工程的质量等级分为合格和优良，主要取决于设计的质量和施工质量优劣，如果没有大的设计失误和施工质量事故，工程质量等级对建设规模的影响不大。

(4) 净化工艺成熟，技术先进的原则　应采用先进的、成熟可靠的净化工艺和设备，确保生产工艺不受影响。所采用的净化工艺和设备应有类似的工业成功应用案例。不得采用淘汰的落后工艺和技术，不得采用净化效率低、能耗高、安全可靠性差的工艺和设备。

(5) 合理选择国内外技术和设备的原则　应优先采用国内成熟、可靠、先进的净化工艺和技术，以降低工程投资；对于国内尚未成熟的技术、设备或材料等可从国外引进或部分引进。在引进大型设备时，应考虑同时引进技术。

(6) 方案论证与综合比选的原则　对于大中型净化项目，要求进行多方案的比选，从技术、经济、实施条件、运行管理等方面充分论证，综合比选，选择或优化出最佳方案。

(7) 总体规划、分步实施的原则　对于治理项目，前期策划时应从长计议，总体规划，根据国家的环保规划和要求，结合技术能力和资金能力有重点、有步骤地实施。以大气污染治理为例，大气污染防治项目所涉及的污染物净化内容繁多，如电厂锅炉烟气净化包含除尘、脱硫、脱硝、脱重金属粒子等；如城市垃圾焚烧烟气净化包含除尘、脱酸、脱除二噁英等。

4. 对建设条件的基本要求

大气污染治理项目所要求的建设条件包括：技术条件、资金条件、资源条件、施工条件、环境条件、社会条件、外部协作配套条件等，是项目科研、方案论证、初步设计阶段需要考虑的问题，在项目上马之前建设条件必须得到满足和落实。

(1) 技术条件　指净化工艺是否有成熟可靠的技术来源和支撑，技术水平是否先进，关键技术和设备提供渠道是否畅通，施主技术及运行管理水平是否具备。

(2) 资金条件　指资金投入是否充足，资金来源和筹措是否落实，资金是否能按期到位等。

(3) 资源条件　净化系统中涉及的原材料来源是否广泛，能否方便获取。如脱硫工艺中石灰石 ($CaCO_3$)、消石灰 [$Ca(OH)_2$]、防腐材质等的供应。

(4) 施工条件　指满足工程施工的基本条件，即是否具备“三通一平”(通路、通水、通电、平整场地) 条件。

(5) 环境条件　指建设项目的实施和生产不会对周围的环境、生态造成污染和破坏。

(6) 社会条件　指建设项目需得到当地政府、民众的许可和支持。

(7) 外部协作配套条件　指净化项目设计和运行时所需的外部协作条件，如国内外技术支持、所需公用工程的外部配套、治理后产物的出路等。

5. 净化工艺流程的确定

即使同一种污染物，其净化工艺、技术方案和净化设备也可能采用多种形式。净化工艺确定的基本原则应遵循先进性、适用性、可靠性、安全性、经济合理性的原则。具体要求如下：①净化工艺和技术方案应针对污染源的规律和特点，根据生产工艺要求、当地的环境和资源条件等，结合国家有关安全、环保、节能、卫生等方针、政策，会同有关专业通过专业技术经济比较确定；②设计中优先采用新技术、新工艺、新设备、新材料；③所选净化工艺及配套设备应成熟可靠，保障安全运行，并有成功应用的案例，对有可能造成人体伤害的设备和管道，必须采取安全防护措施；④净化效果应满足排放标准，净化效率长期稳定，没有明显衰减；⑤净化系统和设备应有一定的操作弹性，能适应生产工艺工况变化或波动；⑥净化工艺及设备技术指标、经济指标先进，力争达到国内外同类项目的先进水平；⑦根据要求，具有完善的自动监测、控制功能；⑧净化系统和设备操作、维护、检修方便；⑨净化系统及设备的投资和运行费经济、合理，原材料、易损件及备品备件来源广泛，占地面积较小；⑩净化工艺不产生二次污染，考虑废物综合利用；⑪确定净化工艺应进行多方案技术经济比较，最终选定优化方案。

6. 总图布置的技术要求

① 净化系统、主体设备、辅助设施等的总图布置应符合《工业企业设计卫生标准》(GBZ 1—2002)、《建筑设计防火规范》(GBJ 16—87)、《工业企业总平面设计规范》(GB 50187—93)、《机械工厂总平面及运输设计规范》(JBJ 9—96)、《工业企业厂内运输安全规程》(GB 4387—84)、《钢铁企业总图运输设计规范》(YBJ 52—88)、《化工企业总图运输设计规范》(HG/T 20649—1998)、《火力发电厂总布置及交通运输设计技术规定》(SDGJ 10—78)、《有色金属企业总图运输设计规范》(YSJ 001—88) 等国家及行业相关的防火、安全、卫生、交通运输和环保设计规范、规定和规程的要求。

② 净化系统的选址应符合以下基本要求：a. 节约用地，少占耕地，因地制宜，优先考虑利用荒地、劣地、山地和空地；b. 减少拆迁移民，尽可能不靠近、不穿越人口密集的区域；c. 主体设备应按工艺的流程布置，各项设施的布置应紧凑、合理；d. 有利于保护环境和生态；e. 有利于保护风景区和文物古迹。

③ 净化系统的位置应配合总图合理安排，并考虑下列因素综合确定：a. 靠近污染源（或净化负荷）集中的地方。b. 充分利用地形条件，便于灰渣、浆污水的排除及烟囱排放。c. 净化系统应位于总体主导风向的下风侧，以减少烟囱及有害气体、噪声、灰渣等对环境的污染。d. 露天灰渣场宜设置围墙，以防干灰二次飞扬，必要时还应考虑防雨，以防污水排放。在建筑密集、灰渣场很小时，可采用高位贮斗，并考虑运输条件，寒冷地区应考虑防冻措施。e. 易燃易爆及其他化学危险品应按国家有关规定储放。

④ 净化系统的主体设备之间应留有足够的安装空间、检修空间和必要的运输、消防通道。

⑤ 总平面布置，应防止有害气体、烟、粉尘、强烈振动和高噪声对周围环境的危害。

⑥ 对于新建的环保项目，应预留足够的空地，用于今后净化项目改造、技术升级和扩容。

⑦ 净化系统管道跨道路、铁路高空敷设时，管道底部的高度应符合交通运输设计规范和安全规程的要求，并留有一定的富余高度。

⑧ 管内的介质具有毒性、可燃、易燃、易爆时，严禁穿越与其无关的建筑物、构筑物、生产装置及贮罐区等。

⑨ 管线综合布置其相互位置发生矛盾时，宜按下列原则处理：a. 压力管让自流管；b. 管径小的让管径大的；c. 易弯曲的让不易弯曲的；d. 临时性的让永久性的；e. 工程量小的让工程量大的；f. 新建的让现有的；g. 检修次数少的、方便的，让检修次数多的、不方便的。

⑩ 地下管线、管沟，不得布置在建筑物、构筑物的基础压力影响范围内和平行敷设在铁路下面，不宜平行敷设在道路下面。

⑪ 地下管线交叉布置时，应符合下列要求：a. 给水管道，应在排水管道上面；b. 可燃气体管道，应在其他管道上面（热力管道除外）；c. 电力电缆，应在热力管道下面、其他管道上面；d. 氧气管道，应在可燃气体管道下面、其他管道上面；e. 腐蚀性的介质管道及碱性、酸性排水管道，应在其他管线下面；f. 热力管道，应在可燃气体管道及给水管道上面。

⑫ 地下管线的管顶覆土厚度，应根据外部荷载、管材强度及土壤冻结深度等条件确定。

⑬ 地下管线（或管沟）穿越铁路、道路时，应符合下列要求：a. 管顶至铁路轨底的垂直净距，不应小于 1.2m；b. 管顶至道路路面结构层底的垂直净距，不应小于 0.5m 。

当穿越铁路、道路的管线不能满足上述要求时，应加防护套管（或管沟）。其两端应伸出铁路路肩或路堤坡脚、城市型道路路面、公路型道路路肩或路堤坡脚以外，且不得小于1m。当铁路路基或道路路边有排水沟时，其套管应延伸出排水沟沟边1m。

⑭ 地下管线，不应敷设在腐蚀性物料的包装、堆存及装卸场地的下面。距上述场地的边界水平间距，不应小于2m 。

⑮ 地下管线之间和地下管线与建筑物、构筑物之间的最小水平间距，不应小于规范的有关规定。

⑯ 管线共沟敷设，应符合下列规定：a. 热力管道，不应与电力、通信电缆和物料压力管道共沟；b. 排水管道，应布置在沟底，当沟内有腐蚀性介质管道是，排水管道应位于其上面；c. 腐蚀性介质管道的标高，应低于沟内其他管线；d. 火灾危险性属于甲、乙、丙类的化学品及毒性化学品以及腐蚀性介质管道，不应共沟敷设，并严禁与消防水管共沟敷设；e. 凡有可能产生相互影响的管线，不应共沟敷设。

⑰ 地上管架的布置，应符合下列要求：a. 管架的净空高度及基础位置，不得影响交通运输、消防及检修；b. 不应妨碍建筑物自然采光与通风；c. 有利厂容厂貌。

⑱ 管架与建筑物、构筑物之间的最小水平间距，应符合表5-2的规定。

表 5-2 管架与建筑物、构筑物之间的最小水平间距

建筑物、构筑物名称	最小水平间距/m	建筑物、构筑物名称	最小水平间距/m
建筑物有门窗的墙壁外缘或突出部分外缘	3.0	道路	1.0
		人行道外缘	0.5
建筑物无门窗的墙壁外缘或突出部分外缘	1.5	厂区围墙(中心线)	1.0
铁路(中心线)	3.75	照明及通信杆柱(中心)	1.0

注：1. 表中间距除注明者外，管架从最外边线算起；道路为城市型时，自路面边缘算起，为公路型时，自路肩边缘算起。

2. 本表不适用于低架式、地面式及建筑物的支撑式。

3. 火灾危险性属于甲、乙、丙类的液体、可燃气体与液化石油气介质管道的管架与建筑物、构筑物之间最小水平间距应符合有关规范的规定。

⑲ 架空管线或管架跨越铁路、道路的最小垂直间距，应符合表5-3的规定。

表 5-3 架空管线、管架跨越铁路、道路的最小垂直间距

名 称	最小垂直间距/m
铁路(从轨顶算起)	
火灾危险性属于甲、乙、丙类的液体、可燃气体与液化石油气管道	6.0
其他一般管线	5.5①
道路(从路拱算起)	5.0②
人行道(从路面算起)	2.2或2.5③

① 架空管线、管架跨越电气化铁路的最小垂直间距，应符合有关规范规定。

② 有大件运输要求或在检修期间有大型起吊设备通过的道路，应根据需要确定。困难时，在保证安全的前提下可减至4.5m。

③ 街区内人行道为2.2m，街区外人行道为2.5m。

注：表中间距除注明者外，管线自防护设施的外缘算起，管架自最低部分算起。

⑳ 主厂房内通道上方的管道，其最低点与地面、楼板或扶梯的垂直净距应遵守下列规定：对检修时需通过机动车辆的主要通道，不宜小于2.5m，对一般通道不小于2m；布置在扶梯上

方的管道（见图 5-1），其保温外表面与扶梯倾斜面之间的垂直距离不小于表 5-4 所列的数据。

表 5-4　管道保温层表面与扶梯倾斜面之间的垂直距离

扶梯倾斜角 α/(°)	38	45	50	55	60	65	70	75	80	85	90
H/m	1.9	1.8	1.7	1.6	1.5	1.4	1.3	1.2	1.0	0.9	0.8

㉑ 建筑物的室内地坪标高、设备基础顶面标高应高出室外地面 0.15m 以上。

㉒ 消火栓宜靠近道路，其分布应满足消火半径范围的要求。室外消火栓间距不应大于 120m。消火栓距路边不应大于 2m，距房屋外墙不宜小于 5m。

㉓ 建（构）筑物的防火间距满足《建筑设计防火规范》(GBJ 16—87) 的要求。

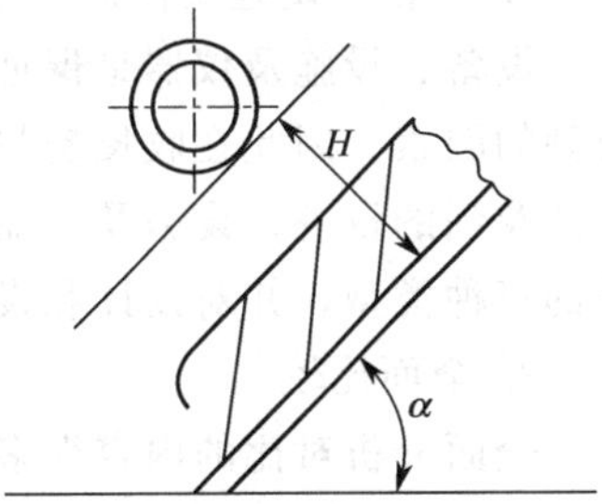

图 5-1　扶梯上方管道布置

㉔ 对于放散热和有害物质的生产设备布置，应符合下列要求：a. 放散不同毒性有害物质的生产设备布置在同一建筑物内时，毒性大的应与毒性小的分开；b. 放散热和有害气体的生产设备，应布置在厂房自然通风的天窗下部或穿堂风的下风侧；c. 放散热和有害气体的生产设备，必须布置在多层厂房的下层时，应采取防止污染室内上层空气的有效措施。

㉕ 含有有害有毒物质的废料场，应位于居住区和厂区全年最小频率风向的下风侧，防止对周围环境污染。废料场应选在地下水位较低和不受地面水穿流的地段，并应采取防护措施，避免对土壤和水体的污染。

㉖ 有爆炸危险的粉尘和碎屑的除尘器、过滤器、管道，均应按现行的国家标准《采暖通风与空调设计规范》的有关规定设置泄压装置。

㉗ 有爆炸危险的粉尘的排风机、除尘器，宜分组布置，其排风系统，应设有导除静电的接地装置，排风设备不应布置在建筑物的地下室、半地下室内。

㉘ 总图布置宜进行方案比选，提出推荐方案，并绘制总平面图，表明总平面边界、建筑物构筑物平面位置、风玫瑰图、场内外道路（铁路）的衔接关系，并说明主要技术经济指标。技术改造项目总平面布置图，应注明新建建筑物构筑物、原有建筑物构筑物，以及拆除建筑物构筑物平面位置。

三、工艺路线选择的基本步骤

选择处理工艺路线时一般要经过四个阶段。

1. 收集资料，调查研究

这是选择处理工艺路线的准备阶段。在此阶段，要根据要处理的污染物种类、数量和规模，有计划、有目的地收集国内外同类污染物处理的有关资料，包括处理技术路线的特点、工艺参数、运行费用、消耗材料、处理效果以及各种技术路线的发展情况与动向等经济和技术资料。收集和掌握国内外污染处理的经济和技术资料，仅仅靠设计人员自己是不够的，还要得到技术信息部门的帮助，甚至还可以向咨询部门提出咨询。

具体收集的内容主要有以下几方面：

① 要处理的污染物的种类、数量、规模、物理性质、化学性质和其他特性；

② 国内外处理该污染物的工艺路线；

③ 试验研究报告；

④ 处理技术先进与否、自动化程度以及污染物的测试方法；

⑤ 所需要的设备的制造、运输和安装情况；

⑥ 处理项目建设的投资、运行费用、占地面积；

⑦ 水、气、电和燃料的用量及供应，主要基建材料的用量及供应；

⑧ 厂址、水文、地质、气象等资料；

⑨ 车间的位置、环境和周围的情况。

2. 设备、设施及仪器的落实

设备、设施及仪器是保证完成处理污染物的重要条件，是确定处理工艺路线时必然要涉及到的因素。因此在收集资料时，设备、设施及仪器应予以足够的重视。对各种处理方法中所涉及到的设备、设施及仪器，须分清国内已有的定型产品、需要进口的及国内需要重新设计的三种类型，并对设计和设计制造单位的技术能力加以了解。

3. 全面比较

全面分析对比的内容很多，主要比较以下几项：

① 要处理污染物的各种处理工艺路线在国内外应用的状况及发展趋势；

② 处理效果的状况；

③ 处理数量和规模的状况；

④ 处理时材料和能源消耗的状况；

⑤ 工程项目的总投资和处理运行费用状况；

⑥ 其他特殊情况。

4. 处理工艺路线最终的确定

在以上三项的基础上，综合各种处理方法的优点，减少缺陷，最终确定出最佳的处理工艺路线，使该处理工艺路线无论在技术上，还是在经济上都可行。

四、工艺路线选择的实例

处理工艺路线的选择即选择对污染物的治理（净化）方法。

【例 5-1】 汽车、家具喷漆，印刷等行业排放出的含苯系物有机废气的治理，其处理方法有以下几种可供选择（见表 5-5）。

表 5-5 含苯系物有机废气处理方法对比

处理方法	处理原理	主要设备	处理效果	投资状况	运行费用	优点	缺点	备注
吸收法	利用气体在液体中的溶解度	吸收塔	中等	中等	中等	工艺路线较为简单	吸收液的处理	处理浓度较高
吸附法	利用吸附剂较大的表面积	吸附塔	良好	较高	较高	处理效果好	吸附剂再生费用高	处理浓度较低
催化法	利用催化剂降低活化能	催化燃烧塔	良好	较高	高	处理效果好	运行费用较高	处理浓度较高
冷凝法	利用降低温度使物质达到露点	冷凝器	中等	较高	高	能回收有用物质	运行费用高、要处理浓度高的	处理浓度高
燃烧法	利用燃料燃烧使有机物氧化	燃烧器	较好	较高	高	工艺简单	运行费用高	处理浓度高
电晕法	利用电晕放电产生物化过程	电晕反应器	良好	中等	较低	工艺简单、管理方便		处于实验阶段
生物法	利用微生物的生命活动	生物反应塔	较好	中等	较低	运行费用低、无二次污染	生物抗冲击能力差	国内处于实验阶段

实际中，要根据具体的情况来确定处理的工艺路线，如果排放要求较为严格，可采用几种处理方法联合使用，见图 5-2。

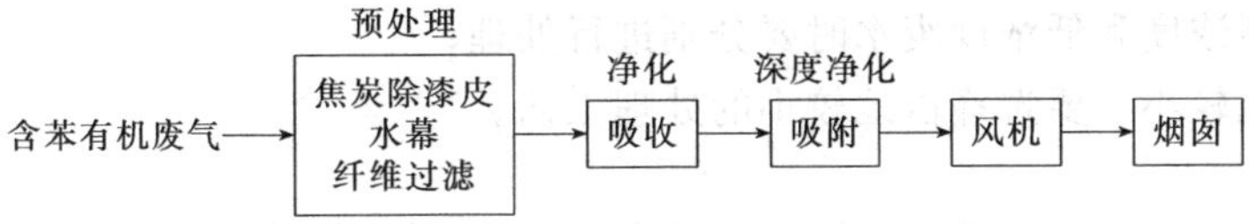

图 5-2 含苯有机废气处理工艺路线

选择说明：

① 如果浓度较大时，需要进行预处理和深度处理才能达到排放标准；

② 对于连续的且高浓度的有机废气，可选择催化燃烧方法，生成的产物为 CO_2+H_2O；

③ 对于不连续的有机废气，可选择吸收或吸附法处理。

【例 5-2】 啤酒生产主要以玉米和大麦为原料，加入啤酒花和鲜酵母进行酿造而成。其废水主要包括浸麦废水、糖化废水、废酵母液、洗涤废水和冷却排水等。污水中的主要成分为糖类和蛋白质，主要水质指标为 COD＝1000～2500mg/L，BOD_5＝700～1500mg/L，SS＝300～600mg/L，pH＝5～6，属于中等浓度可生物降解的有机废水。该废水处理工艺路线有以下几种选择（表 5-6）。

表 5-6 啤酒生产废水处理工艺路线

处理路线	主要参数	主要处理单元及设备	进水水质/(mg/L)	处理要求	总投资/万元	处理成本/(元/吨)	项目所在地	备注
CASS 处理工艺	流量 Q＝3840m³/d，调节池容积 400m³，CASS 容积 8640m³	格栅、调节池、CASS 池、污水泵、曝气机、撇水机、污泥处理系统	COD_{Cr} 1500～1800，BOD_5 660～810，SS500	COD_{Cr}≤100，BOD_5≤20，SS≤70	710.5	0.83	安徽天景啤酒厂	投标方案
UASB＋射流曝气处理工艺	流量 Q＝2500m³/d，占地面积 250 m²	调节池、UASB 反应器、射流曝气池、二沉池、无阀滤池	COD_{Cr} 1500	COD_{Cr} 150	415.6	0.64	双合盛五星啤酒厂	
UASB＋塔式生物滤池＋混凝处理工艺	流量 Q＝6000m³/d，COD 去除率大于 96.3%，占地面积 1080m²	调节池、UASB 反应器、塔式生物滤池、混凝沉淀池	COD_{Cr} 3000，BOD_5 800，SS 300，色度 100	COD_{Cr}≤110，BOD_5≤50，SS≤100，色度≤80	755.8	0.76	广东肇庆蓝带啤酒厂	
UASB＋氧化沟处理工艺	流量 Q＝1800m³/d	格栅、过滤机、调节池、UASB 反应器、氧化沟、沉淀池	COD_{Cr} 1500，BOD_5 1100	COD_{Cr}≤150，BOD_5≤60	359.0	0.64	安徽合肥啤酒厂	
UASB＋生物接触氧化＋气浮处理工艺	高浓度废水流量 Q＝500m³/d，低浓度废水，Q＝3500m³/d	格栅集水池、旋转固液分离机、调节器、UASB 反应器、生物接触氧化池、气浮池	COD_{Cr} 500～5000，BOD_5 300～3000，pH 5～7	COD_{Cr}≤100，BOD_5≤30，SS≤70，pH6～9	556.8	1.07	山东曲阜三孔啤酒厂	高浓度与低浓度废水分别处理，最终汇合处理
UASB＋生物接触氧化＋气浮处理工艺	流量 Q＝8000m³/d	格栅、调节池、旋转格网除污机、UASB 反应器、中间水池、气浮机、污泥处理系统	COD_{Cr} 2000，BOD_5 1200，SS 500	COD_{Cr}≤60，BOD_5≤20，SS≤50	675.0	0.47	北京丽都啤酒厂	

选择说明：

① 如果废水浓度较大，需要进行多级才能达到排放标准；

② 同时有高浓度和低浓度废水时要分别进行处理；

③ 如果场地较小，要选择占地较小的处理工艺。

第二节　工艺流程的设计

当处理工艺路线选定后，就可进行具体的流程设计。它和车间布置设计确定整个车间的基本状况，对工艺流程中采用设备的设计及选型、构筑物的设计和管道设计等也起着决定性的作用。

处理工艺流程设计的主要任务包括两方面：

① 确定处理工艺流程中各个处理单元的具体内容、大小尺寸、顺序和排列方式，以达到有效处理污染物的目的；

② 绘制工艺流程图，要求以图解的形式表示：处理过程中，污染物经过处理单元被去除时物料和能量发生的变化及其去向；采用了哪些处理单元、设备和构筑物。可再进一步通过图解的形式表示管道布置和测量位置。

一、工艺流程的设计要求

处理工艺流程设计要按照以下要求进行。

① 设计处理的工艺流程对污染物处理后，必须达到和符合国家或省、自治区、直辖市颁布的排放标准、质量标准和有关法规。

国家或省、自治区、直辖市颁布了排放标准和相关法规。在设计前设计者要得到当地政府及环保部门所规定和采用的标准作为设计的依据，它也是处理工程项目完成后最终验收的标准。在排放标准中，要注意到改建项目和新建项目的排放标准有所不同。另外还要注意排放标准中不仅有相对排放浓度，还有绝对排放浓度。绝对排放浓度是指单位时间内排放污染物的质量（单位 kg/h 或 t/a），它是控制污染物排放非常重要的指标之一，往往设计中仅注意了相对排放浓度，而忽略了绝对排放浓度。

② 设计处理工艺要尽量采用成熟的、先进的、效率高的处理技术。某些污染物已经有较成熟的处理工艺。

【例 5-3】 城市污水成熟的处理工艺路线是：预处理、一级处理、二级处理、三级处理（深度处理）和污泥处理，其中的核心部分是二级的生化处理。目前，预处理都是格栅和沉砂池，原有的二级生化处理是指活性污泥法，现在由于处理的要求提高，不仅要去除有机污染物，而且要去除氮和磷等污染物，因此就在活性污泥法这一成熟的技术上延伸和发展出新技术、新工艺和新设备，并被开发和推广应用，这些方法有 A-B 法、A^2/O 法、SBR 法、ICEAS（改进的 SBR 法）、氧化沟及酸化水解与耗氧串联处理工艺等。现在我国的城市污水处理的二级生化处理基本上是采用以上工艺流程，因此在设计城市污水处理流程时，可采用上述的处理方法。

【例 5-4】 在除尘系统中防止风机噪声时，一种方法是采用帆布类进行风机进口软连接，另一种是对风机本身进行加大基础或单独设计基础，即设计减振的措施，这些都是成熟的技术，在设计中可以采用。

③ 防止处理污染物过程中产生二次污染或污染转移。

污染物处理时将会产生不同种类的物质，其中主要是在废水处理、大气污染控制和固体废弃物处理时产生的，如果设计流程时考虑不周全，就可能产生二次污染或造成污染物的转移。同时要避免和抑制污染物的无组织排放，如设计专用的设备回收采样、溢流、事故检修排出的污染物。

【例 5-5】 采用吹脱法处理含氨废水，如果不对吹脱的气体进行有效的处理，就会把水中的氨转换成空气中的氨，造成污染物转移，这样并没有达到真正的去除氨的目的。可用 HCl 吸收吹脱气体中的氨，避免污染物的转移。

【例 5-6】 采用燃烧法处理固体废弃物，因固体废弃物中的成分十分复杂，如果燃烧的温度较低，不仅固体废弃物中的碳不能完全燃烧，会产生碳的小颗粒，污染环境，而且有机物燃烧可产生二噁英类物质，这是国际上公认的致癌物质，所以设计燃烧温度应在 805℃以上，可避免二次污染物的产生。

④ 要充分利用和回收能量。设计流程时要注意到实际场地的高差，特别是废水处理工艺流程的布置要充分考虑和利用地势的高差，减少能量的消耗，同时还要充分利用和回收处理过程中产生的能量。

【例 5-7】 采用燃烧法处理有机废气时，由于燃烧可使排放的烟气温度较高，具有较大的热量，因此可使排放的烟气经过热交换器，将热量交换给要进燃烧室的废气，以减少能量的消耗，其工艺见图 5-3。

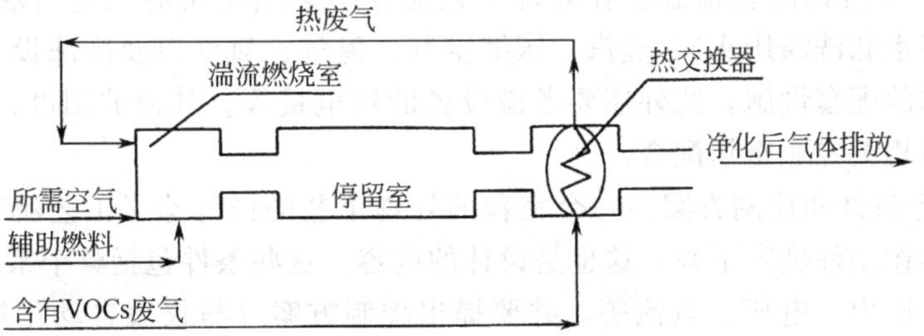

图 5-3 热力燃烧的工艺流程图

⑤ 处理量较大时选择连续的处理工艺。对于连续生产产生的污染，要处理的量较大时，采用连续的处理工艺较为适宜。

【例 5-8】 催化燃烧法处理浓度较高的有机废气时，在该工艺开始启动（开车）时，需要进行加电预热，启动后就可利用有机物自身燃烧产生的热量进行工作，维持整个系统的稳定。该处理工艺需要采用连续的处理工艺。

⑥ 处理量较小时选择间歇处理工艺。生产规模较小，产生的污染不是连续的，且要处理的量小，这时可采用间歇的处理工艺。

【例 5-9】 清洗汽车产生的废水是不连续的，考虑处理工艺应是间歇性的处理工艺。

⑦ 设计处理工艺路线时，尽可能回收有用的物质。在生产中排放的污染物有些是有回收价值的，在处理时要充分考虑这些污染物的回收利用，尽量做到能直接利用收集的污染物，同时还要考虑以废治废。

【例 5-10】 钢铁企业中烧结厂废水处理后，产生的污泥其主要成分见表 5-7。

从表 5-7 中可以看出，废水处理后产生的污泥中含铁 42.02%，含固定碳 5.88%，而且又含有较高的 CaO，平均烧结矿碱度达 1.77%，氧化镁的含量也达到了 3.70%，所以可将该污泥作为烧结料直接加以利用。使用时不需增加燃料等配比，对烧结生产不会产生不利的影响，既有环境效益，又有经济效益。

表 5-7 烧结厂污泥化学成分

单位：%

总 Fe	FeO	CaO	SiO	MgO	S	C	碱度
42.02	12.10	10.68	6.03	3.70	0.99	5.88	1.77

【例 5-11】 采用以萘为原料的流化床法生产苯酐时，在其热熔工序中产生含顺酐的有机废气，顺酐被水吸收成为顺酸水溶液，由于顺酸可异构为反丁烯二酸，其溶解度甚小，在室温下就可从母液中结晶析出。工艺流程见图 5-4。

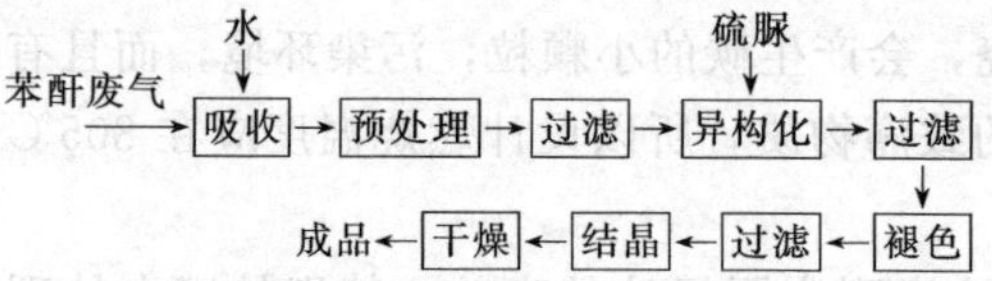

图 5-4 苯酐废气处理工艺

这样既治理了废气，又生产了有用的物质。

⑧ 考虑处理能力的配套性和一致性且要有一定操作的弹性。设计的处理能力一般要略大于实际所需要的处理量，使处理能力有一定的富余量，以使处理系统能适应实际的变化。选择设备的处理能力不能过大或过小，与实际要基本一致；对易损和易坏的部件采用双套切换，保证系统能正常运行；一般的配件要选择基本一样的，如选择法兰的螺丝尽量使整个系统的一致。

⑨ 确定公用工程的配套措施。在处理工艺流程中必须使用的工艺用水（包括吸收水、冷却水、溶剂用水和洗涤用水）、蒸汽、压缩空气、氮气、氧气以及冷冻设备、真空设备都是工艺中要考虑的配套设施，此外还要考虑设备的用电量等。其他的用电、上下水、空调、采暖通风都应与相关专业密切配合。

⑩ 确定运行条件和控制方案。一个完善的处理工艺的设计除了工艺流程以外，还应把建成后运行的操作条件确定下来，这也是设计的内容。这些条件包括整个系统中各单元设备运行时的温度、压力、电压、电流等，并要提出控制方案（与仪表自动化控制专业密切配合）以保证处理系统能按照设计正常运行。

⑪ 操作检修方便，运行可靠。以目前的管理水平，设计中要考虑操作的简单性和检修的方便性，人体操作的最佳位置等，如阀门的位置和仪表的位置。处理系统要运转持久并且可靠。

⑫ 制订切实可靠的安全措施，并且考虑特殊情况的发生。在工艺设计中要考虑到处理系统的启动和停止，长期运行和检修过程中可能存在的各种不安全因素，根据污染物的性质采用合理的防范措施，避免意外的发生。如必须用电除尘器或布袋除尘器处理爆炸性粉尘时，就要在系统中加入防爆阀门。

【例 5-12】 上海宝钢炼铁高炉中喷入的煤粉来自磨煤机产生的煤粉，煤粉的收集采用布袋除尘器，在布袋除尘器和管道上安置了通过试验确定的防爆阀门。

【例 5-13】 陕西秦岭水泥厂磨煤机产生的含有爆炸性物质（主要是指 CO）烟气采用电除尘器处理，在电除尘器中安装了 CO 的监测设备，一旦 CO 超过标准，电除尘器自动断电，保证系统的安全。

系统运行时可能出现设备故障，造成事故排放，设计中要安排事故排放的线路或备用处理工艺，使设备得以修理。

⑬ 节能。设计中要考虑节能的问题，尽量选择低能耗的处理工艺和设备。

⑭ 节水，重复使用。某些处理工艺中要用水进行处理，设计中要使水尽量少用，并且

考虑经过处理后重复循环使用，以达到节水的目的。

⑮ 保温、防腐设计。处理工艺中保温和防腐也是很重要的一个方面。根据污染物的特性和选用设备的特性确定设备、构筑物和管道是否要保温和防腐，以及需要时的措施。如在北方地区设计废水处理时就要考虑冬天防止管道、设备或构筑物冻结；采用布袋式除尘器除尘时，要注意保温防止结露产生糊袋现象。

⑯ 在满足治理要求前提下，简化流程，节约资金。设计的工艺流程能达到排放标准和要求时，尽量简化流程，这样不仅管理方便，而且又能节约资金。

⑰ 经济上最省。一个处理工程项目无论是新建还是改建，从经济学的角度上考察，建设方是否能承受，是看项目总投资和项目建成后运转费用的大小。从化学的角度上来说，世界上没有废物，任何污染物都能处理，只不过在经济上是否能承受。因此，处理工程项目与经济是不可分离的。可从两方面考虑与经济的关系。

a. 从宏观的经济损益方面考虑。一般来讲，控制污染的费用越高，污染控制的效果就越好，社会经济的损失也就越小，反之亦然，这从图 5-5 中就能明显地看出。控制污染费用和社会经济损失交叉点被认为是最佳点，实际操作中按照要求的污染控制的程度确定费用和损失，也会在最佳点的附近。

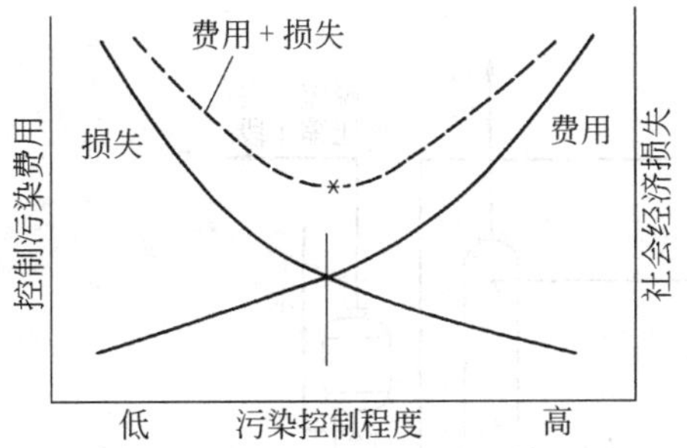

图 5-5 控制费用与社会经济损失的关系（* 为最佳点）

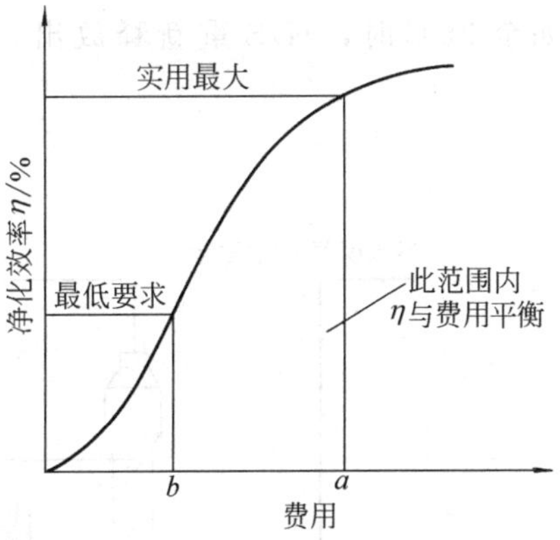

图 5-6 净化效率与费用的关系

b. 净化效率与费用的关系。从图 5-6 中可以看出，效率与费用在全部的范围内不是呈正比的关系，达到 a 点后，继续加大费用来换取效率的增值，是极不显著的。如电除尘器效率在 90％～99％时，增加费用效率增大明显；当效率在 99％～99.9％时，费用需成倍地增加。

总之，在设计处理工艺流程时不仅要考虑对污染有效的治理，还要考虑经济上最佳的代价控制污染。

二、工艺流程图的绘制

工艺流程图是工艺设计关键的文件。各个处理单元按照一定的目的和要求，以规定的形象的图形、符号、文字表示工艺流程中选用设备、构筑物、管道、附件、仪表等，以及排列次序与连接方式，反映出物料流向与操作条件。

工艺流程图一般分为两类，一类称为工艺方案流程图，另一类是工艺安装流程图。

1. 工艺方案流程图

工艺方案流程图又名工艺流程示意图或工艺流程简图，它包括的内容如下：

① 定性地标出污染治理的路线；

② 画出采用的各种过程及设备以及连接的管线。

工艺方案流程图的组成包括：流程、图例、设备一览表三部分。流程中有设备示意图、流程管线及流向箭头、文字注解。图例中只需标出管线图例，阀门、仪表等无须标出。其绘制的步骤如下：

① 用细实线画出厂房各层地平线；

② 用细实线根据流程从左到右，依次画出各种设备示意图，近似反映设备外形尺寸和高低位置；各设备之间留有一定的距离用于布置管线；每个设备从左到右依次加上流程编号。

【例 5-14】 19 世纪末由克劳斯提出氨水中和法用于处理焦炉煤气脱除 H_2S，其原理如下：

$$NH_3 + H_2S \rightleftharpoons NH_4HS$$

$$2NH_3 + H_2S \rightleftharpoons (NH_4)_2S$$

该反应为一可逆反应，降温、加压、提高 $NH_3 \cdot H_2O$ 浓度有利于正反应；反之升温，如至 95℃时，H_2S 重新释放出，可用化学法回收。该脱硫系统工艺流程图见图5-7。

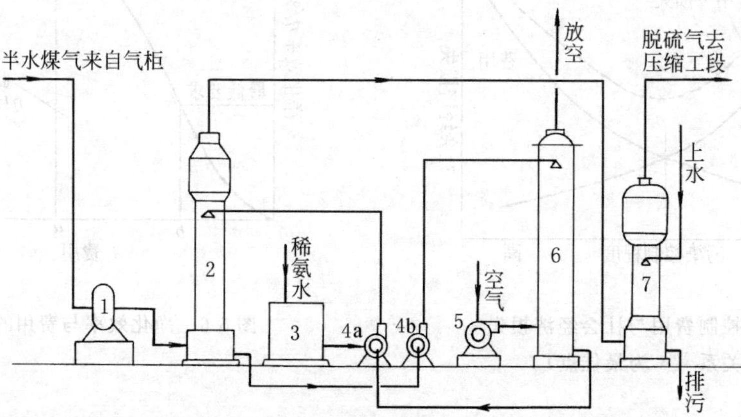

图 5-7 脱硫系统工艺流程图

1—罗茨鼓风机；2—脱硫塔；3—氨水槽；4a，4b—氨水泵；

5—空气鼓风机；6—再生塔；7—除尘塔

【例 5-15】 焦化厂终冷排放的污水中含有污染物氰需要处理，采用的方法是吹脱除氰，吹脱出的氰与铁刨花反应，生成亚铁氰化钠（又称黄血盐钠）加以回收，终冷水脱氰工艺流程见图5-8。

③ 用粗实线画出主要流程线，并配上流向箭头。在流程线开始和终了位置用中文注出污染物名称、来源和去处。

④ 用中实线画出非主要流程线，如空气、水，并配上方向箭头，在开始和终了部位上用文字注明介质的名称。

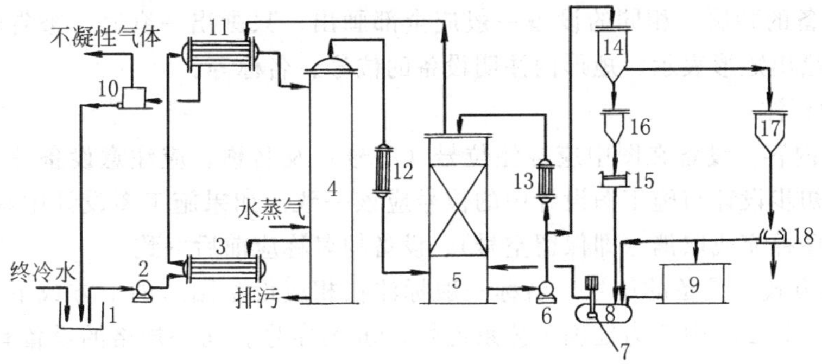

图 5-8 终冷水脱氰工艺流程

1—水池；2—终冷水泵；3—换热器；4—解析塔；5—吸收塔；6—循环泵；7—碱液泵；8—溶碱槽；9—母液槽；10—气液分离槽；11—冷凝器；12—加热器；13—预热器；14—沉降槽；15—过滤器；16—稀释槽；17—结晶槽；18—离心机

⑤ 流程线的位置应近似反映管线安装的位置高低。

⑥ 二流程线相交时，一般是细实线让粗实线，粗实线流程线不断，细实线断开（见图 5-9），视具体情况而定。

⑦ 在图的下方或标题中表明图例和设备编号及名称，基本的图例见表 5-8。

2. 工艺安装流程图

工艺安装流程图又称工艺施工流程图，或带控制点的工艺流程图。在工艺方案流程图确定后，进行了物料衡算、热量衡算和设备工艺设计后，可着手进行施工流程图的设计和绘制。

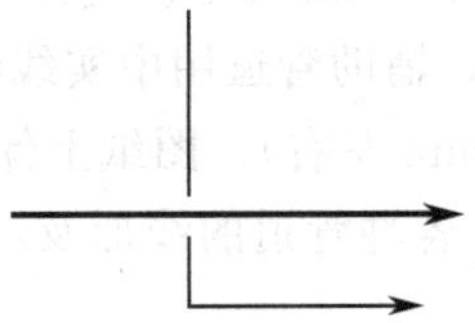

图 5-9 相交画法

(1) 工艺安装流程图的内容

① 带编号、名称和管口的各种设备示意图；

② 带编号、规格、阀门和控制点；

③ 表示管件、阀门和控制点的图例；

④ 标题栏注明图名、图号、设计阶段。

(2) 工艺安装流程图的比例与图幅

比例：设备图形及相对位置大致按 1∶50、1∶100 或 1∶200 绘制，整个图形因展开等各种原因，实际上并不完全按比例绘制，因此标题栏中“比例”一项不予注明。

图幅：由于图形采用展开图形式，多是长条形，因而以前的图纸幅面常采用标准幅面加长的规格，加长后的长度以方便阅读为宜。近年来，考虑到图纸绘读使用和底图档案保管方便，有关标准已有统一的规定，一般均采用 A1 图幅，特别简单的可采用 A2 图幅，且不宜加长或加宽。

(3) 工艺安装流程图中设备的表示方法

① 设备的画法

a. 图形。设备一般按比例用细实线（$b/3$）绘制，要求能显示形状的特征和主要的轮廓。有时也要画出具有工艺特征的内件示意结构，如填料、加热管、搅拌器、冷却管等，内件可用细虚线画出，或可用剖视形式表现。

b. 相对位置。设备或构筑物的高低一般也按比例绘制。低于地面的须相应画在地平线以下，尽量地符合实际安装情况。对于有位差要求的设备，还要注明其限定的尺寸。

c. 相同设备的画法。相同的设备一般应全部画出。只画出一套时，被省略的设备则须用细双点划线绘出矩形表示，矩形内注明设备的位号、名称等。

② 设备的标注

a. 标注的内容。设备在图中应标注位号（序号）及名称。应注意设备位号在同一系统中不能重复，初步设计与施工图设计中的位号应该一致。如果施工图设计中有设备的增减，则位号应按顺序补充或取消（即保留空号），设备的名称应前后一致。

b. 标注的方式。设备的位号、名称一般标注在相应设备图形的上方或下方。设备位号一般为 3 位数，如 206 中 2 为处理工艺系统号，06 为序号。同一规格的设备有两台以上时，位号要加脚码。

(4) 工艺安装流程图中管道的表示方法　图中一般应画出所有的处理工艺的物料和辅助物料（如蒸汽、冷却水等）的管道。当辅助管道系统比较简单时，可将其总管绘制在流程图的上方，其支管则下引至有关设备；当辅助管道系统比较复杂时，待处理工艺管道布置设计完毕后，另绘制辅助管道及仪表流程图以补充。

① 管道的画法。管道画法的规定可参阅国家标准和其他行业的规定。流程图中管道具体画法如下。

a. 线形规定。主工艺管道及大管径管道（$\phi>108$mm）用粗实线绘制（$b=0.9$mm 左右），辅助管道用中实线绘制（$b=0.6$mm 左右），仪表管线则用细虚线或细实线绘制（$b=0.3$mm 左右）。图纸上保温管道、水冷管道除了按规定线形画出外，还要画出一小段的示意。各种管道的线形及示意见表 5-8。

表 5-8　管道、管件及附件图例

名　称	图　例	名　称	图　例
主要物料管道		蒸汽伴热管道	
辅助物料及公用系统管道		电伴热管道	
原有管道		柔性管	
可拆短管		翅片管	
文氏管	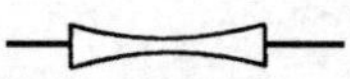	视镜	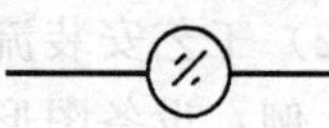
消音器	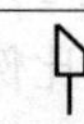	Y 型过滤器	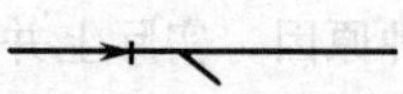
喷淋管		T 型过滤器	
放空管	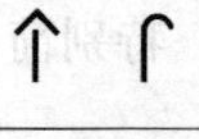	锥型过滤器	
敞口漏斗	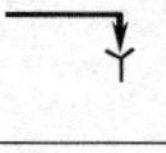	阻火器	
异径管		喷射器	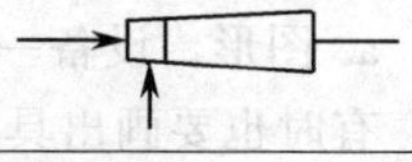
夹套管			

b. 交叉与转弯。绘制管道时，应尽量注意避免穿过设备或管道交叉；不能避免时，应将横管断开，或是辅让主、细让粗、后让先，断开处间隙要明显。管道尽量画成垂直或水平的，若斜管不可避免，要尽可能地画短。转弯要处画成直角。

c. 高低位置。图中管道应尽量反映管道在安装中的高低位置，地下管道应画在地平线以下。

② 管道的标注。管道标注要配有流向箭头、编号、规格及尺寸，并要有测试点、分析点的标注。

（5）工艺安装流程图中图例　在管道上需要用细实线画出全部的阀门和部分管件（如阻火器、变径管、盲板等）的符号，有关规定可参阅国家标准 GB 6567.4—86《管路系统的图形符号、阀门和控制元件》，部分内容见表 5-8 和表 5-9。管道中的一般连接，如法兰、三通、弯头等没有特殊的要求均不予画出。

表 5-9　管路系统中常用阀门图形符号（GB 6567.4—86）

名称	符号	名称	符号	名称	符号
截止阀		隔膜阀		减压阀	
闸阀		旋塞阀	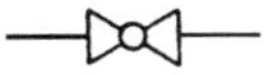	疏水阀	
节流阀		止回阀		角阀	
球阀		安全阀 弹簧式		三通阀	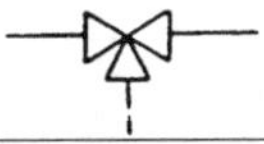
碟阀		安全阀 重锤式	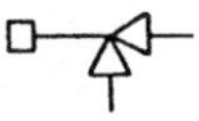	四通阀	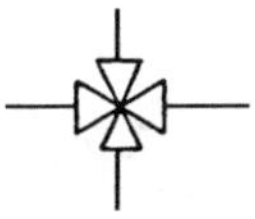

思考题与习题

1. 简述选择工艺路线的原则。

2. 选择工艺路线的基本步骤有哪些？

3. 请概述工艺路线选择的设计要求。

4. 绘制工艺方案流程图包括哪些主要内容？

5. 中水原水为优质杂排水，原水水质仅略高于二级处理出水水质标准，请选择合适的工艺，使处理水能够满足回用水水质要求，并绘制出工艺流程图（原水只要经过若干污水回用深度处理工艺即可满足要求）。

6. 对于制药废水来说，处理工艺有以下几种选择，常常是组合处理工艺：如厌氧-好氧生物处理工艺、酸化水解-好氧生物处理工艺、深井曝气-SBR 处理工艺、生物处理-物化处理工艺、CASS 池等，但是对于此工程，污水来源主要包括工艺废水、锅炉房排水和浴室、食堂的污水，其中污水量最大的是锅炉房排水和工艺废水。全厂日用水量 $200m^3$，pH＝5.5～8.5，COD＝700mg/L，BOD_5＝300mg/L，SS＝100mg/L，处理后要达到 COD≤100mg/L，BOD_5≤60mg/L，SS≤80mg/L。另外生产过程中要用到朱砂，废水中汞的含量可能超标。从生产工艺入手，根据废水特点请选择合适的工艺流程。

7. 在玻璃工厂中，以熔窑烟气的污染最严重，排放烟气中的二氧化硫大多超过国家排放标准。此工程烟气排放量为 80000m³（标准状况），烟气温度为 410℃，烟气浓度为 400mg/m³（标准状况）左右，二氧化硫浓度为 2900mg/m³（标准状况）左右。经处理后的烟气应达到国家标准《工业炉窑大气污染物排放标准》（GB 9078—1996）中二级标准的要求：二氧化硫浓度小于 850mg/m³（标准状况），烟气浓度小于 200mg/m³（标准状况）。请设计符合要求的工艺流程，并绘制工艺流程图。

第六章　车间布置设计

第一节　厂房建筑图简介

一、建筑物的组成

建筑物一般是由基础、墙和柱、楼地层、楼梯、屋顶、门窗等主要构件所组成（见图 6-1）。

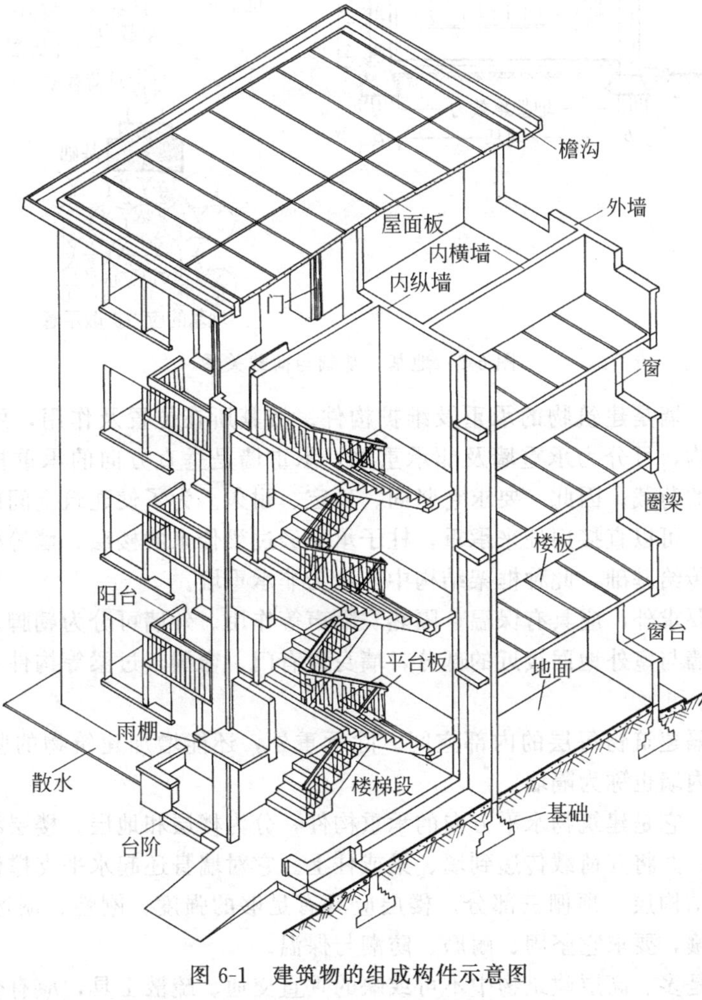

图 6-1　建筑物的组成构件示意图

现将各部分构件的作用、要求等分述如下。

(1) 基础　建筑物的一部分，埋于土中，承受建筑物的荷载（包括基础自重），并将其传递给地基的扩大的构件。基础必须具有足够的强度、稳定性和耐久性。基础的大小、形式、埋置深度取决于荷载的大小、土壤性能（包括地下水、冻结深度等）、基础材料性质和承重方式。基础一般分为独立式（柱形）、条式（带形）、片筏式（面形）及箱形等类型。

（2）地基　基础之下，承受基础传来的荷载，产生应力、应变的土层（见图 6-2）。

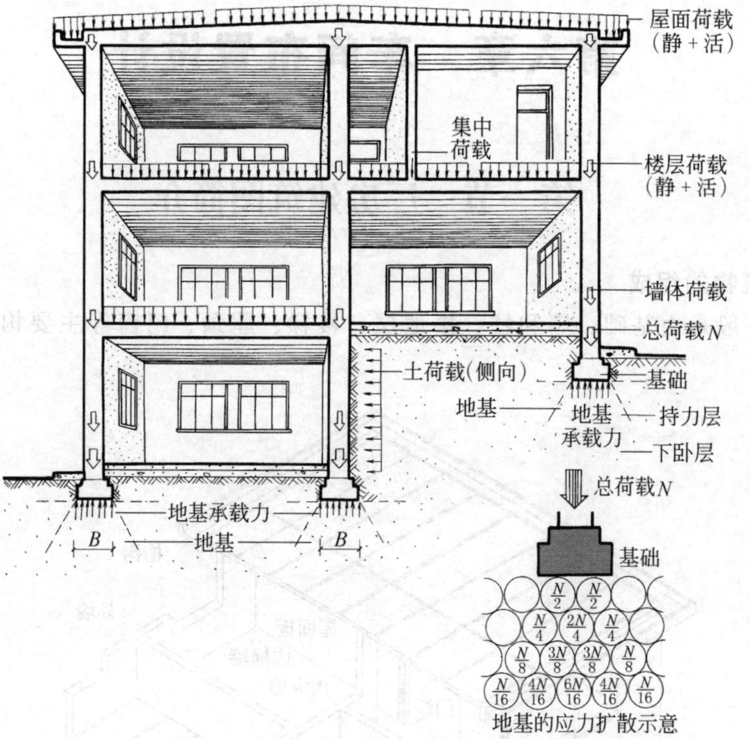

图 6-2　地基、基础与荷载关系

（3）墙和柱　墙是建筑物的承重及维护构件。按其所在位置及作用，可分为外墙和内墙；按其本身结构，可分为承重墙及非承重墙。承重墙是垂直方向的承重构件，承受着屋顶、楼层等传来的荷载；因此，要求它坚固、稳定、耐久。为了使建筑空间的使用更加灵活或满足结构要求，可以直接用柱来承重，柱子承受经过梁传来的楼层、墙等构件自重、其他载荷，并将载荷传给基础，此种框架结构中，墙为非承重墙。

外墙除结构要求外，应具有保温、隔热、隔声等作用。外墙可分为勒脚、墙身和檐口三部分。勒脚是外墙与室外地面接近的部分，墙身设有门、窗洞、过梁等构件，檐口为外墙与屋顶连接的部位。

内墙用于分隔建筑物每层的内部空间。除承重外，还能增加建筑物的坚固、稳定和刚性。其非承重的内墙也称为隔墙。

（4）楼地层　它是建筑物水平方向的承重构件，分为楼层和地层。楼层将建筑物分隔为若干上下空间层，并将其荷载传递到墙、梁或柱上。它对墙身还起水平支撑作用。楼层构造主要包括面层、结构层、顶棚三部分。楼层应具有足够的强度、刚性、耐磨以及隔声等特性。地层贴近土壤，要求它坚固、耐磨、防潮与保温。

（5）楼梯　是多、高层建筑物中不可或缺的垂直交通、疏散工具，应有合适的坡度、足够的通行宽度和疏散能力，并符合坚固、稳定、耐磨、安全等要求。

（6）屋顶　是建筑的顶部结构，有坡屋顶、平屋顶等多种形式。屋顶一般包括屋面各层及结构层。屋面用以防御风、雨、雪的侵袭和太阳的辐射；结构层支于墙或梁上，并将自重及屋面的荷载传至墙或梁。屋顶应坚固、耐久、防渗漏，并能保温、隔热。

（7）门与窗 门的大小和数量以及开启方式是根据通行能力、使用和防火要求决定的；窗的主要作用是自然采光和通风，它是维护结构的一部分，亦须考虑保温、隔热、隔声、防风沙等要求。

建筑物的柱和墙、梁、板、楼梯等构件又组成建筑物的主要结构系统。建筑物的结构系统是建筑物安全的保证，建成后不得任意拆除、穿孔、打洞、加厚削薄或变更位置。其构件的大小、位置必须经过结构严格的安全计算、设计、建造。

二、建筑图

根据建筑使用要求的不同，建筑物由各种用途的房间（如住宅建筑的居室、厨房，学校建筑的教室、办公室、盥洗室等）和交通设施（如门厅、走道、楼梯等）组成。房间的大小

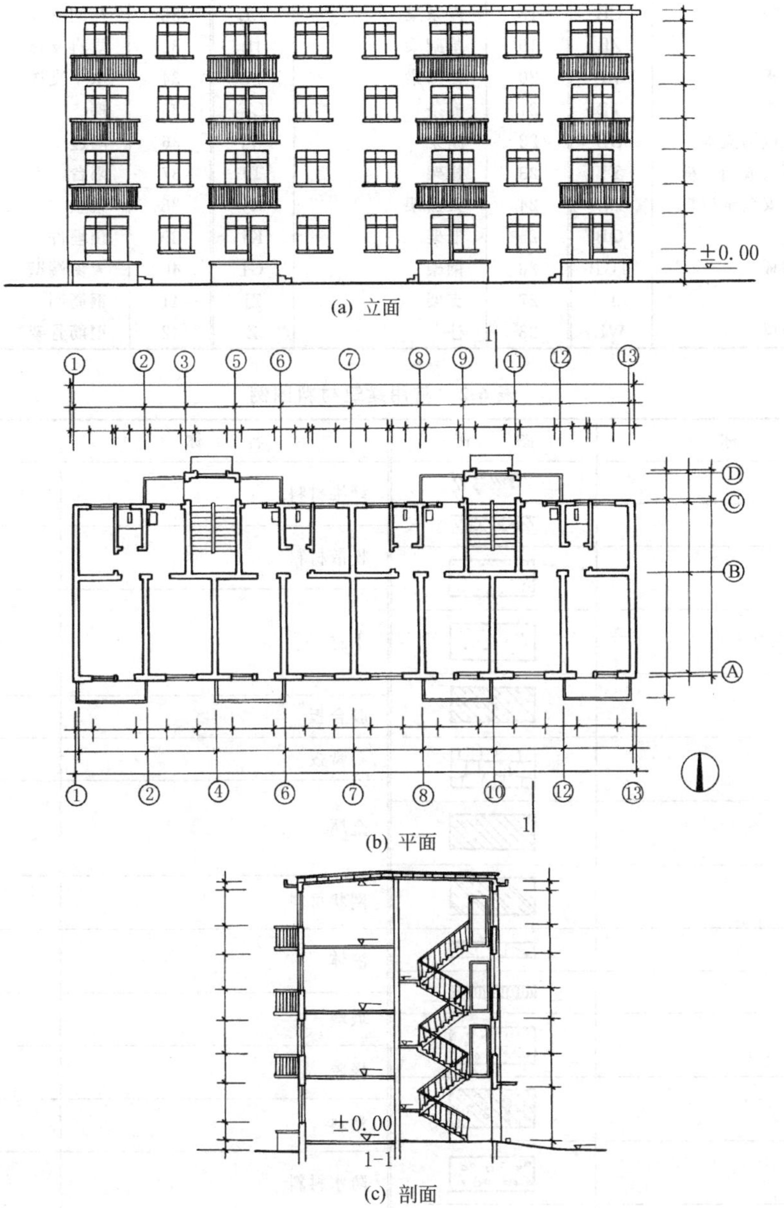

图 6-3 建筑平面、立面及剖面图

一般依据人的尺度、家具设备尺度、使用空间大小、交通联系所占空间综合考虑。我们一般通过建筑的平面图、立体图、剖面图来反映建筑空间的组合关系。在平面图中可表示出各种房间、走道、楼梯的大小、形状、数量、位置，以及门窗的宽度与位置，如图6-3(a) 所示。在立体图上可表示建筑物的外观，如勒脚、墙身、屋顶、门窗的形状与高低等［见图 6-3(b)］。建筑的层高、檐口形式、窗洞的高度、室内外高度差等，则在剖面图中

表 6-1 常用构件代号

序号	名称	代号	序号	名称	代号	序号	名称	代号
1	板	B	15	吊车梁	DL	29	基础	J
2	屋面板	WB	16	圈梁	QL	30	设备基础	SJ
3	空心板	KB	17	过梁	GL	31	桩	ZH
4	槽形板	CB	18	连系梁	LL	32	柱间支撑	ZC
5	折板	ZB	19	基础梁	JL	33	垂直支撑	CC
6	密肋板	MB	20	楼梯梁	TL	34	水平支撑	SC
7	楼梯板	TB	21	檩条	LT	35	梯	T
8	盖板或沟盖板	GB	22	屋架	WJ	36	雨篷	YP
9	挡雨板或檐口板	YB	23	托架	TJ	37	阳台	YT
10	吊车安全走道板	DB	24	天窗架	GJ	38	梁垫	LD
11	墙板	QB	25	框架	KJ	39	预埋件	M
12	天沟板	TGB	26	钢架	GJ	40	天窗端壁	TD
13	梁	L	27	支架	ZJ	41	钢筋网	W
14	屋面梁	WL	28	柱	Z	42	钢筋骨架	G

表 6-2 常用建筑材料图例

名称	图例	名称	图例
自然土壤		纤维材料	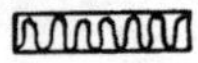
夯实土壤	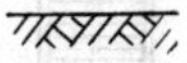		
砂、灰土	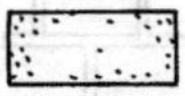	松散材料	
砂砾石、碎砖三合土	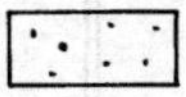	木材	
天然石材		胶合板	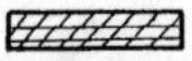
毛石	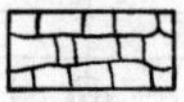	石膏板	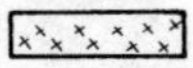
普通砖	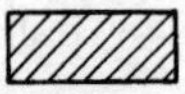	金属	
耐火砖		网状材料	
空心砖		液体	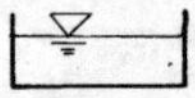
饰面砖			
混凝土		玻璃	
钢筋混凝土		橡胶	
		塑料	
焦渣、矿渣	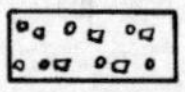	防水材料	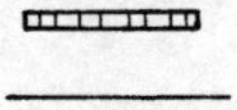
多孔材料		粉刷	

可表示清楚［见图 6-3(c)］。

根据上述平面、立面及剖面图，我们基本上能对建筑各部组成和内容有一个整体的概念。

建筑物是通过一定的营造方式将各种建筑材料、构件组合而成的。设计图则是专业人员表达思想和相互交流、配合的最重要的工具。为了统一和方便，国家规定了建筑构件的统一代号、建筑材料的表示符号等。表 6-1 为常用建筑构件代号，表 6-2 为常用建筑材料图例，表 6-3 为常用建筑构造、配件及运输装置图例，表 6-4 为常用给排水设备图例。

在建筑物中，还有许多与主体部分相关的其他系统，如供水、排水、照明、供气、供暖、空调、电信、设备（电梯）消防等，有大量的管线要穿越、铺设于主体建筑，或依附在主体结构上。主体结构要为这些管线提供支撑和必要的空间及所需的屏障。

三、工业建筑图简介

1. 建筑的分类

建筑物按其使用性质，通常可分为生产性建筑，即工业建筑、农业建筑和非生产性建

表 6-3 常用建筑构造、配件及运输装置图例

名称	图例
底层楼梯	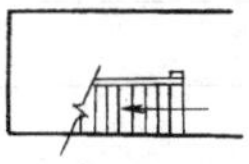
中间层楼梯	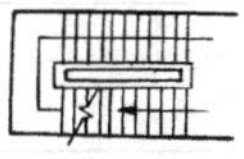
顶层楼梯	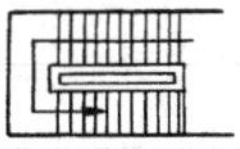
检查孔	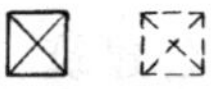
孔洞	
墙预留洞	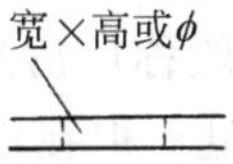
烟道	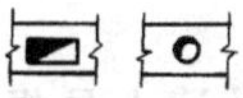
通风道	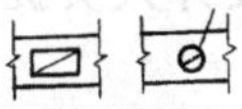
新建的墙和窗	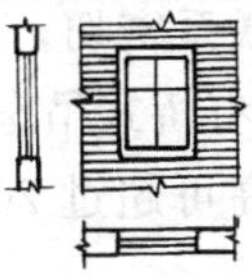
空洞门	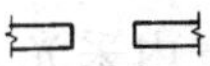
单扇门	
双扇门	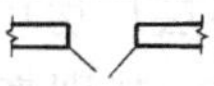
双扇推拉门	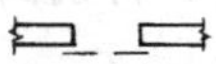
单扇弹簧门	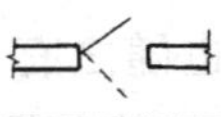
双扇弹簧门	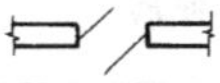
转门	
单层固定窗	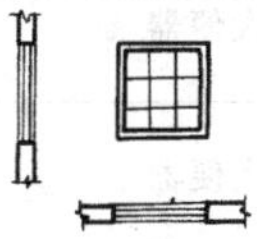
单层外开平开窗	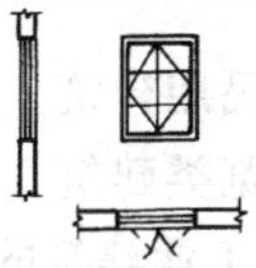
左右推拉窗	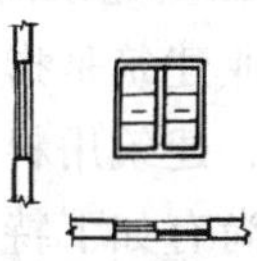
单层外开上悬窗	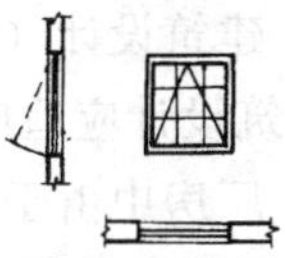
入口坡道	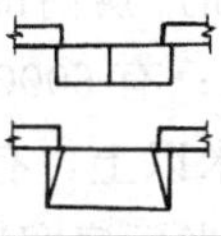
桥式起重机	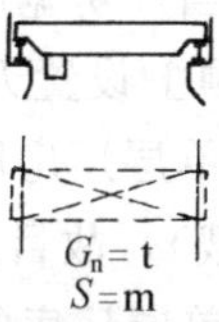
电梯	

表 6-4 给排水工程常用图例

名　称	图　例	名　称	图　例
给水管		升降式止回阀	
排水管		存水弯	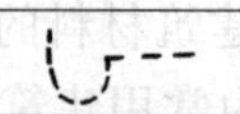
水龙头	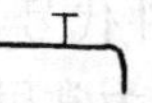	地漏	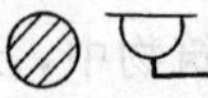
截门		清扫口	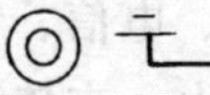
流量表		立管	
检查口		立管编号	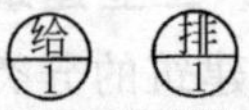
单向阀		盥洗台	
洗脸盆		方沿浴盆	
拖布盆	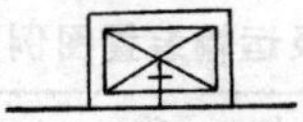	水管坡度	
斗式小便器	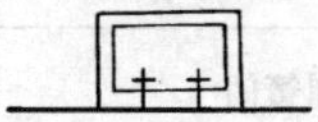	闸阀	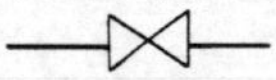
小便槽	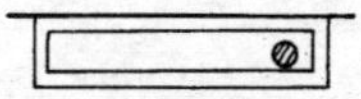	水泵	
蹲式大便器	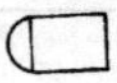	人孔	
坐式大便器	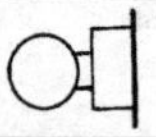	消火栓	

筑，即民用建筑。民用建筑通常包括：居住建筑、办公建筑、商业建筑、学校建筑、影剧院、展览类建筑、车站、航站楼等。

2. 工业建筑的特点

工业建筑是指用以从事工业生产的各种房屋（一般称厂房），它与民用建筑相比，在设计原则、建筑用料和建筑技术等方面，有许多共同之处，但在设计配合、使用要求方面，工业建筑尚有如下特点。

① 建筑设计（包括平、剖、立面等）是在工艺设计人员提出的工艺设计的基础上进行的，建筑设计应适应生产工艺的要求。

② 厂房中由于生产设备多、体积大、各种生产联系密切，并有多种起重和运输工具通行，因而厂房内部大都具有较大的敞通空间，例如，有桥式吊车的厂房，室内净高一般均在 8m 以上；有 6000t 以上水压机的锻压车间，室内净高可超过 20m。厂房室内长度，一般均在数十米以上，有些大型轧钢厂，其长度可达数百米。

③ 当厂房宽度较大（特别是多跨）时，为解决室内采光、通风和屋面防、排水问题，需在屋顶上设置天窗及排水系统致使屋顶构造复杂。

④ 单层厂房屋顶重量重，且多有吊车荷载；在多层厂房中，楼板荷载较大（有时亦有吊车荷载），故目前厂房广泛采用钢筋混凝土骨架承重，特别高大的则用钢骨架承重。

3. 单层厂房的结构组成及建筑图简介

工业生产的类别繁多，生产工艺不同，工业建筑也随之有不同的类别。按厂房的层数，就分为单层厂房、多层厂房和层次混合的厂房。我们仅就单层厂房的特点介绍工业建筑的平、立、剖面图。

(1) 单层厂房的结构组成　单层厂房的结构支承方式基本上可分为承重墙结构与骨架结构两类。仅当厂房的跨度、高度及吊车荷载很小时，才采用承重墙结构，此外则多用骨架承重结构。骨架结构由柱子、梁、屋架等组成，以承受厂房的各种荷载。在这种厂房中，墙体只起围护或分隔作用。

图 6-4 为单层厂房装配式钢筋混凝土骨架的组成，由图可知，厂房承重结构由横向骨架和纵向连系构件组成。横向骨架包括屋面大梁（或屋架）、柱子及柱基础。它承受屋顶、天

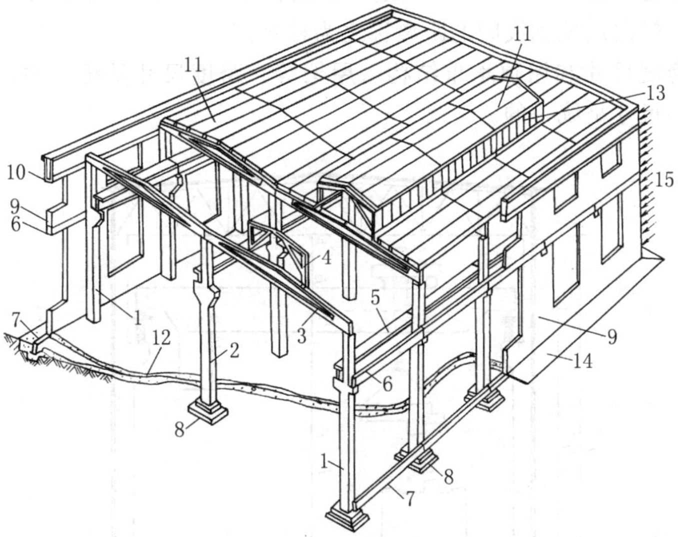

图 6-4　单层厂房装配式钢筋混凝土骨架及主要构件

1—边列柱；2—中列柱；3—屋面大梁；4—天窗架；5—吊车梁；6—连系梁；7—基础梁；8—基础；9—外墙；10—圈梁；11—屋面板；12—地面；13—天窗扇；14—散水；15—风力

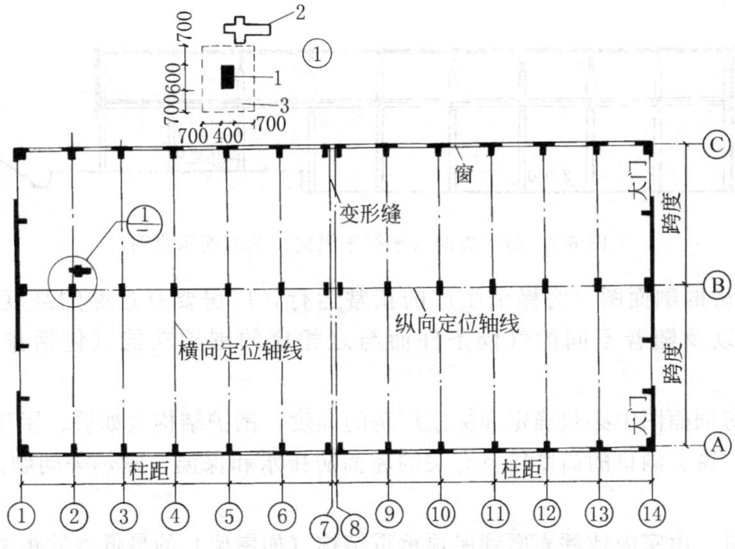

图 6-5　单层厂房平面示意图

1—柱子；2—机床；3—柱基础轮廓

窗、外墙及吊车等荷载。纵向连系构件包括大型屋面板（或檩条）、连系梁、吊车梁等。它们能保证横向骨架的稳定性，并将作用在山墙上的风力或吊车纵向制动力传给柱子。此外，为了保证厂房的整体性和稳定性，往往还要设置支撑系统。组成骨架的柱子、柱基础、屋架、吊车梁等是厂房承重的主要构件，关系到整个厂房的坚固耐久及安全，必须予以足够的重视。

(2) 单层厂房的平、立、剖面图

① 单层厂房的平面图。在厂房中，为支承屋顶和吊车需设柱子。平面图中比较重要的就是柱子位置的确定。如图 6-5 中在纵横定位轴线相交处设置柱子。柱子纵向定位轴线间的距离称之为跨度，横向定位轴线间的距离称之为柱距。

在厂房中其跨度尺寸和屋顶承重结构（屋架等）跨度尺寸是统一的，柱距尺寸和屋面板、吊车梁跨度的尺寸是统一的。

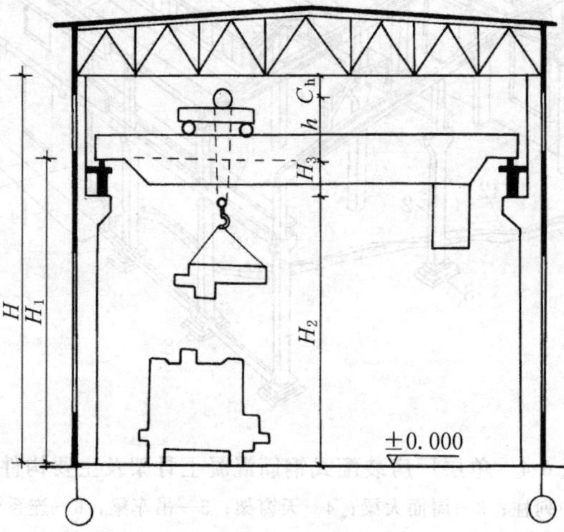

图 6-6　厂房高度的确定

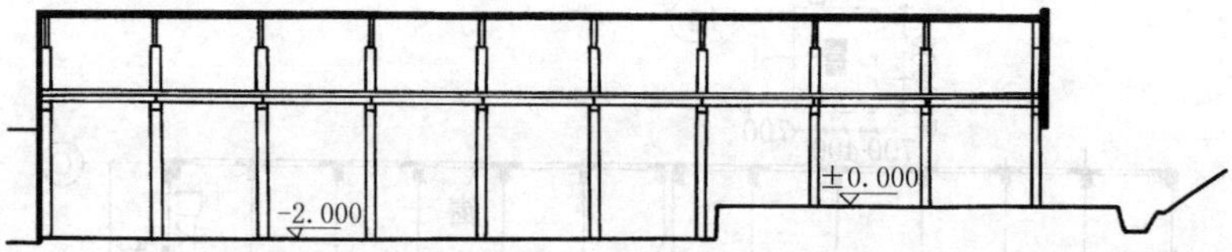

图 6-7　另一方向（平行于纵向）的剖面示意图

② 单层厂房的剖面图。为保证生产的正常运行，厂房要有足够的高度和空间、良好的采光和通风以及随着不同的气候条件而与之相应的围护功能（包括排水、保温、隔热等）。

因此，厂房剖面图中必须确定和标注厂房的高度，围护结构（如墙、屋顶）的形式，用于采光和通风的窗、洞口的高度以及有关的屋面防排水和保温、隔热等问题。如图 6-6、图 6-7 所示。

厂房高度是：由室内地坪表面到屋顶承重结构（如屋架）的最低点的距离。

轨顶高度由工艺人员提供，建筑人员据此确定柱子的支承牛腿上表面的高度。

图 6-8～图 6-10 为某单层厂房建筑平、剖、立面施工图示意。

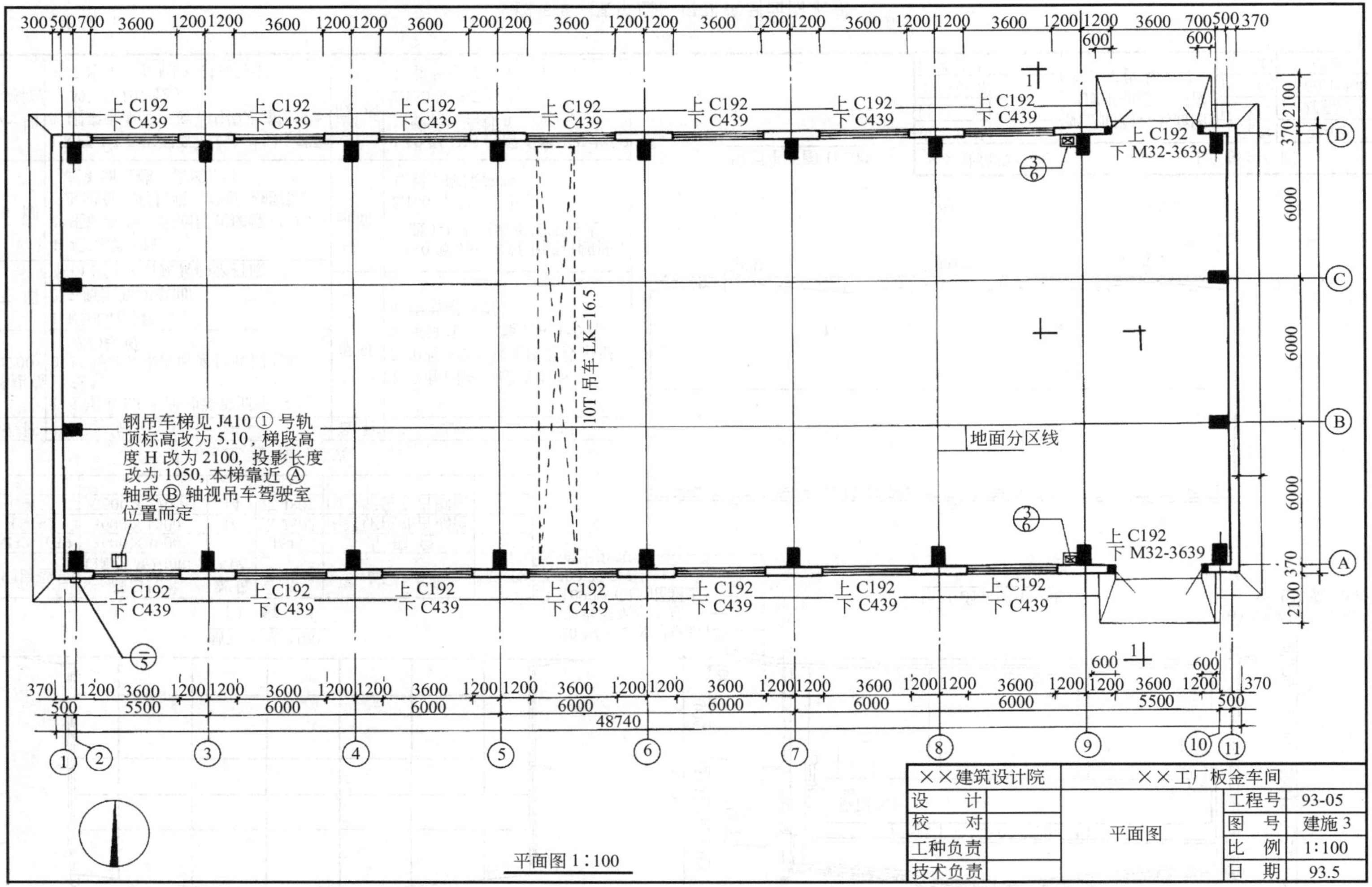

图 6-8 某单层厂房建筑平面图示意

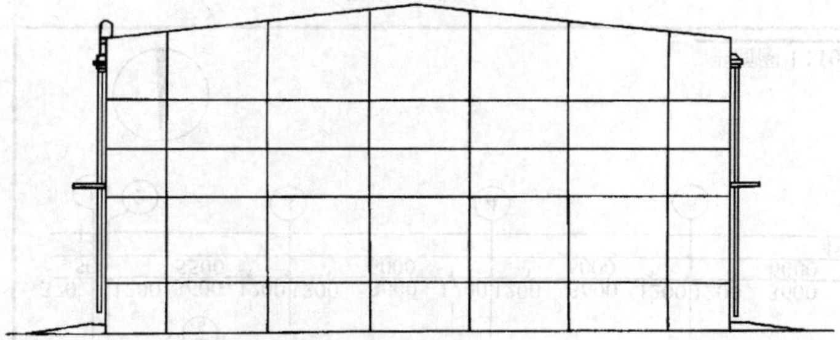

侧立面图1:100

门 窗 表

门窗型号	洞口尺寸(宽×高)/mm	数量/樘	图集号	颜 色	备 注
M32-3639	3600×3900	2	J643	古铜色	
C-192	3600×1500	16	京 J802	内浅驼色外古铜色	
C-439	3600×2700	14	京 J802	内浅驼色外古铜色	

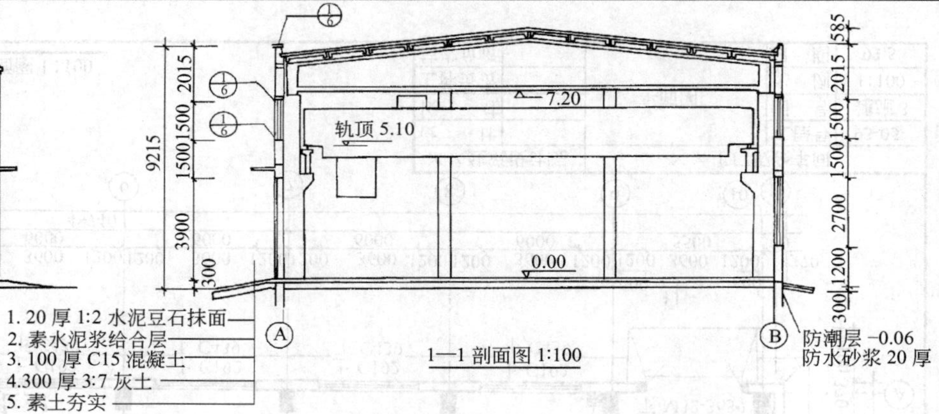

1—1 剖面图 1:100

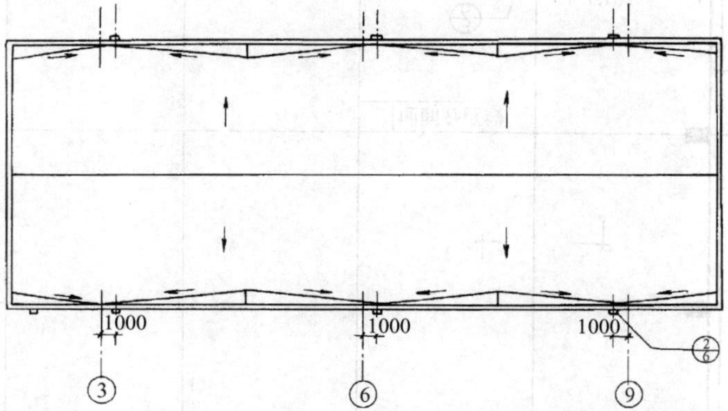

屋顶平面图 1:200

工 程 做 法 表

名称	做 法	名称	做 法
墙裙高1200	1. 5 厚 1:2.5 水泥砂浆罩面压实赶光 2. 15 厚 1:3 水泥砂浆打底扫毛或划出纹道	屋面	1. 三毡四油一砂防水层 2.20 厚 1:2.5 水泥砂浆找平层 3. 平铺加气混凝土块 150 厚 4. 大型屋面板
内 墙	1. 喷内墙涂料 2. 2 厚纸筋灰罩面 3. 14 厚 1:3 石灰膏砂浆打底		
顶 棚	1. 喷顶棚涂料 2. 钢筋混凝土预制板底抹缝（1:0.3:3 水泥石灰膏打底，纸筋灰略掺水泥罩面浅缝一次成活）	地面	1.110 厚 150 混凝土随打随抹上撒 1:1 水泥砂子压实赶光 2.100 厚 3:7 灰土 3. 素土碾压密实
外 墙水刷石	1.8 厚 1:1.5 水泥石子（小八厘）罩面 2. 刷素水泥浆一道（内掺水重 3%～5% 的 107 胶） 3.12 厚 1:3 水泥砂浆打底扫毛	散 水	1.50 厚 C15 混凝土撒 1:1 水泥砂子压实赶光 2.150 厚 3:7 灰土 3. 素土夯实向外坡 4%

××建筑设计院		××工厂板金车间		
设 计		侧立面图、剖面图、屋顶平面图、门窗表、工程做法表	工程号	93-05
校 对			图 号	建施 5
工种负责			比 例	1:100;1:200
技术负责			日 期	93.5

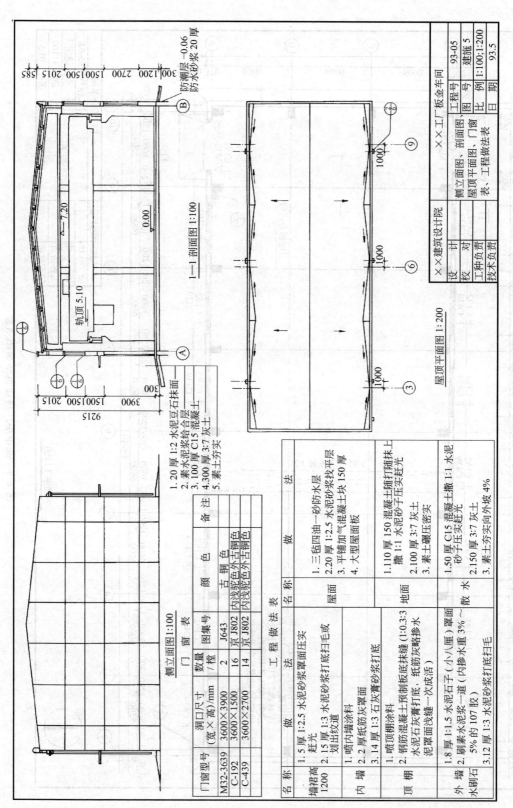

图 6-9 某单层厂房建筑剖面图示意

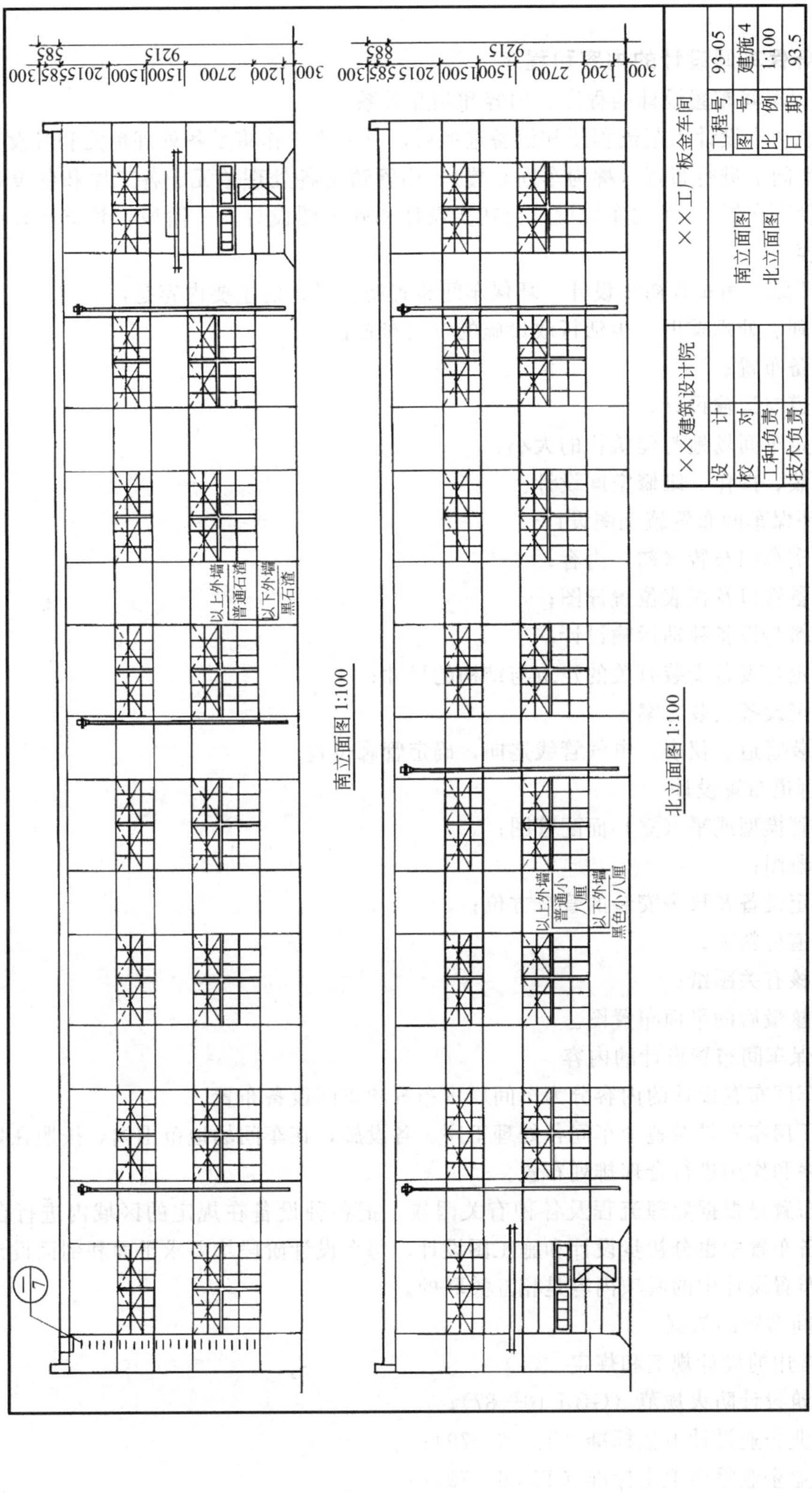

图 6-10 某单层厂房建筑南北立面图示意

第二节 环保车间布置

一、环保车间设计的内容和程序

1. 环保车间布置设计的程序、内容和相互关系

在完成初步设计工艺流程图和设备选型后，下一步工作将是各处理单元和各设备按照处理流程在空间上进行布置（称为车间布置），用管道将各处理单元、各工序和各设备进行连接（称为管道布置）。车间布置设计分初步设计和施工图设计两个阶段，管道设计属施工图设计的内容。

(1) 环保车间布置初步设计　环保车间布置初步设计的主要内容是：

① 处理、处理辅助、生活行政设施的空间布置；

② 设备布置；

③ 通道与运输设计；

④ 决定车间场地与建筑物的大小；

⑤ 安装、操作、维修空间设计。

(2) 环保车间布置施工图设计

① 落实车间布置（初）内容；

② 设备管口及仪表位置详图；

③ 物料与设备移动运输设计；

④ 确定与设备安装有关的建筑与结构的尺寸；

⑤ 确定设备安装方案；

⑥ 安装管道、仪表、电气管线走向，确定管廊位置。

(3) 管道布置设计

① 配管模型或平（立）面配管图；

② 管段图；

③ 确定设备及仪表安装的管口方位；

④ 管道材料表；

⑤ 审核有关图纸；

⑥ 校核最后的平面布置图。

2. 环保车间布置设计的内容

环保车间布置设计的内容分为车间厂房布置和车间设备布置。

车间厂房布置是对整个车间各处理工序、各设施，在车间场地范围内，按照在处理和生活中的次序和作用进行合理排列布置。

设备布置是根据处理流程及各种有关因素，把各种设备在规定的区域内进行合理的排列。在设备布置中也分初步设计和施工图设计，每个设计阶段均要求平面和剖面设计。

车间布置设计中的两项内容是相互关联的。

3. 车间布置的依据

(1) 常用的设计规范和规定

① 建筑设计防火规范（GB J 16—87）；

② 工业企业设计卫生标准（TJ 36—79）；

③ 工业企业噪声卫生标准（TJ 36—79）；

④ 中华人民共和国爆炸危险场所电气安全规程（试行）等。

（2）基础资料

① 对初步设计需要带控制点的工艺流程图，对施工图设计需要管道仪表流程图；

② 计算说明书；

③ 设备一览表；

④ 公用系统耗用量，给排水、供电、供热制冷、压缩空气、蒸汽、外部管道资料等；

⑤ 车间定员表，包括技术人员、管理人员、操作人员和检测人员，还包括最大班人数和男女比例等资料；

⑥ 厂区总平面布置图，包括本车间与其他处理车间、辅助车间、生活设施的相互关系，厂内人员和物流的情况与数量等。

（3）环保车间布置的原则

① 最大限度满足处理工艺包括设备维修的要求；

② 有效利用车间建筑面积（包括空间）和土地；

③ 要为车间的技术经济指标、先进性、合理性以及节能等要求创造条件；

④ 考虑其他专业对本车间布置的要求；

⑤ 要考虑车间的发展和厂房的扩建；

⑥ 车间中所采用的劳动保护、防腐、防火、防毒、防爆及安全卫生等措施是否符合要求；

⑦ 本车间与其他车间在总平面上的位置合理，力求使它们之间的输送管线最短，联系最方便；

⑧ 考虑本地区的气象、水文、地质等条件；

⑨ 车间内交通方便。

（4）车间设计的组织和程序

① 车间布置设计的组织。在进行车间布置设计时，各类专业人员需分工合作。进行车间布置时，要考虑土建、给排水、暖通、电气、仪表等专业与机修、安装、操作等各方面的需要；上述各专业也同时提出各自对车间布置的要求。初步设计完成和批准后，各专业对车间布置在初步设计的基础上进一步协商和研究，最后得出既满足处理工艺的要求，又符合其他专业规定的车间布置，即施工图设计阶段的车间布置。该车间布置是其他专业的基本设计文件，其他专业就能根据它平行地独立地进行各自的施工图设计。当施工图设计阶段的车间布置确定后，一般不能进行较大的改动。

② 车间布置设计的程序

a. 车间布置的初步设计。根据带有控制点的处理工艺流程图、设备一览表、生产辅助及生活行政等的要求，结合布置的规范及总图设计资料，进行初步设计，其主要设计内容如下：处理、处理辅助、生活行政设施的空间布置；确定车间场地与建筑物、构筑物的大小；设备空间的布置（水平和垂直方向）；通道和运输设计；确定安装、操作、维修所需要的空间；其他；最终要求画出车间初步设计的平面和剖面图。

b. 管道流程设计。根据车间布置的初步设计和处理工艺操作要求，进行管道流程设计，其主要内容是：进行处理工艺和流体力学的系统计算及设计；绘制管道布置图与公用工程流程图；确定需要的仪器仪表。

车间布置的初步设计和管道流程设计有着密切关系，前者是后者的前提，后者是对前者的补充和修正。

c. 车间布置的施工图设计。处理专业与其他所有专业协商，确定最终的车间布置。车间布置的初步设计和管道流程设计是确定最终车间布置的基础资料，该阶段主要工作内容有：落实车间初步设计布置的内容；绘制设备管口及仪器仪表的位置详图；进行运输设计；确定与设备、构筑物有关的建筑与结构尺寸；确定设备安装方案；设计安排管道、电气管线的走向。

最终绘制车间布置的平面、剖面、立面图。这是处理工艺专业提供给其他所有专业（建筑、结构、电器仪表、给排水、暖通等）设计的基本技术条件。

二、环保设备布置设计原则

1. 车间设备布置的内容

车间内设备布置是：确定各个设备在车间平面与空间的位置；确定场地与建筑物、构筑物的尺寸；确定管道、电气仪表管线、采暖通风管道的走向和位置。

其主要内容如下：确定各个处理工艺设备在车间平面和空间的位置；确定在工艺流程图中不预表达的辅助设备或公用设备的位置；确定供安装、操作与维修所用通道的位置和尺寸；在上述各项的基础上确定建筑物与场地的尺寸。

2. 环保设备布置的原则

一个实用美观的设备设计应做到：符合有关国家标准和设计规范，同时又做到经济合理，操作维修方便，设备布置有序、合理、美观。可以参考已经完成设计和经过实践检验的有价值的参考资料，这样可提高设计水平和可靠性。

设备布置一般应满足以下各项原则。

（1）满足处理工艺要求

① 设备布置首先要满足处理工艺的要求，每一个处理工艺过程所需的设备应按照顺序布置，保证处理工艺能正常运行；

② 同类设备应尽量布置在一起，有利于统一管理、集中操作和维修，还可减少备用设备；

③ 充分利用位能减少能源的消耗，尽可能利用高程，使处理的污染物自动流送；一般可将计量设备布置在高层，主要处理设备布置在中层，储藏室、重型设备，如泵和风机等布置在最下层。

（2）符合安全技术要求

① 易燃易爆车间应加强通风；

② 车间内的防爆墙上的门窗应向外开；

③ 设备和通道布置时要考虑安全距离，一般的设备和安全通道的距离可参考表 6-5；

表 6-5 设备应有的安全距离

序号	项　　目		净安全距离 d/m
1	泵与泵的间距		＞0.7
2	泵与墙的距离		＞1.2
3	泵列与泵列间的距离(双泵列间)		＞2.0
4	贮槽与贮槽间的距离(车间中一般小容量)		0.4～0.6
5	换热器与换热器间的距离		＞1.0
6	塔与塔间的距离		1.0～2.0
7	风机与墙的距离		＞0.7
8	起吊物与设备最高点的距离		＞0.4
9	通廊、操作台通行部分的最小净高度		＞2.0～2.5
10	不常通行的地方净高度		1.9
11	设备与通道间的距离		＞1.0
12	操作台梯子的斜度	一般情况	＜45°
		特殊情况	60°

④ 处理过程产生有毒或有害物时，要注意毒性大的与毒性小的隔开；产生有毒有害物的工作点应布置在下风向（见图 6-11），通入的风先通过人体，后通过污染源；图 6-11 中(a) 的通风方案是正确的，(b) 的通风方案是错误的；通风的气量可按工业通风规定计算；处理过程中如有产生热量和毒物的设备应布置在多层厂房的上层；

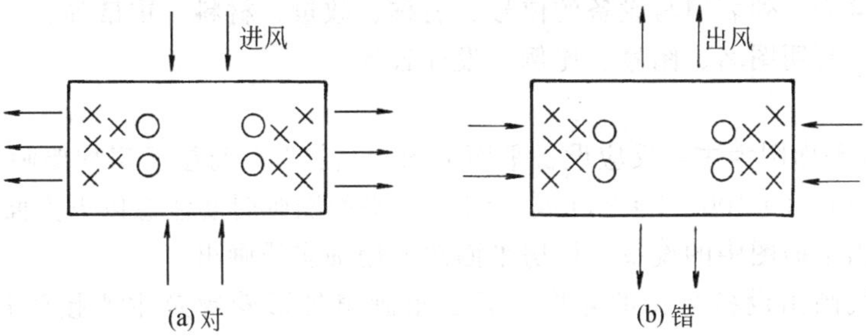

图 6-11　通风气流组织方案

×—有害源；○—人工操作位置

⑤ 具有尘、酸、碱性介质的车间应布置冲洗水源和应有的排水；

⑥ 人行道不应铺设有毒气体、液体管道；

⑦ 车间内有害物质不应超过最高容许浓度，如 CO 的浓度要小于 $30mg/m^3$，金属汞浓度要小于 $0.01mg/m^3$，甲醛的浓度要小于 $3mg/m^3$。

(3) 便于安装检修　设备布置要充分考虑安装、拆卸和检修的方便，如检修人孔要对应检修通道等。

(4) 保证良好的操作环境

① 保证有良好的采光，设备应尽量避免布置在窗前，以免影响采光，设备与墙的距离要大于 600mm。

② 热源尽量放置在车间外，如在车间内则要有降温措施。

③ 车间内工作地点的夏季空气温度规定见表 6-6。

表 6-6　夏季工作地点与室外的温度差

室外计算温度 t/℃	≤22	23～28	29～32	>33
工作地点与室外温差 Δt/℃	10	9～4	3	2

④ 冬季工作地点的温度要求，轻作业的不低于 15℃，中作业的不低于 12℃，重作业的不低于 10℃。

⑤ 呼吸要求　要保证人员呼吸到足够的新鲜空气，如 $20m^3$ 的空间内，每人每小时不少于 $30m^3$ 的新鲜空气。

⑥ 噪声对人的危害是较大的，因此，如果设备产生较大的噪声就必须有降噪措施；如果不能很好地降噪，就须有较好的个人防护，或减少人员接触噪声的时间（见表 6-7）。

表 6-7　允许接触噪声的时间

接触噪声值/dB	85	88	91	94
允许接触的时间 t/h	8	4	2	1

三、环保设备布置图的画法

1. 环保设备布置图的内容

① 视图。平面图、立面图（剖面图）。

② 尺寸标注。在图中标出建筑物定位轴线的编号，与设备布置有关的尺寸，设备的位号与名称等。

③ 安装方位标。指示安装方位基准的图标。

④ 说明与附注。对设备安装有特殊要求的说明。

⑤ 设备一览表。列表填写设备的位号、名称、数量、材料、重量等。

⑥ 标题栏。写明图名、图号、比例、设计者等。

2. 平面图

设备布置以平面图为主，反应设备平面上的相关位置，每层厂房均要画出一平面图，通常的比例为 1∶50、1∶100、1∶200 或 1∶500。平面图画时要注意以下方面。

① 为了突出平面图中的设备，厂房平面图要用细实线画出。

② 用粗实线画出设备可见的轮廓，只要求画出外形轮廓及主要接管口，表示出安装方位。

③ 用中实线画出设备的基础、操作台等的轮廓形状。

④ 尺寸标注时，设备中心线、尺寸线、尺寸管线用细实线画出。要注意以下几点：

a. 建筑物定位轴线用点划线标注，要标注厂房长和宽的总尺寸，建筑物的水平定位轴线顺序用阿拉伯数字依次标注，垂直定位轴线用英文大写字母依次标注，数字和字母写在 8～10mm 的细线圆中，其尺寸标注允许标注成封闭的链状，单位为 mm，但图中不写单位；

b. 设备定位尺寸标注时应注意尺寸界线是建筑物定位轴线、设备轴线及轮廓线的延长部分（见图 6-12）；

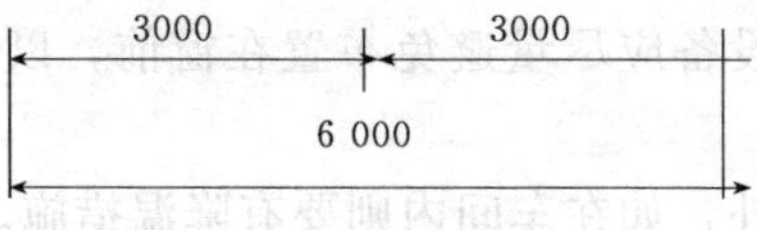

图 6-12　定位尺寸标注

c. 要标注设备基础、平台等的尺寸。

3. 立面图

立面图又称剖面图或设备布置剖面图，它反映设备的空间位置。立面图画时要注意以下方面：

① 确定剖面图的数目，以完全、清楚地反映出设备与厂房高度方向的位置关系为准，剖面图下注明剖切的位置，如 A—A 剖视；

② 用细实线画出厂房的剖面图，立面图表示的剖切位置要在平面图中表示清楚（见图 6-13）；

③ 用粗实线画出设备的立面图，并注明设备的位号、名称等；

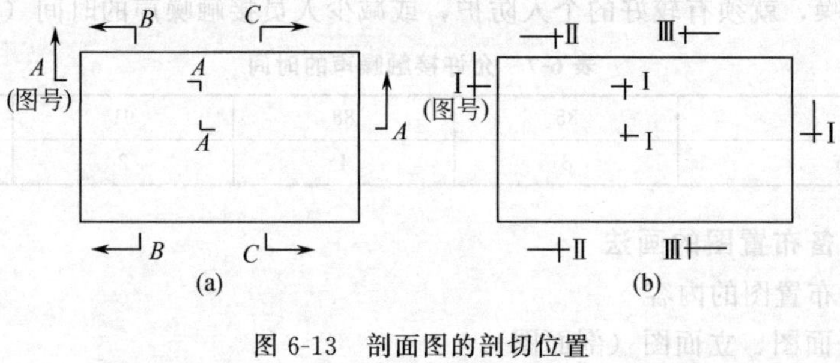

图 6-13　剖面图的剖切位置

④ 注明厂房的定位轴线尺寸和标高，标高单位为 m，写成±0.000；

⑤ 注明设备基础标高尺寸；

⑥ 剖视图也可以与平面图画在同一张图纸上，按剖视的顺序，从左至右，由上而下，按顺序画出。

4. 绘制安装方位标

在平面图的右上方，绘制设备安装方位基础，用粗实线画出直径为 20mm 的圆，以细点划线画出垂直和水平两条线，如图 6-14所示。

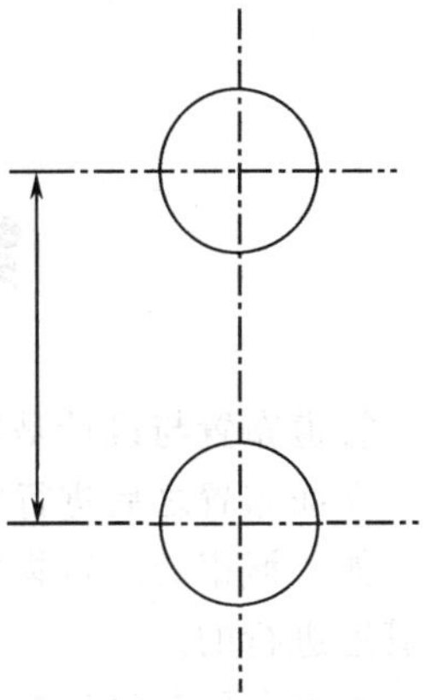

图 6-14　方位基础标注

5. 设备一览表及标题栏

设备一览表要按项目顺序表示完全，如设备较多时也可单列一张或几张，但必须编入图号中。标题栏按照国家标准要求填写。

思考题与习题

1. 建筑物主要构件及各构件的作用是什么？
2. 工业建筑图绘制时需要注意哪些问题？
3. 单层厂房剖面图必须确定和标注哪些因素？
4. 简述环保车间布置初步设计的内容。
5. 简述环保设备布置的原则。
6. 环保设备布置图包括哪些内容？

第七章　管道布置与设计

管道布置与设计是环境工程设计中一个重要的组成部分。管道布置与设计是在完成设备平、立面布置之后进行的一项工作。

如一城市的建筑物之间用道路连接一样，环保处理设备、构筑物之间的物料输送都是通过管道进行的。

管道布置与设计的主要内容包括：

① 管道材质、管径的选择与计算；

② 管道支架的设计；

③ 管道布置图（配管图）；

④ 管道投资概算；

⑤ 施工说明。

第一节　管道、阀门、管件的选择与设计

一、管道

1. 常用管材种类

(1) 钢管　钢管有铸铁管、硅铁管、镀锌管和无缝钢管。

铸铁管常用作污水管，不能用于输送蒸汽及在有压力下输送爆炸性与有毒气体。其公称直径有 50mm、75mm、100mm、125mm、150mm、200mm、250mm、300mm、350mm、400mm、450mm、500mm、600mm、700mm、800mm、900mm 和 1000mm 等，联结方式有承插式、单端法兰式和双端法兰式 3 种，联结件和管子一起铸出。

高硅铁管与抗氯硅铁管适用于输送公称压力 2.5×10^5Pa 以下的腐蚀性介质，高硅铁管能耐强酸，含钼的抗氯硅铁管可耐各种含量、温度的盐酸。

镀锌管常用于给水、暖气、压缩空气、煤气、真空、低压蒸汽和凝液以及无腐蚀性物料的输送。其极限工作温度为 175℃，且不得用以输送有爆炸性及毒性介质。它分为普通型（公称压力<1MPa）和加强型（公称压力<1.6MPa）两种。

无缝钢管可用来输送有压力的物料如水蒸气、高压水、过热水等，还可输送可燃性的和有爆炸性或有毒性的物料，其极限工作温度为 435℃。若输送强腐蚀性或高温介质（900～950℃），则用合金钢或耐热钢制成的无缝钢管，例如镍铬钢能耐硝酸与磷酸的腐蚀，但它不宜输送具有还原性的介质。

(2) 有色金属管　有色金属管有铜管、铝管等。

铜管分黄铜管与紫铜管，多用作低温管道（冷冻系统）、仪表的测压管线或传送有压力的液体（油压系统、润滑系统）的管道。当温度高于 250℃时不宜在压力下工作。

铝管常用于浓硝酸、醋酸、甲酸等物料的输送，但不能抗碱，在温度大于 160℃时不宜在压力下使用，极限工作温度为 200℃。

(3) 其他管道　有搪瓷管、陶瓷管、有衬钢管、聚氯乙烯管、混凝土管、石棉压力

管等。

搪瓷管和陶瓷管有很好的耐腐蚀性，且来源广泛，价格便宜，但有脆性，强度差，不耐温度剧变，常用作排除腐蚀性介质的下水管和通风管道。

有衬钢管主要用于输送腐蚀性介质，由于有色金属较稀少且价格较高，故可用衬里减少有色金属的用量。衬里的金属材料有铝、铅等，也可用非金属材料如搪瓷、玻璃、橡胶或塑料等作衬里材料。

聚氯乙烯管对于任何含量的各种酸类、碱类和盐类都是稳定的，但对强氧化剂、芳香族碳氢化合物、氯化物及碳氧化物不稳定，可用来输送60℃以下的介质，也可用于输送0℃以下的液体。常温下轻型管材的工作压力不超过2.5×10^5Pa，重型管材的工作压力不超过6×10^5Pa。该材料的优点是轻、抗腐蚀性能好、易加工，但耐热性差。

混凝土管有普通、轻型和重型三种，主要用于排水。混凝土管制造容易，价格便宜，但不承压。

石棉压力管是输送有压力介质的管道。

2. 管径

管道直径的大小可用管道外径、内径或内外径作为定性尺寸。工程上常用公称直径来表示管道的大小，公称直径用符号D_g和D_N表示，系指它与管道的实际内径相近，但不一定相等。公称直径是管道、阀门和管件的特性参数，采用公称直径的目的是使管道、阀门和管件的联结参数统一，利于装管工程的标准化。装管工程标准化可使制造单位能进行阀门、管件的大量生产，降低制造成本；由于标准化后容易购买，使用单位可以减少日常的贮备量，标准化还便于阀门、管件损坏后的更换；标准化的实行使设计单位的设计工作量也大大减少。凡是同一公称直径的管子，外径必定相同。如ϕ108mm×4mm和ϕ108mm×6mm无缝钢管，都称作公称直径为100mm的钢管，但它们的内径分别是100mm和96mm。

公称直径的单位一般以“mm”计，如D_g100，是指公称直径为100mm的管子；另一种是用英制单位“英寸（in）”计，1英寸（in）约折合25mm，D_g100管子也称为4英寸（in）管。

常用钢管的公称直径、外径及常用壁厚见表7-1。

表7-1　钢管的公称直径、外径及常用壁厚

公称直径		管子外径	常用钢管	公称直径		管子外径	常用钢管
mm	in	/mm	壁厚/mm	mm	in	/mm	壁厚/mm
10	$\frac{3}{8}$	14	3.0	80	3	89	4.0
				100	4	108	4.0
15	$\frac{1}{2}$	18	3.0	125	5	133	4.0
				150	6	159	4.5
20	$\frac{3}{4}$	25	3.0	200		219	6.0
				250		273	7.0或8.0
25	1	32	3.5	300		325	8.0
32	$1\frac{1}{4}$	38	3.5	350		377	9.0
				400		426	9.0
40	$1\frac{1}{2}$	45	3.5	450		480	9.0
				500		530	9.0
50	2	57	3.5	600		630	9.0

通风除尘管道一般是用薄钢板制成的，常用的管道规格见表7-2；实际工程中也可用非

标准的管道。

3. 公称压力

公称压力系指管道中在一定温度范围内的最高允许压力，用符号 P_g 或 P_N 表示。一般来说，管路工作温度在 0～120℃范围内时，工作压力和公称压力是一致的；但温度高于 120℃时工作压力低于公称压力。在不同温度下，工作压力与公称压力的关系如表 7-3 所列。

公称压力从 0.25MPa（2.5kgf/cm²）～32MPa（320kgf/cm²）共分 12 级，它们是 0.25MPa，0.6MPa，1.0MPa，1.6MPa，2.5MPa，4.0MPa，6.4MPa，10.0MPa，16.0MPa，20.0MPa，25.0MPa，32MPa。按目前习惯，P_g0.25～P_g1.6 为低压，P_g1.6～P_g6.4 为中压。

4. 阀门与管件

（1）阀门　阀门可定义为截断、接通流体（含粉体）通路或改变流向、流量及压力值的装置。它具有导流、截流、调节、节流、防止倒流、分流或卸压等功能。阀门可以采用多种传动方式，如手动、气动、电动、液动及电磁动等。阀门能在压力、温度及其他形式传感信号的作用下按照设定的动作工作，也可以不依赖传感信号手动地进行开启或关闭。

阀门的基本参数有公称直径、公称压力、温度以及动力参数。阀门的公称直径系列见表 7-4。

表 7-2　钢板制通风除尘管道通用规格

通风管道		除尘管道		配用法兰规格		
外径/mm	壁厚/mm	外径/mm	壁厚/mm	材料	螺栓	螺孔/个
		80				4
100	0.5	90	1.5	∟20×4	M6×20	
		100				
120		110				6
		120				
140		130				
		140				
160		150				8
		160				
180		170				
		180				
200		190				
		200				
220	0.75	210		∟25×4		
		220				
250		240				
		250				
280		260				
		280				
320		300				10
		320				
360		340				
		360				
400		380				12
		400				
450		420				
		450				
500		480				
		500				

续表

通风管道		除尘管道		配用法兰规格		
外径/mm	壁厚/mm	外径/mm	壁厚/mm	材料	螺栓	螺孔/个
630	1.0	530 560	2.0	∟30×4	MB×25	14
		600 630				16
700		670 700				18
800		750 800			M8×25	20
900		850 900				22
1000		950 1000		∟36×4		24
1120		1060 1120				26
1400	1.2～1.5	1180 1250		∟40×4		28
		1320 1400				32
1600		1500 1600	3.0			36
1800		1700 1800				40
2000		1900 2000				44

注：本表摘自《全国通用风管道计算图表》和《全国通用风管道配件图表》。根据处理介质的性质不同，除尘管道应适当加厚。

表 7-3 不同温度下工作压力与公称压力的关系

级别	工作温度/℃	公称压力 kgf/cm^2	工作压力 kgf/cm^2	级别	工作温度/℃	公称压力 kgf/cm^2	工作压力 kgf/cm^2
Ⅰ	0～120	100	100×100%	Ⅳ	401～425	100	100×51%
Ⅱ	121～300	100	100×80%	Ⅴ	426～450	100	100×43%
Ⅲ	301～400	100	100×64%	Ⅵ	451～475	100	100×34%

注：1kgf/cm^2＝98.0665kPa。

表 7-4 阀门公称直径系列

序号	公称直径/mm					
1	15	100	350	1000	2000	3600
2	20	125	400	1100	2200	3800
3	25	150	450	1200	2400	4000
4	32	175	500	1300	2600	
5	40	200	600	1400	2800	
6	50	225	700	1500	3000	
8	65	250	800	1600	3200	
10	80	300	900	1800	3400	

阀门种类很多，按其作用的不同可分为截止阀、调节阀、止逆阀、稳压阀、减压阀、换向阀、防爆安全阀、卸灰阀等。按照阀门的形状和构造分为球心阀、闸阀、蝶阀、针形阀等。下面介绍一些环境工程中常用的阀门。

① 截止阀。又称为球心阀，它的优点是易于调节流量，操作可靠，广泛用于各种受压流体管路，在蒸汽和压缩空气管路上也经常使用，但截止阀不能用在输送含有悬浮物和易结晶物料的管路上。

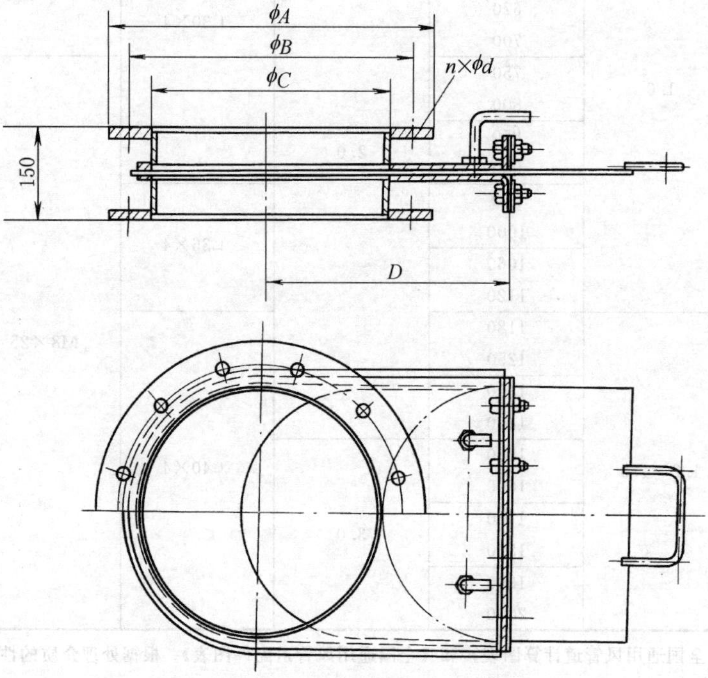

图 7-1　YJ-SZF 型手动插板阀外形

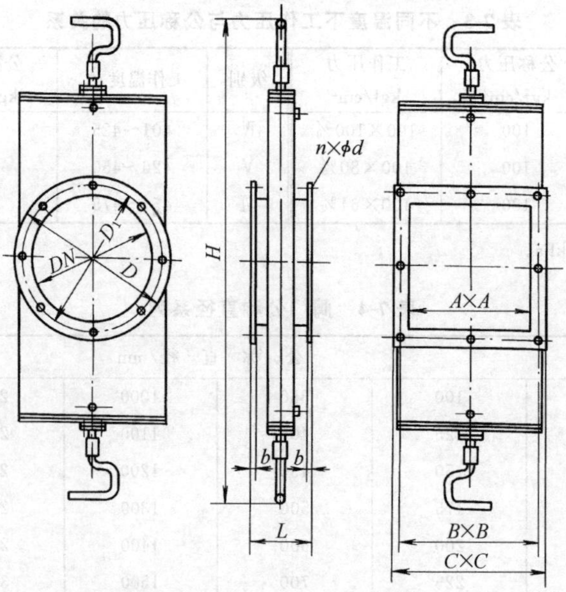

圆形（Ⅰ型）　　方形（Ⅱ型）

图 7-2　双向手动插板阀外形

② 闸阀。又称闸板阀或插板阀，其特点是利用闸板升降进行开启和流量调节，闸阀的优点是阻力小，容易调节流量，既可用来切断管路，又可用来调节流量，故广泛用于各种气体和液体管路上。图 7-1～图 7-3 是通风除尘中常用的几种插板阀。

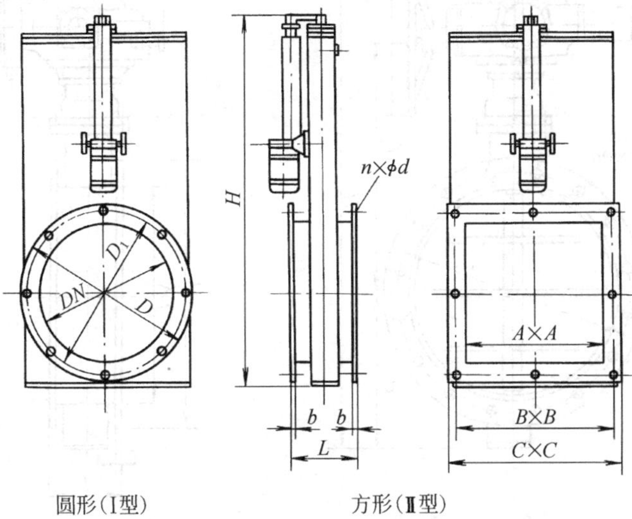

图 7-3 电动插板阀外形

③ 蝶阀。蝶阀又称翻板阀。由于蝶阀不易和管壁严密配合，所以只适用于调节流量，而不能用于切断管路。在输送空气和烟气的管路上经常用于调节流量，有手动、电动和气动等几种蝶阀。图 7-4 和图 7-5 是两种蝶阀的外形。

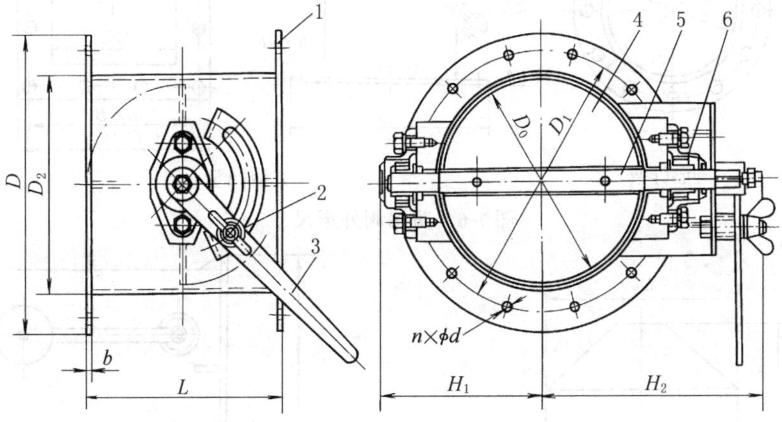

图 7-4 YJ-SDF 型手动蝶阀外形

1—阀体；2—锁紧装置；3—手柄；4—蝶板；5—阀轴；6—轴承

④ 旋塞阀。旋塞阀又称考克，其优点是结构简单、体积小、关启迅速、阻力小且经久耐用，适用于含有悬浮物和固体杂质的管路，但不能精确地调节流量。旋塞阀只适用于公称直径为 15～20mm 的小口径管路以及温度不高，公称压力在 1MPa 以下的管路。

⑤ 针形阀。针形阀与球心阀的结构相似，只是阀盘作成锥型。由于阀盘与阀座接触面积大，所以它的密封性好，易于关启，操作方便，特别适合于高压操作和要求精确调节流量的管路。

⑥ 止逆阀。止逆阀又称单向阀或止回阀，用来防止流体倒流。当处理工艺管路只允许

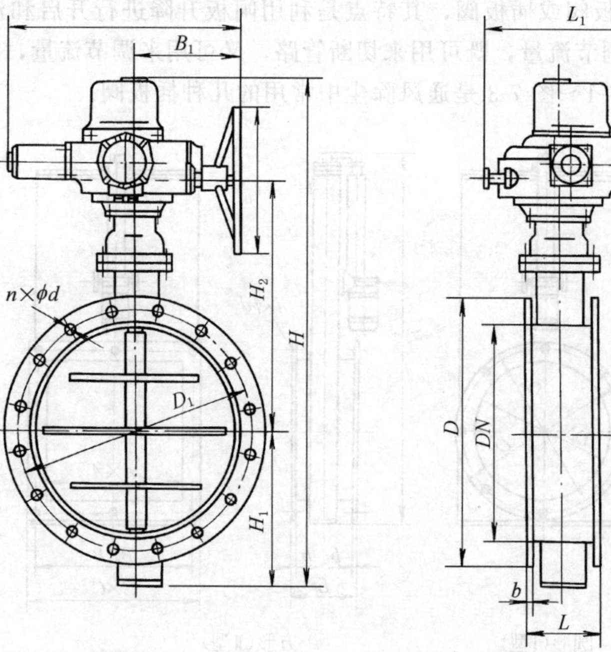

图 7-5 YJ-TDF 型通风除尘专用电力蝶阀外形

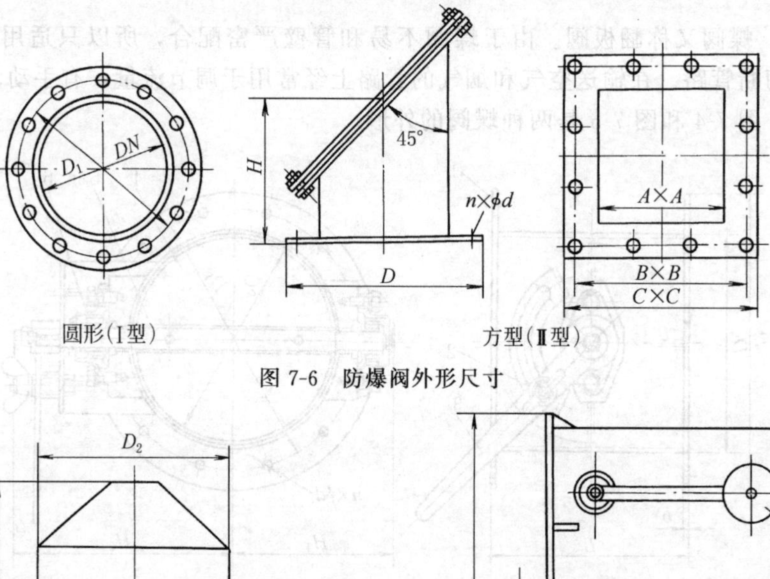

图 7-6 防爆阀外形尺寸

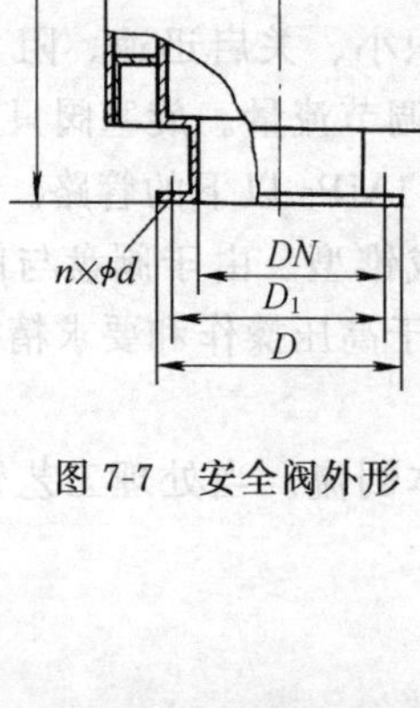

图 7-7 安全阀外形

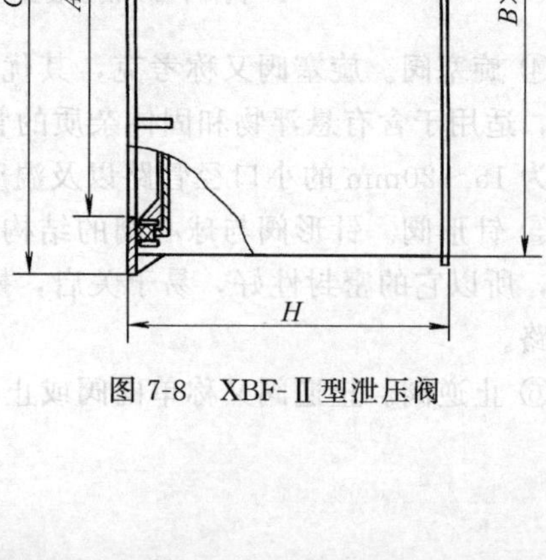

图 7-8 XBF-Ⅱ型泄压阀

流体向一个方向流动时需要使用止逆阀。

⑦ 防爆安全阀。它是防爆阀、安全阀和泄压阀的总称，分为两类，一类是膜片类，另一类是重锤类。安全防爆阀的位置有的在管道上，有的在设备上。防爆阀适用于含有可燃气体或可燃物质的处理系统中，可作为易爆管道和设备的泄压装置（见图 7-6）。安全阀的主要功能在于防范因设备内（如贮灰仓）物理变化而产生的内压、易燃易爆气体的泄压排放及安全防范（见图 7-7）。泄压阀用于除尘系统和设备时，对承受压力的管路、容器设备及系统起瞬间泄压作用，以消除对管路、设备的破坏，杜绝超压爆炸事故发生，保证生产安全运行（见图 7-8）。

⑧ 转向阀和卸灰阀。这两种阀门都是处理设备中常用的阀门，有时也用于管道中，这类阀门的最大特点是要求密封性好，不漏气，否则会对处理设备运行带来不利影响。转向阀用于转换流体的流向，其外形见图 7-9。卸灰阀的种类有星形卸灰阀、锥型锁气阀、翻板卸灰阀和双层卸灰阀等，星型卸灰阀的外形见图 7-10；锥型锁气阀的外形见图 7-11；翻板卸灰阀的外形见图 7-12；双层卸灰阀的外形见图 7-13。

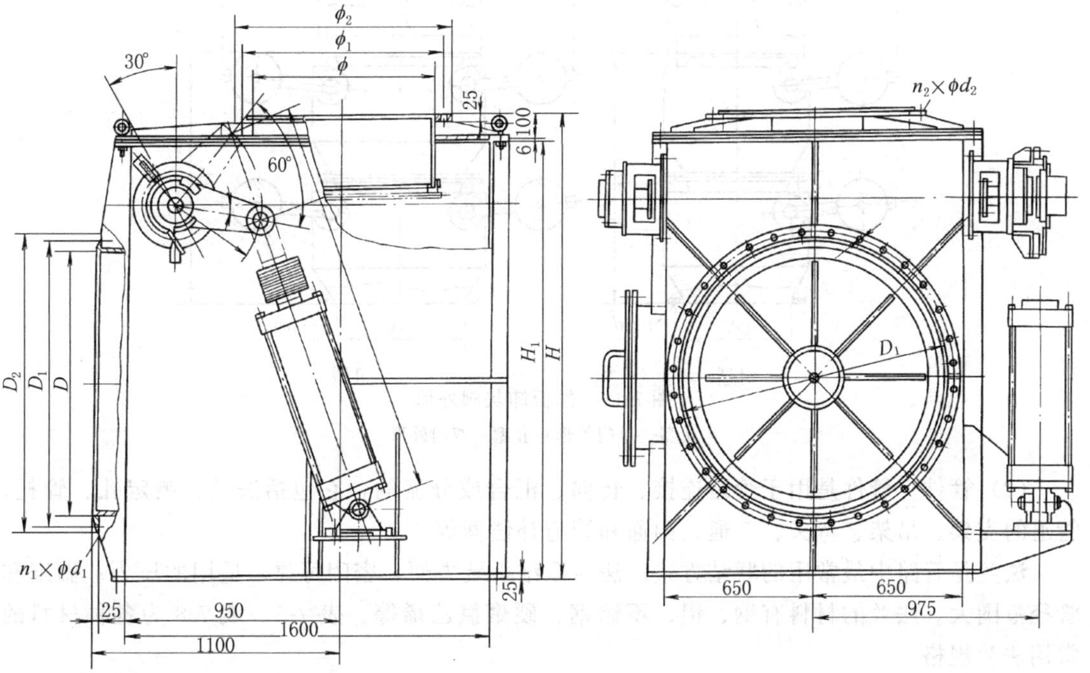

图 7-9　三通切换阀外形

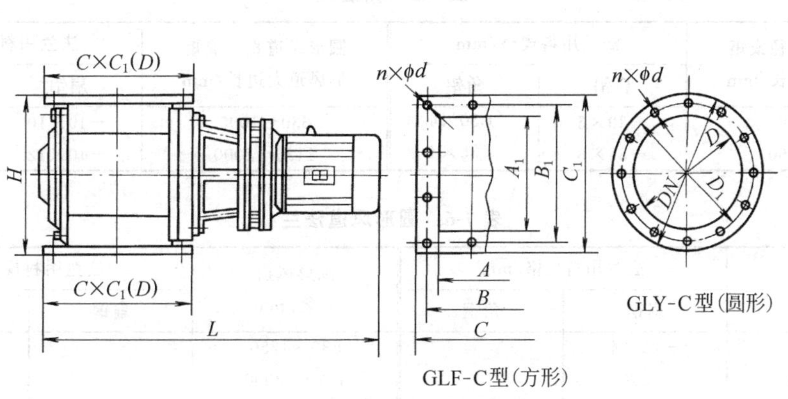

图 7-10　星型卸灰阀外形

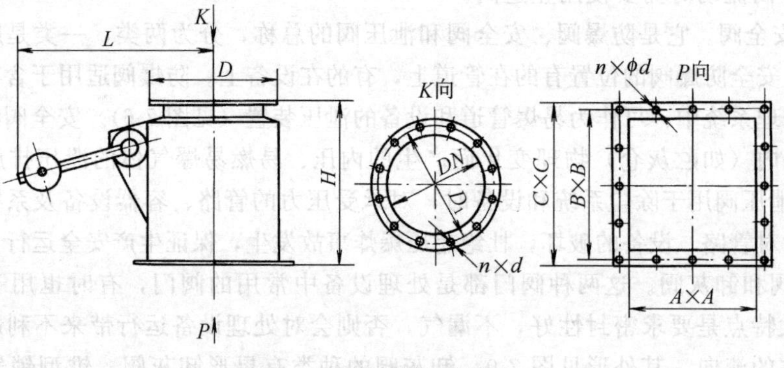

图 7-11 锥型锁气阀外形

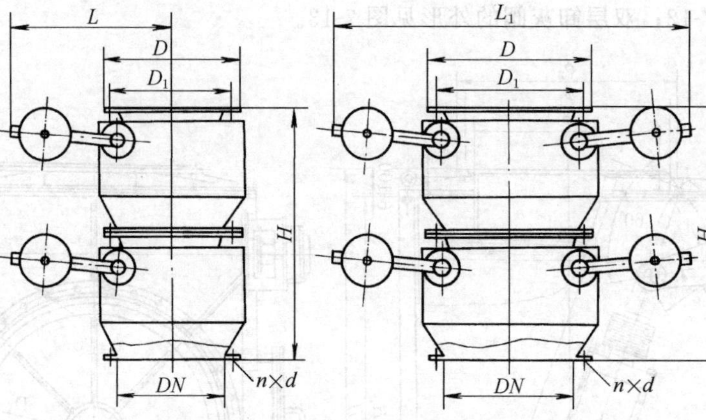

Ⅰ型　　Ⅱ型

图 7-12 翻板卸灰阀外形

Ⅰ型—单门外形；Ⅱ型—双门外形

（2）管件　管件是用于管道连接、转向、汇合或分流的，它包括法兰、测定孔、管托、管道的支架、吊架、弯头、三通、四通和管道补偿器等。

法兰是管路中最常用的联结方式。法兰联结拆装方便，密闭可靠，适用的压力、温度和管径范围大。法兰的材料有钢、铝、不锈钢、硬聚氯乙烯等。表 7-5～表 7-8 为各种材料的常用法兰规格。

表 7-5 铝法兰

圆形风道直径或矩形风道大边长/mm	法兰用料规格/mm		圆形风道直径或矩形风道大边长/mm	法兰用料规格/mm	
	扁铝	角铝		扁铝	角铝
≤280	－30×6	∟30×4	630～1000	－40×10	
320～560	－35×8	∟35×4	1120～2000	－40×12	

表 7-6 圆形风道法兰

圆形风道直径/mm	法兰用料规格/mm		圆形风道直径/mm	法兰用料规格/mm	
	扁钢	角钢		扁钢	角钢
≤140	－20×4		530～1250		∟30×4
150～280	－25×4		1320～2000		∟40×4
300～500		∟25×3			

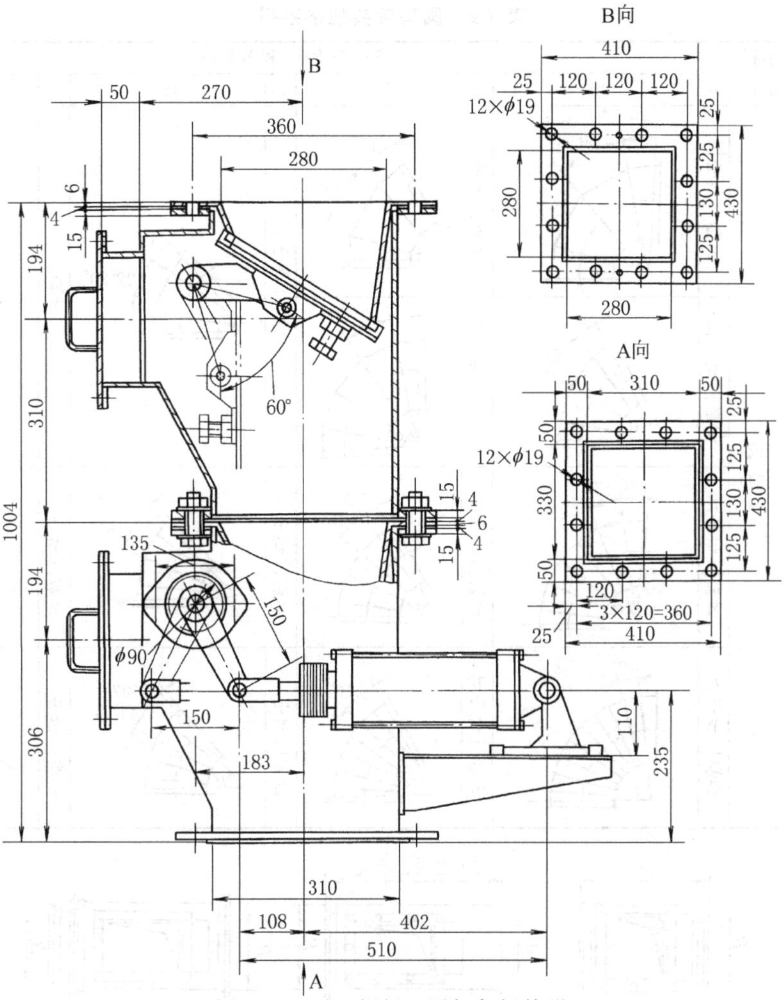

图 7-13　平面阀板双层卸灰阀外形

表 7-7　硬聚氯乙烯板圆形法兰

风道直径/mm	法兰用料规格/mm	风道直径/mm	法兰用料规格/mm
100～180	－35×6	900～1400	－45×12
200～400	－35×8	1600	－50×15
450～500	－35×10	1800～2000	－60×15
560～800	－40×10		

表 7-8　不锈钢法兰

圆形风道直径或矩形风道大边长/mm	法兰用料规格/mm	圆形风道直径或矩形风道大边长/mm	法兰用料规格/mm
≤280	－25×4	630～1000	－35×6
320～560	－30×4	1120～2000	－40×8

法兰垫圈是法兰连接必须使用的管件附件，在管路设计中选择法兰垫圈主要是选择适合的垫片材料，垫片材料取决于管道输送介质的性质、最高工作温度和最大工作压力，可查阅有关资料。

弯头、三通是管道中常见的管件，见表 7-9 以及图 7-14、图 7-15。

表 7-9 圆型弯头规格系列

弯头管径	弯曲半径	弯曲角度(α)和节数(n)							
D/mm	R/mm	n	90°	n	60°	n	45°	n	30°
80～220	R=1 或 R=1.5D	二中节二端节	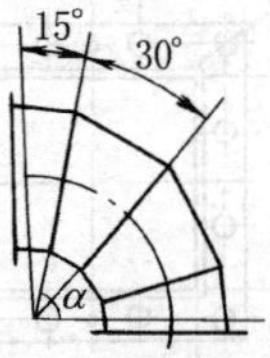	一中节二端节	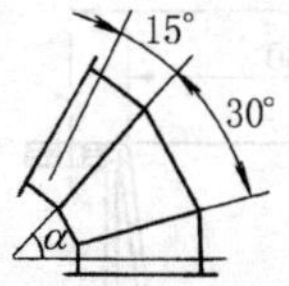	一中节二端节	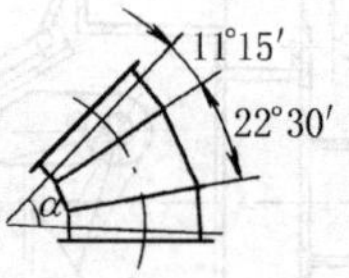	二端节	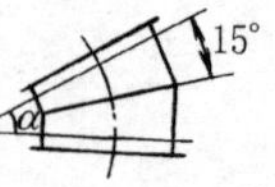
240～450		三中节二端节	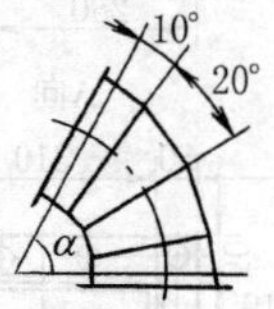	二中节二端节	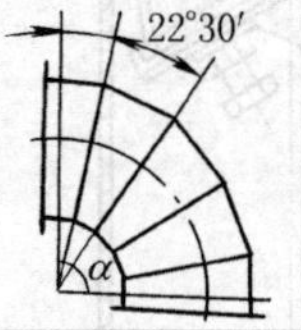				
480～1400		五中节二端节	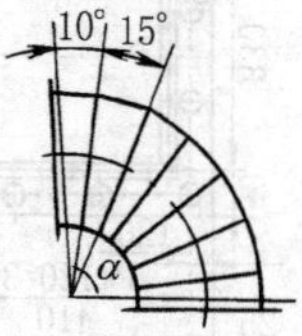	三中节二端节	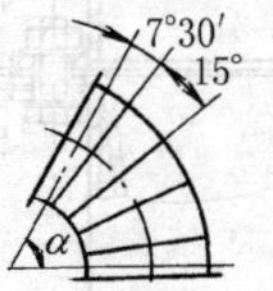	二中节二端节	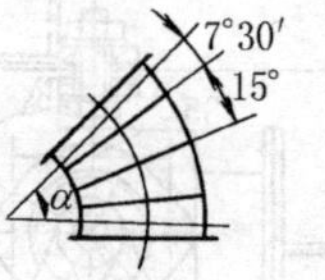	一中节二端节	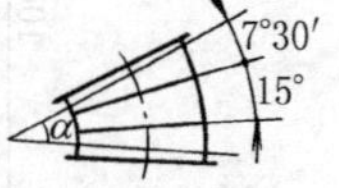
1500～2000		八中节二端节	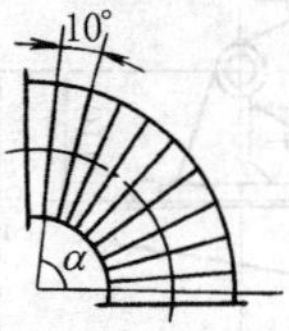	五中节二端节	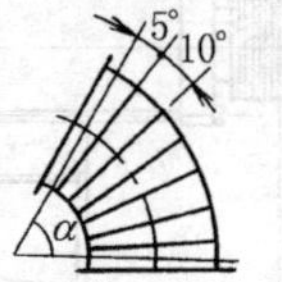	三中节二端节	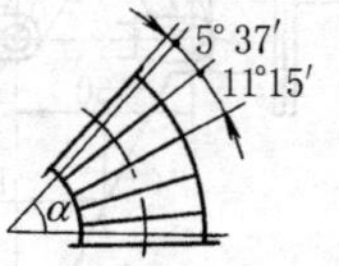	二中节二端节	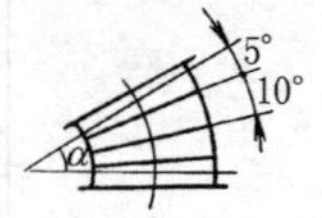

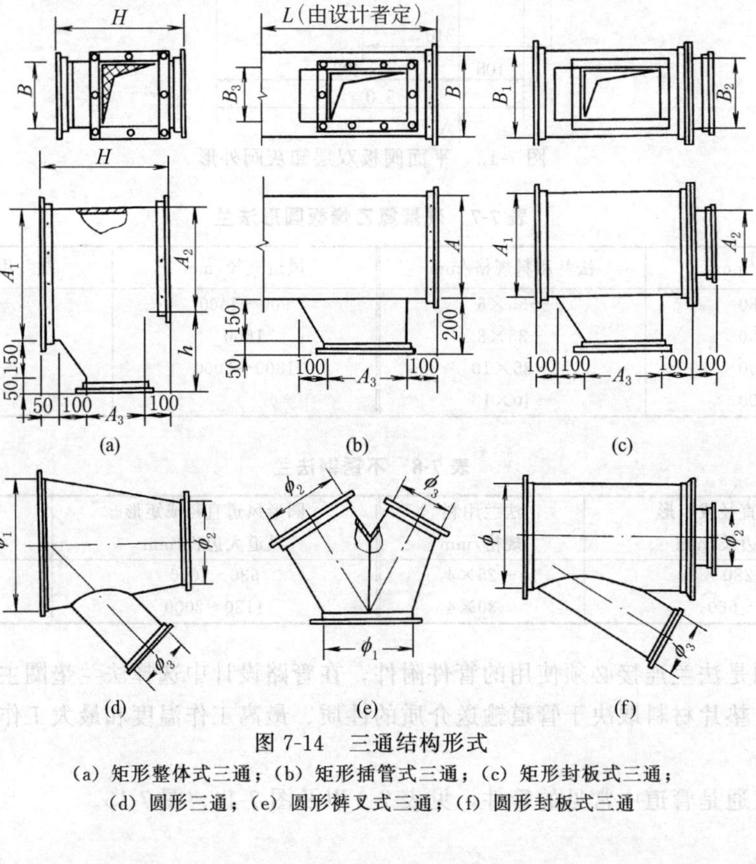

图 7-14 三通结构形式

(a) 矩形整体式三通；(b) 矩形插管式三通；(c) 矩形封板式三通；
(d) 圆形三通；(e) 圆形裤叉式三通；(f) 圆形封板式三通

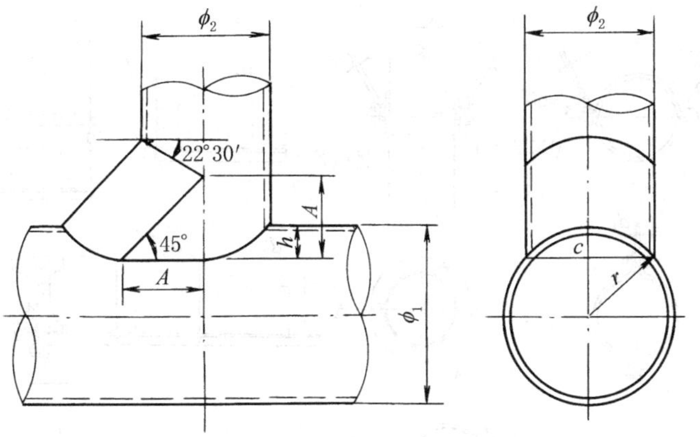

图 7-15　通风除尘三通

测孔通常是设在除尘系统的设备出入口管段上，用于测量风量、风压、温度、湿度、含尘浓度等参数。设计温度、风量时，可套用国标 T605［见图 7-16 中（a）和（b）］；含尘浓度测定孔一般采用 D_g80 水煤气钢管制作，长度约为 300mm，管内攻 55°圆锥管螺纹，测孔盖板采用 D_g80 可锻铸外方管堵［GB 3289.31—82，见图 7-16 中（c）］。

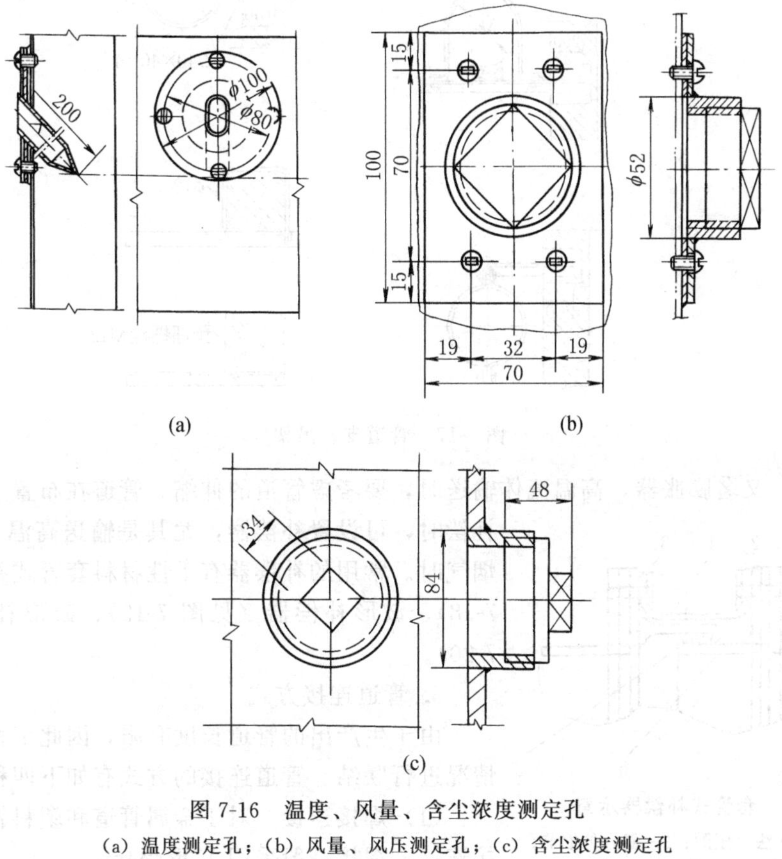

图 7-16　温度、风量、含尘浓度测定孔

（a）温度测定孔；（b）风量、风压测定孔；（c）含尘浓度测定孔

管托主要用于圆形管道与支架间的固定连接。

管道支架和吊架可直接选用 T607 中列出的各类支、吊架形式，图 7-17 给出了几种常见的国标支、吊架形式。

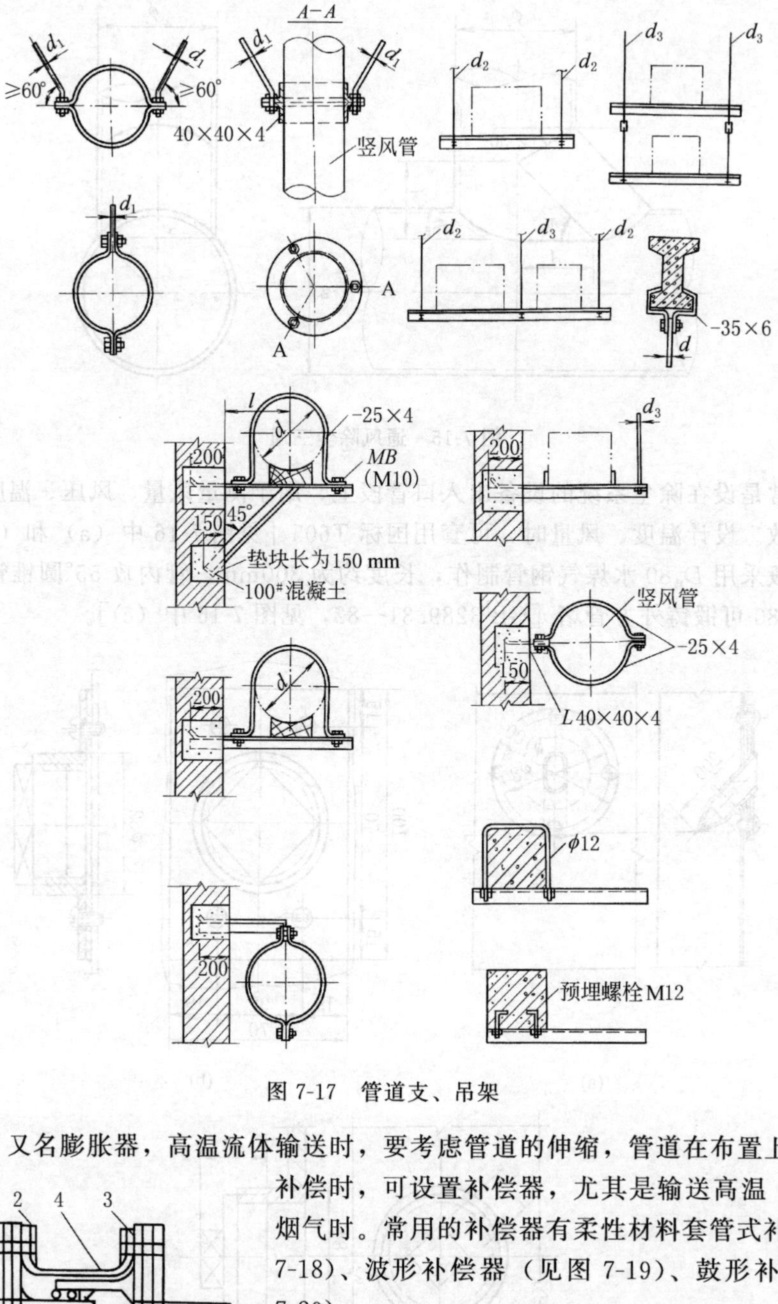

图 7-17 管道支、吊架

补偿器，又名膨胀器，高温流体输送时，要考虑管道的伸缩，管道在布置上不能靠自身补偿时，可设置补偿器，尤其是输送高温（大于 70℃）烟气时。常用的补偿器有柔性材料套管式补偿器（见图 7-18）、波形补偿器（见图 7-19）、鼓形补偿器（见图 7-20）。

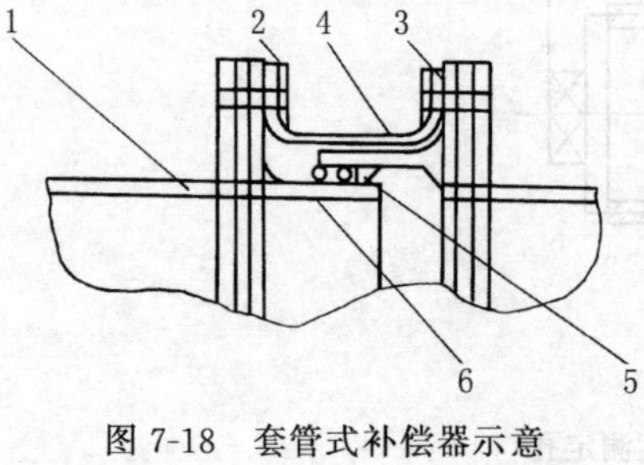

图 7-18 套管式补偿器示意

1—管道；2—法兰压圈；3—复合伸缩节；4—外伸缩管；5—密封盘根；6—内伸缩管

5. 管道连接方式

由于生产出的管道长度有限，因此工程要根据实际情况进行联结。管道连接的方式有如下四种。

（1）焊接连接　对于金属管道和塑料管道可进行焊接连接，焊接一般采用 V 形焊接。

（2）管件连接　一般是采用螺纹连接，有外接头、活接头、弯头和三通等。

（3）法兰连接　有单法兰、双法兰等连接。

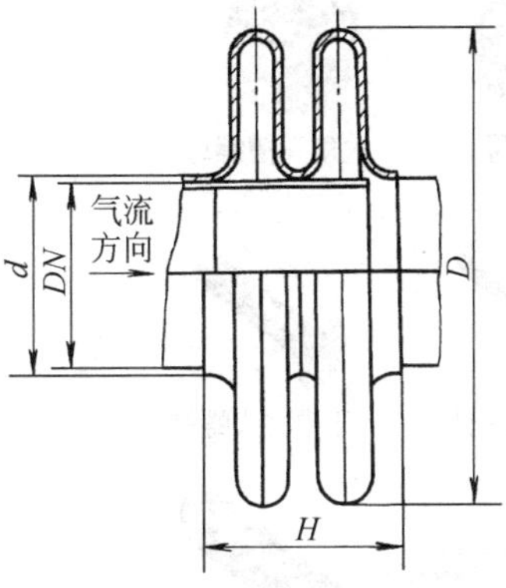

图 7-19　波形补偿器示意

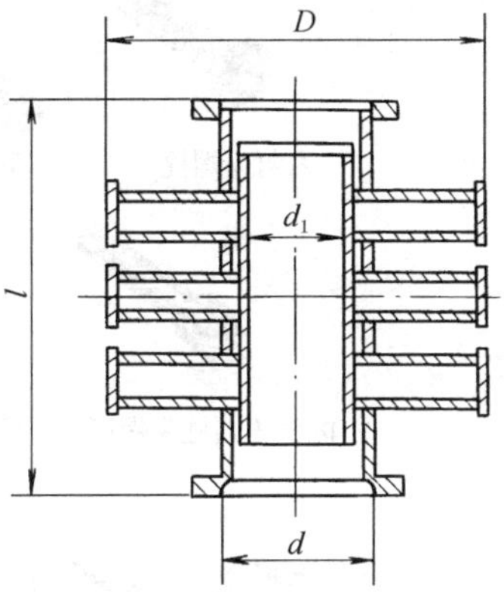

图 7-20　鼓形补偿器示意

（4）承插连接　是通过管道一头或两头的管径不同进行连接，见图 7-21，一般铸铁管和陶瓷管采用该连接方式。

6. 管道材料的选择

管道的材料关系到工艺能否有较长的使用时间，或能否正常运行。管道材料的选择是由输送介质的种类、管道内的工作压力、介质的温度、公称直径、是室内还是室外等因素确定的。稀酸类介质（pH 2.5～6.0）要用抗腐蚀的不锈钢管或非金属管；对于室外不承压的管道可选用陶瓷管。有些材料公称直径有一定的范围，如聚氯乙烯管的公称直径范围为 25～150mm。常用钢管见表 7-10～表 7-12。

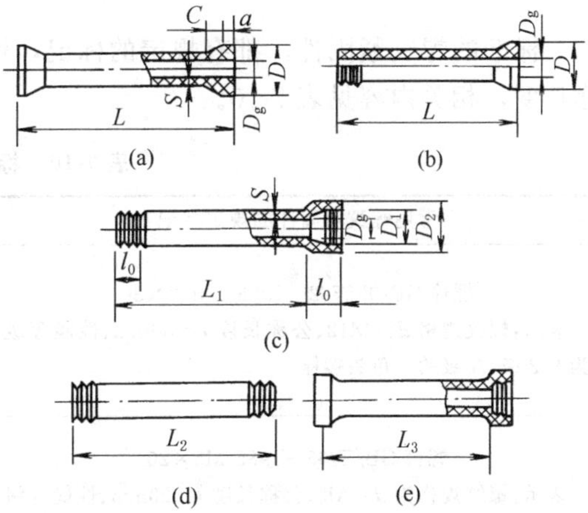

图 7-21　耐酸陶瓷管连接方式

（a）双凸缘式直管；（b）单凸缘式直管；（c）承插式直管；（d）双插口式直管；（e）双承口式直管

二、管道密封器件及保温隔热与防腐

1. 各种管道接口

（1）钢管接口　钢管接口连接方式有焊接法、法兰连接法、丝扣连接法等。

焊接法适用于管径大于 50mm 的钢管。法兰连接法适用于管径大于 50mm 的钢管，且用于带法兰管件连接部位。丝扣连接法适用于管径小于 50mm 的钢管。

（2）承插式铸铁管接口　接口形式包括有石棉水泥接口、铅接口、膨胀水泥砂浆接口、橡胶圈接口。石棉水泥和膨胀水泥的用量根据管径的大小确定，其他配置材料的比例都有相应的要求。

（3）塑料管接口　连接方式有焊接、法兰连接、承接或粘接、胶圈连接、热熔压紧法等。

（4）法兰接口　法兰接口用于管道、阀门及配件连接，便于拆卸检修。

（5）人字形接头（法兰套环胶圈接口）　人字形接头用于石棉水泥管、铸铁管、预应力混凝土管的柔性接口，可起到抗挠、抗伸缩、抗震等作用。胶圈的性能要求与混凝土管的接口胶圈相同。一般多用“O”形胶圈，制造简单，价格低廉。

2. 螺纹紧固件

常用的螺纹紧固件有螺栓、双头螺柱、螺钉、螺母、垫圈、铆钉、射钉等，如图 7-22 所示。

图 7-22 常用的螺纹紧固件

标准的螺纹紧固件，都有规定的标记，标记的内容有：名称、标准编号、螺纹规格×公称长度，相关内容见表 7-10。

表 7-10 标准螺纹紧固件

常用螺纹紧固件的规定标记	常用螺纹紧固件的图例
螺栓 GB/T 5782—1986 M12×80 表示：螺纹规格 d=M12、公称长度 l=80mm、性能等级为 8.8 级、A 级的六角头螺栓	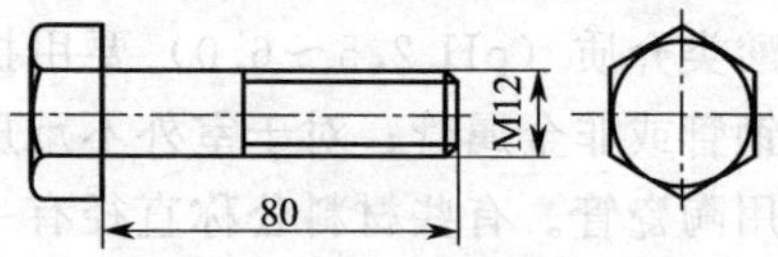
螺钉 GB/T 65—1985 M5×20 表示：螺纹规格为 d=M5、公称长度 l=20mm、性能等级为 4.8 级的开槽圆柱头螺钉	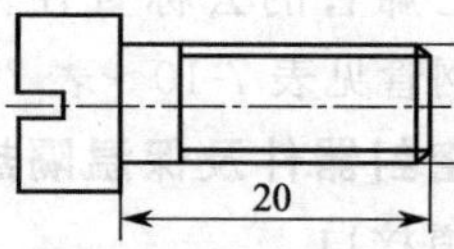
螺钉 GB/T 68—1985 M8×25 表示：螺纹规格为 d=M5、公称长度 l=25mm、性能等级为 4.8 级的开槽沉头螺钉	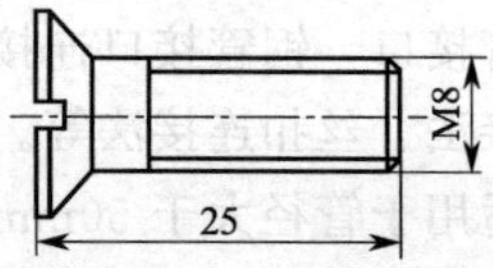
螺母 GB/T 6170—1986 M12 表示：螺纹规格 d=M12、性能等级为 10 级、不经表面处理、A 级的 1 型六角螺母	
垫圈 GB/T 97.1—1985—10—140HV 表示：公称尺寸 d=10mm、性能等级为 140HV、不经表面处理的平垫圈，与 M10 的螺栓配用	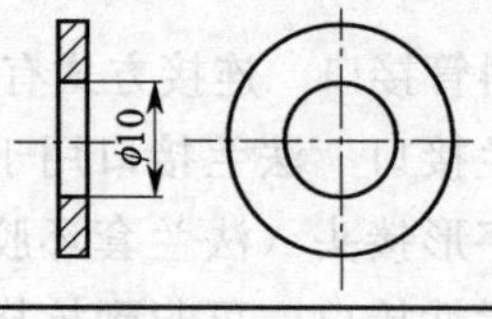

铆钉用于板材与板材、风管或部件与法兰之间的连接。通风工程中常用的铆钉为 3～6mm 的小铆钉。分半圆头铆钉和公制平头铆钉。

3. 管件及阀门

(1) 管路元件的公称通径（GB/T 1047—1995）

公称通径系列 D_N/mm
1,2,3(1/8),4,5,6(1/4),8,10(3/8),15(1/2),20(3/4),25(1),32(1¼),40(1½),50(2),65(2½),80(3),100(4),125(5),150(6),175(7),200(8),225(9),250(10),300(12),350,400,450,500,600,700,800,900,1000,1100,1200,1300,1400,1500,1600,1800,2000,2200,2400,2600,2800,3000,3800,4000

注：1. 公称通径是管路系统中除了用外径或螺纹尺寸代号标记的元件以外的所有其他元件的一种规格标记它是仅与制造尺寸有关，且引用方便的一个修约数字，但不适用于计算。

2. 表中粗体字表示常用的公称通径。

3. 括号内数字为相应的管螺纹尺寸代号。

(2) 管路元件的公称压力（GB 1048—90）

公称压力系列 P_N/MPa
0.05,0.1,0.25,0.4,0.6,0.8,1.0,1.6,2.0,2.5,4.0,5.0,6.3,10.0,15.0,16.0,20.0,25.0,28.0,32.0,42.0,50.0,63.0,80.0,100.0,125.0,160.0,200.0,250.0,335.0

注：1. 在 GB 1048—90 中，允许以"bar"作为压力单位，1bar=0.1MPa。例：P_N1.6=16bar。

2. 在旧标准（GB 1048—70）中，以 P_g 作为公称压力符号，压力单位为 kgf/cm^2，可按 $1kgf/cm^2 \approx 0.1MPa$ 换算。例：P_g6=P_N0.6。

阀门的主要功能是检修或事故时切断介质，管道和设备的安全及停止运行时放空，调节介质的流量和压力。常用阀门的分类及用途见表 7-11。

表 7-11 常用阀门的分类及用途

分类	主要用途
闸阀	切断流动介质，全启全闭的场合，允许介质双向流动
截止阀	密封性较闸阀好，一般用途同闸阀，但不允许介质双向流动。调节参数不严格时可代替节流阀，但此时不再起关断作用
球阀	一般用途同闸阀，允许作节流用，可用于要求启闭迅速的场合
旋塞阀	一般用途同球阀及三通、四通旋塞阀，可用作分配和换向
调节阀	自立式调节阀利用被调介质本身压力变化，直接移动阀门调节压力
疏水器	自动排除蒸汽管路及系统中的凝水并自动阻止蒸汽遗漏
止回阀	自动防止介质倒流，分为升降式、旋启式及底阀，其中底阀专用于水泵吸入管端部，保证水泵启动
蝶阀	全开全闭的场合，也可作节流用
安全阀	作超压保护装置，自动泄放设备容器及管路的压力
减压阀	自动将介质压力减低到所需压力

4. 管道与设备保温

管道与设备保温的主要目的在于减少冷热介质在制备与输送过程中的无益热损失；保证冷热介质一定的参数，保持管道与设备表面具有一定的温度，以避免表面出现结露或高温烫伤人员等。

设备保温的原则是：

① 管道、设备外表面温度≥50℃并须保持内部介质温度时（采暖房间内采暖管道除外）；

② 管道、设备外表面由于冷、热损失，使介质温度达不到要求的温度时；

③ 需要防止管道与设备表面结露及其内部介质冻结时；

④ 由于管道表面温度过高会引起煤气、蒸汽、粉尘爆炸起火危险的场合，以及与电缆

交叉距离有安全规程规定者；

⑤ 凡管道、设备需要经常操作、维护，而又容易引起烫伤的部位；

⑥ 敷设在非采暖房间、吊顶、阁楼层以及室外架空的供热、供冷管道。

保温材料的选择：

① 材料的导热系数低，绝热性较好，一般应不超过 0.23W/(m·K)；

② 具有较高的耐热性，在较高温度下性能较稳定；

③ 不腐蚀金属；

④ 材料孔隙率大，密度小，一般不宜超过 $600kg/m^2$；

⑤ 具有一定的机械强度，能承受一定的作用外力；

⑥ 当介质温度达与120℃时，保温材料应是阻燃型或自熄型；

⑦ 吸水率低；

⑧ 容易施工成形，便于安装；

⑨ 成本低廉。

管道、设备常用的保温材料及性能见表7-12。

表 7-12　常用保温材料及性能表

材料名称	密度 /(kg/m^3)	常温导热系数 /[W/(m·K)]	导热系数方程 /[W/(m·K)]	最高使用温度/℃	耐压强度 /kPa	材料特性
超轻微孔硅酸钙	<170	0.0545(75℃±5℃)	—	650	抗折>19.2	含水率<3%～4%
普通微孔硅酸钙	200～250	0.059～0.06	$0.0557+0.000116t_p$	650	抗折>49	重量吸水率 390%
酚醛树脂黏结岩棉制品	80～200	0.0464～0.058 (50℃)	$(0.0348\sim0.039)+0.00016t_p$	350	抗折≥24.5	纤维平均直径 4～7μm；酸度系数≥1.5；含水率<1.5%
硅溶胶黏结岩棉制品	80～200	0.035(50℃)	—	700	—	纤维平均直径 3～4μm；增水率 99.9%，不燃性 A 级，酸度系数≥2
沥青矿渣棉制品	100～120	0.0464～0.052 (20～30℃)	$0.046+0.000197t_p$	250	抗折 14.7～19.8	纤维平均直径≤7μm；含湿率<2%，含硫率<1%，黏结剂含量 3%
水泥珍珠岩制品	350～450	0.0696～0.083	$(0.0696\sim0.074)+0.000116t_p$	600	抗压>45	吸水率 150%～250%
硅酸铝纤维毡	180	0.016～0.047	$0.046+0.00012t_p$	1000	—	密度小、导热系数小、耐高温、价贵
泡沫石棉纤维毡	40～50	—	$0.038+0.00023t_p$	500		耐火耐酸碱 导热系数较小
石棉绳	<1000	0.14	$0.1276+0.00015t_p$	200～550	抗拉 0.29	

注：t_p 表示材料温度。

5. 管道防腐

管道的防腐是指为了减少管道外表面金属腐蚀而涂刷涂料层保护管道及附件的外表面。一般钢管道均应涂漆防腐，而镀锌管除另有规定外，不应涂漆。金属所处环境中，因化学或电化学反应造成金属表面均匀和局部耗损的现象，造成金属的腐蚀。涂料干燥成为坚固的固态漆膜起到屏蔽作用、缓蚀作用和电化学保护作用、同时具有装饰和识别作用。

防腐方法：设备及管道的防腐主要采用防腐涂料和防腐材料，特殊情况下，可采用橡胶衬里或铸石衬里。选用防腐方法时，应考虑到材料来源、现场加工条件及施工能力，经技术经济比较后确定。

防腐涂料按其组成由主要成膜物质、辅助成膜物质和次要成膜物质三个部分组成。

我国化工部对涂料产品分类、命名和型号有统一的规定，见国家标准 GB 2705—81。涂料的分类是以主要成膜物质为基础，共分为 8 类，涂料的组成以及类别代号见表 7-13 和表 7-14。

表 7-13　涂料组成

组　成	品　种	作　用	备　注
主要成膜物质	合成树脂 天然树脂 干性油与合成树脂改性油料	是构成涂层的基础，它决定了涂层的物理机械强度和耐腐蚀性能	以各种合成树脂作主要成膜物质，使防腐涂料的主要品种
辅助成膜物质	填料、稀释剂 体质颜料 固化剂 增塑剂 催干剂 改进剂	在成膜过程中起促进和辅助作用，不单独构成涂膜	加入稀释剂的各种溶剂型漆类，是当前主要的防腐涂料品种以便于涂刷、喷涂、浸涂等方法施工
次要成膜物质	着色颜料	供设备外表面涂覆起到防腐和装饰作用	根据使用环境选择色泽
	防锈颜料	改善底漆与金属结合度和延长涂层寿命	

表 7-14　涂料类别代号

序号	代号	涂料类别	序号	代号	涂料类别
1	Y	油脂　漆类	10	X	乙烯树脂　漆类
2	T	天然树脂　漆类	11	B	丙烯酸树脂　漆类
3	F	酚醛树脂　漆类	12	Z	聚酯树脂　漆类
4	L	沥青　漆类	13	H	环氧树脂　漆类
5	C	醇酸树脂　漆类	14	S	聚氨酯　漆类
6	A	氨基树脂　漆类	15	W	元素有机聚合物　漆类
7	Q	硝基树脂　漆类	16	J	橡胶　漆类
8	M	纤维脂及醚类　漆类	17	E	其他　漆类
9	G	过氯乙烯树脂　漆类			

涂料全名＝颜色或颜料名称＋成膜物质名称＋基本名称

成膜物质名称在涂料名称组成中应做适当简化。基本名称仍采用我国已广泛使用的名称，例如清漆、磁漆、调和漆等。在成膜物质和基本名称之间，必要时，可标明专业用途和特征，如绿色过氯乙烯防腐漆。

涂料型号由一个汉语拼音字母和几个阿拉伯数字所组成，字母表示涂料类别，位于型号的前面，第一、二位数字表示涂料产品基本名称，第三、四位数字表示涂料产品序号。例如：

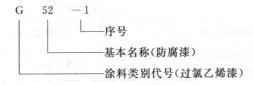

G　52　—1

—1：序号

52：基本名称(防腐漆)

G：涂料类别代号(过氯乙烯漆)

全称：G52-1 各色过氯乙烯防腐漆

涂料基本名称编号用 00～99 两位数字表示，代号划分如下：

00～13 代表涂料的基本名称；14～19 代表美术漆；20～29 代表轻工用漆；30～39 代表绝缘漆；40～49 代表船舶漆；50～59 代表防腐蚀漆；60～79 代表特种漆；80～99 备用。现将防腐涂料代号及基本名称摘选部分列于表 7-15 中。

表 7-15　防腐涂料基本名称代号（部分）

代号	基本名称	代号	基本名称
00	清油	50	耐酸漆
01	清漆	51	耐碱漆
02	厚漆	52	防腐漆
03	调和漆	53	防锈漆
04	磁漆	54	耐水漆
05	烘漆	55	耐水漆
06	底漆	61	耐热漆
07	腻子	65	粉末涂漆
09	生漆	83	烟囱漆

辅助材料按其用途分为 5 类，其代号见表 7-16。

表 7-16　辅助材料分类

序号	代号	名称	序号	代号	名称
1	X	稀释剂	4	T	脱漆剂
2	F	防潮剂	5	H	固化剂
3	G	催干剂			

6. 水池

用于注水和水处理构筑物的各种水池，一般采用钢筋混凝土结构，仅当容量较小，地基条件较好时，可以采用砖石结构。

水池结构在设计计算上除满足强度和限制裂缝宽度的要求外，还必须在结构上具有防水、抗渗和耐冻的能力。

钢筋混凝土水池，应主要依靠混凝土自身的密实性来增强其防水、抗渗和耐冻的性能。砖石结构水池，除在材料上选择抗渗和黏度较高的砌体外，还应采用防水面层等有效措施。表 7-17 列出了混凝土常用的水泥品种。

表 7-17　混凝土常用的水泥品种

工程特点及所处环境	优先选用	可以使用	不宜使用或不得使用
一般地上工程	普通硅酸盐水泥，混合硅酸水泥	矿渣硅酸盐水泥，火山灰质硅酸盐水泥，粉煤灰硅酸盐水泥	不得使用矾土水泥
气候干燥地区工程	普通硅酸盐水泥	矿渣硅酸盐水泥	不宜使用火山灰质硅酸盐水泥、矾土水泥
大体积混凝土工程	火山灰质硅酸盐水泥，矿渣硅酸盐水泥，粉煤灰硅酸盐水泥	普通硅酸盐水泥	不得使用矾土水泥

续表

工程特点及所处环境	优先选用	可以使用	不宜使用或不得使用
地下、水下混凝土工程	火山灰质硅酸盐水泥，矿渣硅酸盐水泥，抗硫酸盐硅酸盐水泥，石膏矿渣微膨胀水泥，铁铝酸盐水泥	普通硅酸盐水泥	
严寒地区工程	高标号普通硅酸盐水泥，快硬硅酸盐水泥，特快硬硅酸盐水泥，硫铝酸盐早强水泥	矿渣硅酸盐水泥，矾土水泥	不宜使用火山灰质硅酸盐水泥、粉煤灰硅酸盐水泥
严寒地区水位升降范围内的工程	高标号普通硅酸盐水泥，快硬硅酸盐水泥，特快硬硅酸盐水泥，抗硫酸盐硅酸盐水泥，铁铝酸盐早强水泥	矾土水泥	不宜使用火山灰质硅酸盐水泥、矿渣硅酸盐水泥、粉煤灰硅酸盐水泥
要求早期强度较高工程(≥C30混凝土)	高标号普通硅酸盐水泥，快硬硅酸盐水泥，特快硬硅酸盐水泥，铁铝酸盐早强水泥	矾土水泥，高标号水泥	不宜使用火山灰质硅酸盐水泥、矿渣硅酸盐水泥、粉煤灰硅酸盐水泥
耐酸防腐蚀工程	水玻璃型耐酸水泥	硫磺耐酸胶结料	不宜使用耐铵聚合物胶凝材料
耐铵防腐蚀工程	耐铵聚合物胶凝材料	铁铝酸盐水泥	不宜使用水玻璃型耐酸水泥、硫磺耐酸胶结料
耐热工程	低钙铝酸盐耐火水泥	矾土水泥，矿渣硅酸盐水泥	不宜使用普通硅酸盐水泥
防水、抗渗工程	硅酸盐膨胀水泥，火山灰质硅酸盐水泥，硫铝酸盐微膨胀水泥，明矾石膨胀水泥	普通硅酸盐水泥	
有耐磨要求的工程	高标号普通硅酸盐水泥	矿渣硅酸盐水泥，铁铝酸盐水泥	不宜使用火山灰质硅酸盐、矿渣硅酸盐水泥、粉煤灰硅酸盐水泥
构件拼装锚固工程	浇筑水泥，高标号水泥，特快硬硅酸盐水泥，硫铝酸微膨胀水泥，明矾石膨胀水泥	硅酸盐膨胀水泥，石膏矾土膨胀水泥	不宜使用普通硅酸盐水泥、火山灰质硅酸盐水泥、矿渣硅酸盐水泥、粉煤灰硅酸盐水泥
紧急抢修和加固工程	高标号水泥，浇筑水泥，快硬硅酸盐水泥，特快硬硅酸盐水泥，硫铝酸盐高强水泥	矾土水泥，硅酸盐膨胀水泥，明矾石膨胀水泥	不宜使用火山灰质硅酸盐水泥、矿渣硅酸盐水泥、粉煤灰硅酸盐水泥
装饰工程	白色硅酸盐水泥，彩色硅酸盐水泥	普通硅酸盐水泥，火山灰质硅酸盐水泥	

三、管道设计

1. 计算任务

管道设计的计算任务为：确定管道的管径和管道系统的压力损失。

2. 计算任务程序及内容

(1) 绘制管道系统图，又称轴侧图，在图中对各管段进行编号，标注长度和流量，见图7-23。

(2) 选择管内流速，流速确定后才能计算管径。流速选择的原则是：从技术和经济两方面来确定管内流速。当流量一定时，所选择的管内流速较高，则管径降低，材料消耗少，一次性投资减少。但是由于流速较高，压力损失也就较高，运行所需的动力消耗增加，也就是运行费用增加，管道和设备磨损加大，噪声增加。反之，选择低流速所需的管径加大，材料消耗大，一次性投资增加，但压力损失小。下面说明管道阻力与流速的关系（见图7-24）。

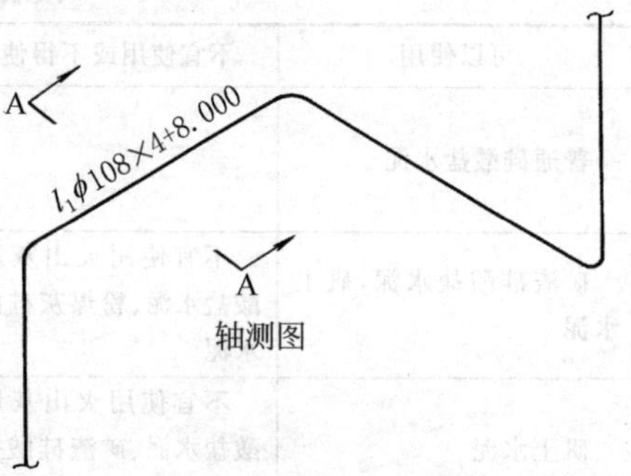

图 7-23 轴测图

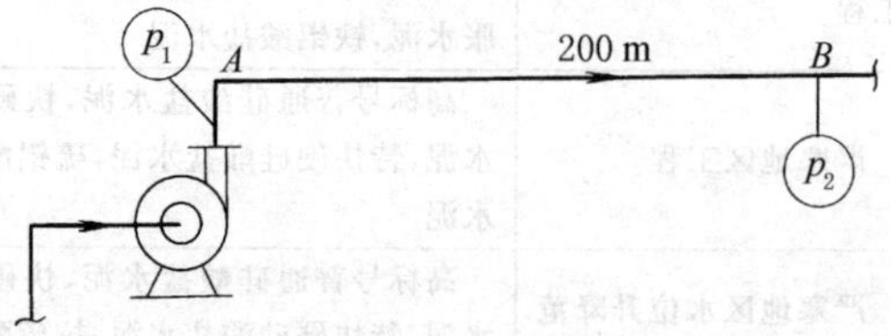

图 7-24 管道示意图

图中，$p_1=2\text{kgf/cm}^2=200\text{kPa}$，$p_2=1.5\text{kgf/cm}^2=150\text{kPa}$，$A$ 与 B 的距离为 200m，两点的压差为：$p_1-p_2=50\text{kPa}$，管道阻力与压力差数值相等。两点阻力（压差）也可用公式表示：

$$F_{阻}=f_{阻}L \tag{7-1}$$

$$=CV^2L \tag{7-2}$$

式中 $f_{阻}$——1m 管长的阻力，Pa/m；

C——阻力系数；

V——流速，m/s；

L——管道长度，m。

由上式可以看出：

① 管道的阻力 $F_{阻}\propto L$，10m 管道的阻力是 1m 管道阻力的 10 倍；

② 管道的阻力 $F_{阻}\propto V^2$，同一管段内，如果$\frac{V_1}{V_2}=2$，那么$\frac{F_{阻1}}{F_{阻2}}=4$；

③ 当流速 V 相同，管段 L 相等时，管径 d 越小，阻力 F 越大。当管道的材料、输送的流体、温度、管径不变时，阻力系数 C 也不变。

因此，管道直径越小，阻力越大，在选择流速时要选择较低的流速。

【例 7-1】 同样的流量，相同的介质、温度和压力，用 $D_{g2}100$ 管子代替 $D_{g1}150$ 管子，试计算阻力增加多少倍？

解 因为流量 Q 相同，所以 $S_1V_1=S_2V_2$。其中 S 为管道的截面积，$S=\frac{\pi}{4}d^2$。

所以有$\frac{S_1}{S_2}=\frac{V_2}{V_1}$，$V_2=\frac{150^2}{100^2}V_1=2.25V_1$。

因为 $F_{阻}=f_{阻}L=CV^2L$，$F_{阻}\propto L$，所以 $F_2=F_1\left(\frac{V_2}{V_1}\right)^2=5F_1$。

管道内的流速可在一个合适的范围内选取，见表 7-18 和表 7-19。

表 7-18 液体流速经验值

适用条件	管径/mm	流速/(m/s)	适用条件	管径/mm	流速/(m/s)
室外长距离	>500	1.0～1.5	水泵吸水管	>200	1.2～1.5
	<500	0.5～1.0		<200	1.0～1.2
水泵出水管	>200	2.0～2.5	石灰乳		<1.0
	<200	1.5～2.0	一般管线		1.5～2.0
泥浆		0.5～0.7			

表 7-19 除尘风管设计流速 单位：m/s

风管	粉尘种类					
	煤粉	水泥	矿物粉	谷物	锯末	耐火材料
垂直	10	8～12	12～14	10	12	14
水平	12	18～22	14～16	12	14	17

(3) 确定管径 流速确定后，可根据处理的流体流量计算出管径，计算方法如下。

如果管道是圆管则
$$Q=SV=\frac{\pi d^2}{4}V \tag{7-3}$$

式中 Q——流体体积流量，m^3/s；

S——管道横截面积，m^2；

V——流体平均流速，m/s；

d——管道直径，m。

所以
$$d=\left(\frac{4Q}{\pi V}\right)^{\frac{1}{2}} \tag{7-4}$$

如果管道截面为方形则
$$S=a\times b=\frac{Q}{V} \tag{7-5}$$

式中 a，b——分别为管道长边和短边，m。

矩形管道一般是通风管道，a 与 b 要根据实际情况来确定。

【例 7-2】 当流速 $V=1$m/s 时，输送 $28m^3/h$ 的废气，试求管径。

解 根据上面的公式，$d=\left(\frac{4Q}{\pi V}\right)^{\frac{1}{2}}=\left(\frac{4\times\frac{28}{3600}}{\pi\times 1}\right)^{\frac{1}{2}}=0.099\approx 0.1$m，

所以 $D_g=100$mm。

(4) 计算系统总压力损失

① 最不利管路的概念。最不利管路是指压力损失最大的管路。如图 7-25 所示的某一除尘系统管道。

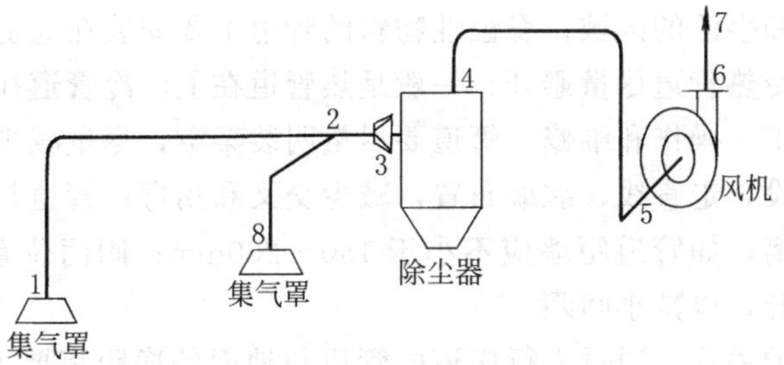

图 7-25 某一除尘系统管道

从图中可以看出，最不利管道是 1→2→3→4→5→6→7，一般最不利管道是从最远的管段开始的。

② 计算管路的摩擦压力损失。从图 7-25 中可以看出，管路摩擦压力损失有：Δp_{1-2}、Δp_{2-3}、Δp_{4-5}、Δp_{6-7}、Δp_{8-2}，各管段的摩擦压力损失可根据式(7-1) 和式(7-2) 进行计算。

③ 局部压力损失。从图 7-25 中可以看出，局部压力损失有：ΔP_{m1-2}（有三部分，集气罩、弯头和三通压力损失）、ΔP_{m3}（变径管压力损失）、ΔP_{m3-4}（设备压力损失）、ΔP_{m4-5}（有三个弯头）、ΔP_{m6-7}（风帽）、ΔP_{m2-8}（集气罩和弯头）。

④ 并联管路压损平衡。为了保证并联的各个管路能正常地运行，并联各个管路的压力损失应尽量相等，如不能相等时，各个管路的压损相差不能超过10%。因为总的 $\Delta P=\Delta P_{a\text{-}b}+\Delta P_{m}$，所以图7-25中的两并联管路的压损分别为：

$\Delta P'_{1\text{-}2}=\Delta P_{1\text{-}2}+\Delta P_{m1\text{-}2}$ 和 $\Delta P'_{8\text{-}2}=\Delta P_{8\text{-}2}+\Delta P_{m8\text{-}2}$。

如果 $\dfrac{\Delta P'_{1\text{-}2}-\Delta P'_{8\text{-}2}}{\Delta P'_{1\text{-}2}}>10\%$，则两并联管道不能按照设计风量进行工作，因此需要通过调节管径或调节阀门开启的位置，来调整压力损失，以使二者压力损失平衡。

⑤ 根据上述计算的压力损失值选择风机。根据上述计算的并联管道的压力损失加上串联管道总的压力损失选择风机的大小，同时要考虑整个系统的漏风率，一般漏风率为总风量的10%～20%。

第二节 管道布置的原则与要求

1. 划分系统的原则

对于复杂管网，下列情况不能合为一个系统：

① 污染物混合可能引起燃烧和爆炸；

② 不同温度气体混合引起管道内结露；

③ 不同污染物混合影响回收利用。

2. 管道布置设计的要求

管道布置应符合下列要求：

① 符合处理工艺流程的要求，并能满足处理的要求；

② 便于操作管理，并能保证安全运行；

③ 便于管道的安装和维护；

④ 要求管道整齐美观，标志明显，并尽量节约材料和投资。

管道布置除了符合上述要求外，还应仔细考虑下列问题。

(1) 物料特性　输送易燃、易爆物料时，管道中应设安全阀、防爆阀、阻火器、水封，且远离人们经常工作和生活的区域；腐蚀性物料的管道不要安装在通道的上方，在管束中应设置于下方或外侧；冷热管道尽量避开，一般是热管道在上，冷管道在下方。

(2) 考虑便于施工、操作和维修　管道要尽量明装架空，尽量减少管道暗装的长度；管道尽量成行、平行敷设，走直线，靠墙布置，减少交叉和拐弯；管道与梁、柱、墙、设备及其他管道之间留出距离，如管道距墙应不小于150～200mm；阀门位置要便于操作和维修，阀门、法兰应尽量错开，以减小间距。

(3) 管道与道路的关系　通过人行横道的管道与地面的净距离要大于2m；通过公路的管道与道路的净距离要大于4.5m；通过铁路的管道与铁路的净距离要大于6m；高压电线下不宜架设管道。

(4) 管道维护　一般金属管道要注意防锈，同时要用颜色表明管道的用途。输送冷或热的流体，一般要注意保温，并要考虑热胀冷缩，尽量利用L或Z形管道，L或Z形管道不足时架设时需在管道中增加膨胀器。高温烟气钢管受热膨胀长度服从下式的热胀冷缩规律：

$$l=0.0012\Delta tL \tag{7-6}$$

式中　l——钢管膨胀长度，mm；

Δt——安装时钢管温度与使用时钢管最高温度的差值，℃；

L——管道长度，m；

0.0012——管道线膨胀系数，即当温度升高1℃时，单位长度的钢管膨胀的长度，mm/(℃·m)。

【例 7-3】 安装时钢管温度为20℃，当通过$5kgf/cm^2$（$1kgf/cm^2=98.0665kPa$）表压的蒸汽（温度为158℃）后，计算30m长管道膨胀长度。

解 根据式(7-6)，膨胀长度 $l=0.0012\Delta tL=0.0012\times(158-20)\times30=49.7mm$。

应注意不同材料的管子其线膨胀系数不同，如塑料管的线膨胀系数为0.075，是钢管的6倍，因此塑料管受热的变化比钢管剧烈。管道自身可以补偿一定的热胀冷缩变化，见图7-26，把管道制作成方形焊接在管道中，焊接时把其两臂向外撑开25mm，当受热膨胀量为25mm时正好抵消；当膨胀量为50mm时，净增25mm，使补偿管向内挤压25mm，保证管道完好。

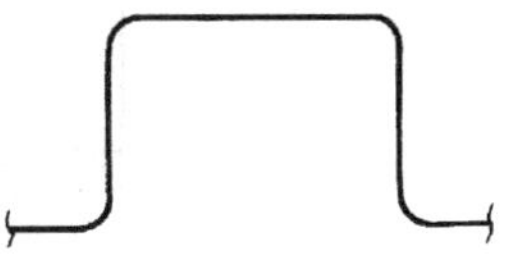

图 7-26 管道方形补偿器

(5) 与处理工艺的配合 以除尘风管为例。

风管应垂直或倾斜布置，倾斜角不小于55°；如必须水平敷设，要使管道内有足够的流速，保证在风管内不堆积尘。另外，在管道上要设置卸灰装置和清扫孔。

不同性质的排气，如水蒸气和尘不能合用同一管道系统，以免管道堵塞。

风管直径不应小于100mm，调节风量可用斜插板阀，且向上开启。

要考虑气流中物料对管道的磨损程度，选择管道的材料、管内流速及弯头处的特殊处理方式与此有关。

高温烟气在进入除尘净化系统前，由于设备材料和结构条件所限，必须予以冷却降温。冷却降温的方法，一般可根据冷却的介质的不同，分成水冷和风（空气）冷两种。水冷又分为直接水冷和间接水冷；风冷也分为直接空冷（烟气中掺空气）和间接空冷。除尘中常用间接水冷和间接风冷的方法。下面介绍间接水冷的计算。

间接水冷所需的传热面积可按下式计算：

$$F=\frac{Q}{K\Delta t_m}\ (m^2)$$

式中 Q——烟气在冷却器内放出的热量，kJ/h；

K——传热系数，kJ/(m²·h·℃)；

Δt_m——进出口温差，当进出口温度之比大于2时，则应采用对数平均温差，℃。

传热系数 K 可按下式计算：

$$K=\frac{1}{\frac{1}{\alpha_1}+\frac{\delta_d}{\lambda_d}+\frac{\delta_0}{\lambda_0}+\frac{\delta_i}{\lambda_i}+\frac{1}{\alpha_2}}$$

式中 α_1——烟气与金属壁面的换热系数，kJ/(m²·h·℃)；

α_2——金属壁面与水的换热系数，kJ/(m²·h·℃)；

δ_d——管壁内灰层厚度，m；

δ_0——管壁厚度，m；

δ_i——水垢厚度，m；

λ_d——管内壁灰层的导热系数，kJ/(m²·h·℃)；

λ_0——管金属的导热系数，kJ/(m²·h·℃)；

λ_i——水垢的导热系数，kJ/(m²·h·℃)。

上式中，各系数变化较大，计算非常繁琐。实际工程应用中可用经验数据，通常可取

K 值为 30～60W/m^2 或 108～216kJ/(m^2・h・℃)。烟气温度愈高，K 值愈大。高温烟气在水冷的同时应充分考虑回收其热量，一般高于 650℃时，应考虑设废热锅炉回收热能。间接水冷的设备见图 7-27。

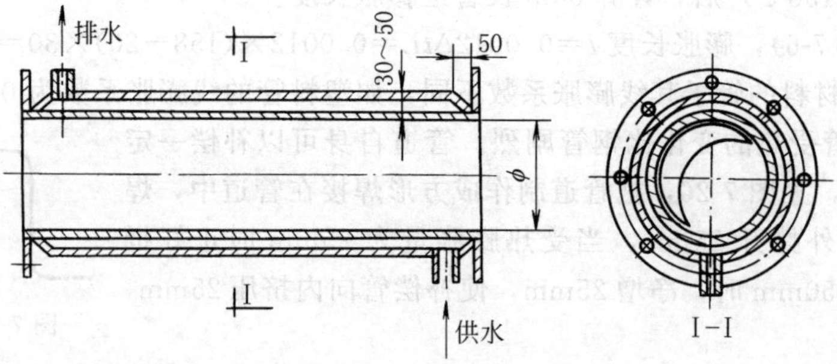

图 7-27　水冷套管

第三节　管道布置图的绘制

管道布置图又称管道安装图或配管图，是在工艺设计最后阶段完成的，它是处理工艺管道安装施工的依据。管道布置图包括一组平面图和剖视图以及有关尺寸及方位等内容。一般的管道布置图是在平面图上画出全部管道、设备、建筑物或构筑物的简单轮廓、管件阀门、仪表控制点及有关尺寸，同时因管道空间布置不同，以表达清楚为准，画出立面图和剖视图。

管道布置图是以带控制点的工艺流程图、设备布置图、设备装配图及土建、自控、电气等专业的有关样图、资料为依据，根据前述的管道布置原则作出合理的布置设计后而绘制成的。

一、管道及配件的常用画法

管道及管件有一定的画法。常用的画法见表 7-20。

表 7-20　管道及管件的常用画法

名　　称	图　　例	说　　明
裸管		上图用单粗实线表示直径≤ϕ108 的管路 下图用双细实线表示直径>ϕ108(一般画法)的管路
保温管	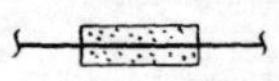	
管路连接	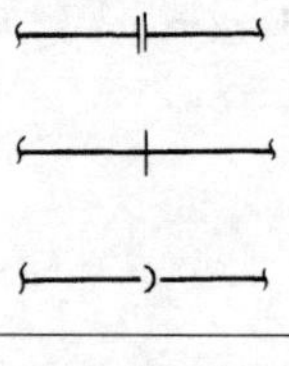	上图表示法兰连接 中图表示螺纹连接 下图表示承插连接
大小头	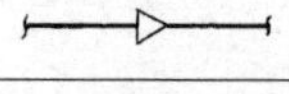	
弯头	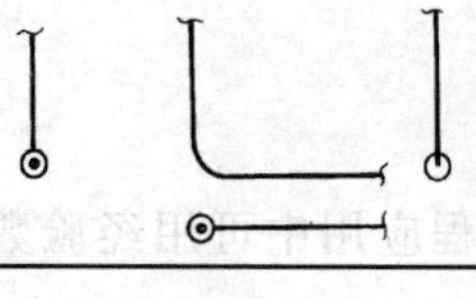	俯视图：先看到竖管的断口，后看到横管；竖管的俯视图画成一圆，圆心画点，横管画至圆周 左视图：先看到竖管，看不到横管的断口；横管画成一圆，竖管画至圆心

续表

名 称	图 例	说 明
三通	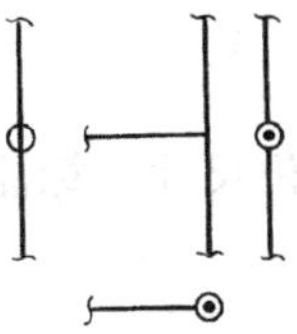	俯视图：先看到竖管的断口，竖管画成一圆，圆心画点，横管画至四周 左视图：先看到横管的断口，横管画成一圆，圆心画点，竖管画至四周 右视图：先看到竖管，看不到横管的断口，横管画成一圆，竖管通过圆心
虾米腰弯头	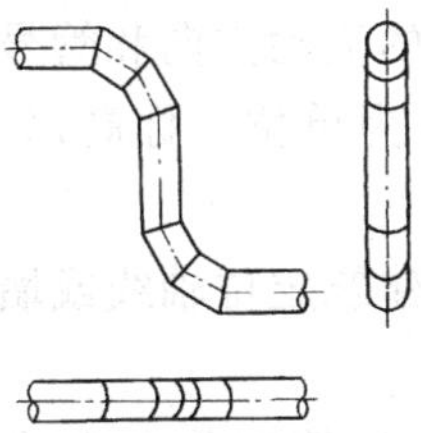	虾米腰弯头交线的俯视图和左视图，可用圆弧代替椭圆近似地画出
编号 规格 介质流向箭头	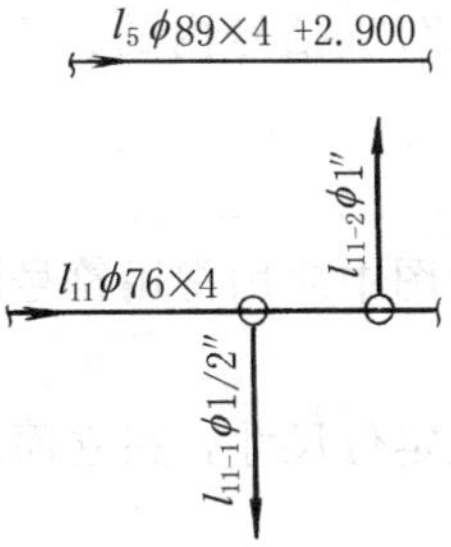	上图：管线编号为 l_5，规格为 $\phi89\times4$，箭头表示介质流动方向；有时还在平面图上注出横管的标高尺寸，如+2.900 下图：l_{11} 表示总管的编号，l_{11-1} 和 l_{11-2} 表示支管的编号
管线投影相交	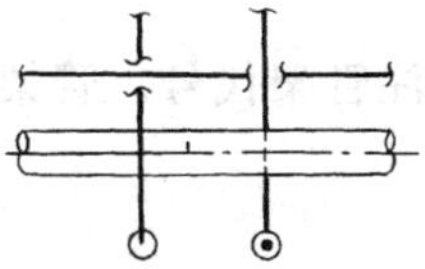	小口径管线（单线表示）与大口径管线（双线表示）的投影相交时，先看到的小口径管线，画成实线；先看到大口径管线时，小口径管线画成虚线 两小口径管线的投影相交时，把先看到的管线断开，使不可见的管线显露出来

二、视图的配置与画法

管道布置图一般首先画出平面布置图，因管道是空间的立体布置，仅有平面图是不能完全表示清楚的，所以必须有立面图或剖面图。立面图或剖面图可以与平面图画在同一张图纸上，也可以单独画在另一张图纸上。

1. 管道平面布置图

管道平面布置图一般应与设备的平面布置图一致，即按建筑标高平面分层绘制，各层管道平面布置图是将楼板以下的建（构）筑物、设备、管道等全部画出。用细实线画出除管道外的全部的内容。要按比例画出设备的外形轮廓，还要画出设备上连接管口和预留管口的位置。

2. 立面与剖视图

在不清楚管道的空间位置时，可采用立面图或剖面图表达管道的空间位置。剖视图尽可能与被剖切平面所在的管道平面布置图画在同一张图纸上，也可画在另一张图纸上。剖切平面位置线的画法及标注方式与设备布置图相同。剖视图可按Ⅰ-Ⅰ、Ⅱ-Ⅱ……或 *A*-*A*、*B*-*B*……顺序编号。

三、管道布置图的标注

1. 建（构）筑物

建（构）筑物的结构构件常被用作管道布置的定位基准，所以在管道平面和剖视图上都应标注建筑定位轴线编号，定位轴线间的分尺寸和总尺寸以及平台和地面、楼板、屋顶及构筑物的标高。标注方法与设备布置图相同。

2. 设备

设备是管道布置定位标准，应标注设备编号、名称及定位尺寸。标注方法与设备布置图相同。

3. 管道

在平面图上标注所有能标注的定位尺寸及标高，物料的流动方向和管号。立面或剖面图上也应标注定位尺寸和所有管道的标高。定位尺寸以 mm 为单位，标高以 m 为单位，但图中不注明。

普通的定位尺寸可以以设备中心线、设备管口法兰、建筑定位轴线或墙面、柱面为基准进行标注，同一管道的标注基准应一致。

管道安装标高均以厂房内地面±0.00 为基准，一般标注管底外表面的安装高度，标注方式为“5.00”、“▽5.00”或“5.00（Z）”、“▽5.00（Z）”(括号内的“Z”表示管道中线标高)。

4. 管件与阀门

管件接头、变径管、弯头、三通、法兰等在管道布置图中应用常用符号画出，但一般不标注定位尺寸。

阀门也用规定符号在平面布置图中画出，一般不标注定位尺寸，在立面或剖面图中标注安装标高。

5. 管道支架

在管道布置图中的管架符号上应用指引线引出方框标注管架代号。管架代号及类型见表 7-21。

表 7-21　管架类型及代号

序　号	管架类型	代　号	序　号	管架类型	代　号
1	固定支架	A	6	弹簧支架	SS
2	基础支架	BC	7	托管	SH
3	导向支架	G	8	停止支架(止推)	ST
4	吊架	H	9	防风支架	WB
5	托架	RS			

四、管道布置图的绘制

1. 比例、图幅

(1) 比例　管道布置图常用比例为 1∶50 和 1∶100，如必要也可采用 1∶20 或 1∶25 的比例。

(2) 图幅　根据实际情况，选择 1 号或 2 号图纸，有时也用 0 号图纸。

2. 视图配置

管道布置图由平面布置图和剖面图组成，以平面布置图为主，剖面图为辅。

3. 绘制管道布置图

(1) 管道平面布置图的画法

① 用细实线画出厂房平面图，画法与设备布置图相同，标注柱网轴线编号和柱距尺寸。

② 用细实线画出所有设备的简单外形和所有管口，加注设备编号和名称。

③ 用粗实线画出所有处理工艺的管道，并标注管段编号、规格等。

④ 用常用或规定的符号在要求的部位画出管件、管架及阀门等。

⑤ 标注厂房定位轴线的分尺寸和总尺寸、设备的定位尺寸、管道定位尺寸和标高。

(2) 管道剖视图的画法

① 画出地平线或室内地面、各楼面和设备基础，标注其标高尺寸。

② 用细实线按比例画出设备简单外形及所有管口，标注其标高尺寸。

③ 用粗实线画出所有的主管道和辅助管道，可标明编号、规格等。

④ 用规定和常用的符号，画出管道上阀门和仪表控制点。

五、实例

见图 7-28。

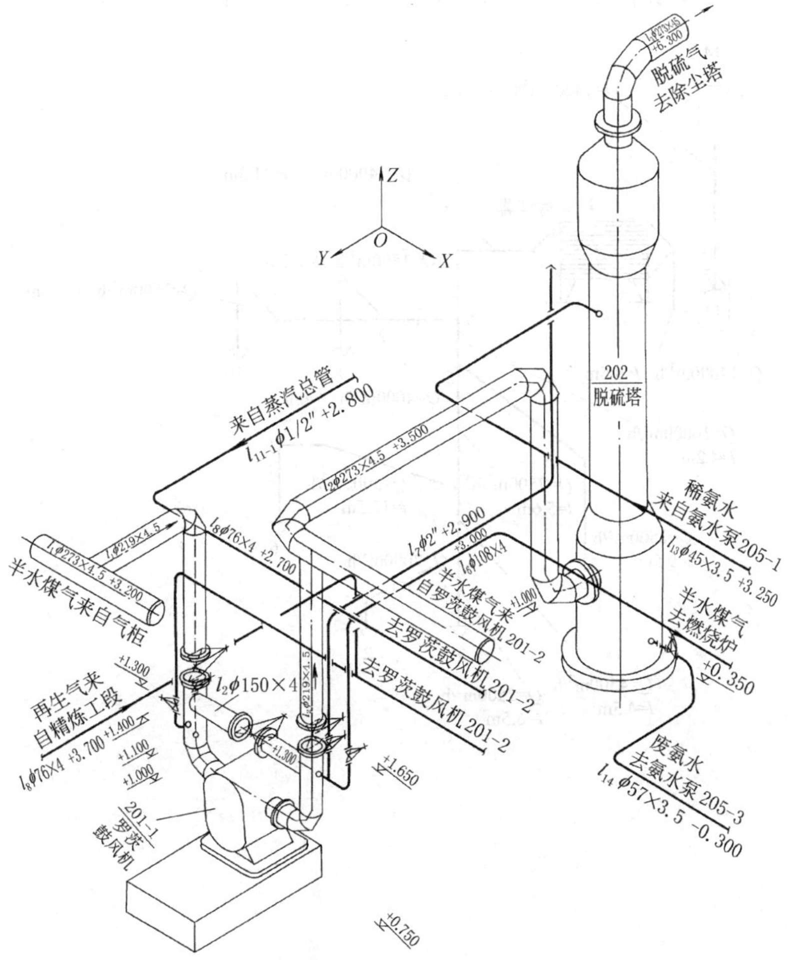

图 7-28 管路布置立体图

思考题与习题

1. 简述管道布置的原则与要求。
2. 管道连接方式有哪些？
3. 管道设计的计算任务是什么？

4. 请简略叙述管道布置图的画法。

5. 画出弯头的左视图和俯视图。

6. 常温常压下，流量相同，不同管径的铜管，其长度比为2：1，阻力比为4：1，试求两管管径比。

7. 某火电厂冬天室外温度−25℃，夏天环境温度可高达40℃，火电厂排气使用电除尘器除尘净化，其中除尘器进口烟气温度200℃，请问除尘器进口管路（20m钢管）的膨胀长度是多少？

8. 两长度相同，断面积相等的风管，断面形状不同，一为圆形，一为正方形，若沿程水头损失相同，且流动均处于阻力平方区，试问哪条管道过流能力大？大多少？

9. 已知某除尘系统得粉尘性质为轻矿物粉尘，系统共设6个抽风点，试进行该系统管网的设计计算。管网计算草图如下，其中Q为流量，l为管长。

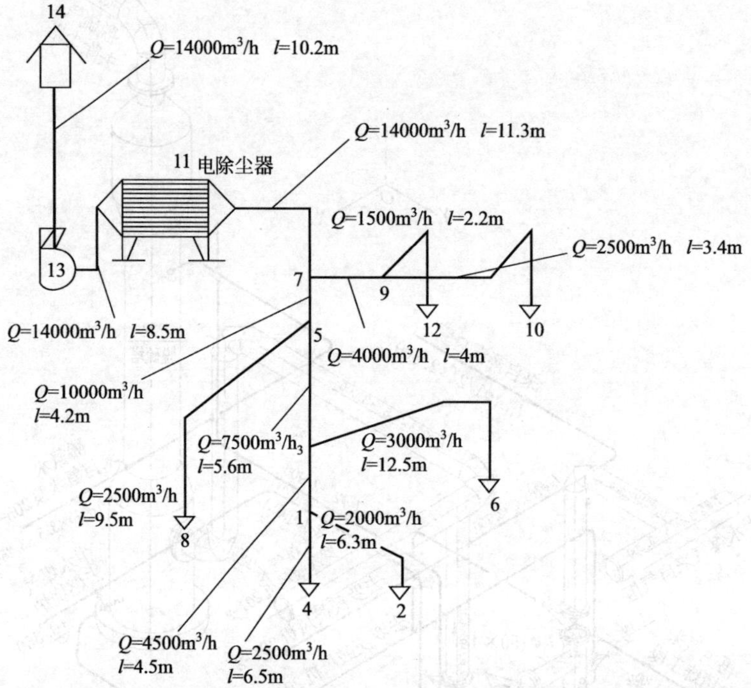

第八章　环保设备的选择和应用技术经济分析

环保设备是用于环境污染防治、环境质量改善的机械产品、电子产品和构筑物等及其系统。它按功能分为水污染控制设备、大气污染控制设备、固体废弃物处理设备、噪声控制设备和环境监测及分析设备等；按构成可分为单体设备、成套设备和生产设备等；按性质可分为机械设备、仪器设备和构筑物等。其选择关系到对污染物（包括大气污染物、水污染物、噪声、固体废弃物等）的处理效果，同时也关系到处理的投资与处理系统运行的费用。

第一节　选择环保设备的原则

环保设备有定型的产品和非定型的产品，要根据污染物的性质、场地条件、处理要求、处理费用等诸多因素决定选择定型产品还是非定型产品。

一、定型设备的选择

定型的环保设备也称为标准设备，是成批成系列生产的，可以现成买到。定型设备有产品目录或样本手册，有各种规格牌号，有不同的生产厂家，如电机、水泵、风机等。定型设备选择的原则如下。

(1) 合理性　即选择的设备必须满足处理工艺一般要求，与工艺流程、处理规模、操作条件、控制水平相适应，又能充分发挥设备的作用。

(2) 先进性　设备的运行可靠性、自控水平、处理能力、处理效率要尽量达到先进水平，同时还要注意处理的水平要尽量考虑今后发展的要求。

(3) 安全性　要求安全可靠，操作稳定，有缓冲能力，无事故隐患，对工艺、建筑物、地基、厂房等无过多的苛刻要求，操作时劳动强度小等。

(4) 经济性　设备较为便宜，易于维修、更新，尽量减少特殊维护要求，设备的运行费用要尽量低。

总之，要综合考虑以上的原则，审慎地研究对比，选择最合理的定形设备，同时注意定型设备更新换代。

二、非定型设备的设计

环境工程中需要专门设计的特殊设备，称为非标准设备或非定型设备。由于污染物的种类非常多，处理的方法也较多，非标准设备在环境工程中大量存在，它是根据处理工艺要求，通过处理工艺的计算，提出设备的形式、材料、大小尺寸和其他一些要求，由建筑、结构、机械或环境工程等专业人员进行设计，由有关工厂或施工单位制造完成。

非定型设备设计原则与定型设备的相同。其主要的设计程序如下。

① 处理工艺流程上确定的处理设备的类型。处理工艺流程大体上已确定，如生活污水采用活性污泥法处理，曝气池和二沉池常为构筑物；除尘常用机械设备。

② 确定设备的材质。根据处理的污染物、工艺流程和操作条件，确定适合的设备材料。如上述处理水的曝气池和二沉池一般采用钢筋混凝土材料；除尘机械采用钢铁材料；气态污

染物处理设备一般采用不锈钢或工程塑料等防腐材料。

③ 汇集设计条件和参数。根据处理污染物的量、处理效率、物料平衡和热量平衡等，确定设备的负荷、设备的操作条件，如温度、压力、流速、加药、卸灰形式、工作周期等，作为设备设计计算的主要依据。

④ 选定设备的基本结构形式。根据各类处理设备的性能、使用特点和使用范围，依据各类规范、样本和说明书，进行权衡比较，确定设备的基本结构形式。

⑤ 设计设备的基本尺寸。根据设计数据进行有关的计算和分析，确定处理设备的外形尺寸；确定设备的各种工艺附件；设备基本尺寸计算和设计完成之后，画出设备示意草图，标注有关尺寸。

⑥ 选型和选择标准图纸。确定基本结构形式之后，根据处理工艺计算，选择非定型设备。在设计出基本尺寸后，应查阅有关标准规范，将有关尺寸规范化，尽量采用标准图纸。

⑦ 设计数据汇总。

⑧ 向有关专业人员提出设计要求、完成时间等。

⑨ 汇总列出设备一览表。

三、设备设计实例

某厂铸钢车间设置两台 HXK_3-3.0 型电弧炼钢炉，要求设计除尘设备。每台电炉的主要工艺参数为：容量 3t，最大装料量 5t，每炉铸钢的冶炼时间 3h，吹氧时间 30min，吹氧强度 $1m^3/(t \cdot min)$，最大脱碳速度每分钟为 0.065%，烟气温度 1200℃，吹氧期烟尘浓度达 $18g/m^3$。当地气象参数：夏季通风计算温度 32℃，大气压力 96kPa。

（1）根据尘的粒径分布确定采用的处理设备　电炉烟尘很细，小于 1μm 的约占 80%～90%，因此一般多采用布袋除尘器。

（2）选择滤料　除尘的效率、滤料的价格、气体的温度和湿度是主要考虑的因素，为保证处理效果，同时从价格方面考虑，多采用涤纶绒布滤料，清灰方式采用脉冲喷吹。

（3）根据烟气温度和滤料最高限制温度确定预冷却系统　每种滤料都有一个可以使用的最高限制温度，涤纶绒布的最高限制温度为 130℃，而处理的烟气温度较高，因此要对烟气进行预冷却。通过混入大量车间内冷空气来实现烟气降温。

（4）根据经验确定和计算烟气量　根据经验数据，烟气冷却到 120℃时，每吨炉料发生的烟气量为 $5500m^3/h$，则总烟气量为 $5 \times 5500 = 27500m^3/h$。换算成标准状态（273K、101.3kPa）下的烟气量为：

$$Q_N = 27500 \times \frac{273}{120+273} \times \frac{96}{101.3} = 18104m^3/h$$

考虑到管道回转装置和惯性灭火器漏风，附加 20%，则除尘器进口烟气量为：

$$Q_{1N} = 18140 \times 1.2 = 21725m^3/h$$

混风后烟气温度降为：

$$t_1 = \frac{18104 \times 1.38 \times 120 + 3621 \times 1.30 \times 37}{1.38 \times 21725} = 105.8℃$$

其中，120℃时烟气的定压平均比热容为 $1.38kJ/(m^3 \cdot ℃)$；37℃时烟气的定压平均比热容为 $1.30kJ/(m^3 \cdot ℃)$。

因而除尘器进口的实际烟气量为：

$$Q_1 = 21725 \times \frac{(105.8+273)}{273} \times \frac{101.3}{96} = 31809m^3/h$$

（5）根据实际情况计算烟尘浓度　根据最大装料量和最大脱碳速度，在空气过剩系数为1.5时，产生的最大炉气量按计算为1518m^3/h，则产生烟尘量为：

$$s_1=1518\times18=27324g/h$$

则除尘器进口烟尘浓度为：

$$C_1=\frac{27324}{31809}=0.859g/m^3$$

（6）根据排放要求及含尘浓度确定除尘器效率　排放要求为150mg/m^3，则除尘器的效率为：

$$\eta=1-\frac{150}{859}=82.5\%$$

（7）选择过滤速度　过滤速度 v 一般在 0.3～1.5m/min，粉尘越细，选取的过滤速度越小。这里根据实际情况过滤速度选择为 1.0m/min，在该过滤速度下除尘效率可达 99%以上，这样除尘器的排尘浓度可达 8.6mg/m^3 以下。

（8）根据处理的烟气量和所选择的过滤速度确定过滤面积　已知处理的烟气量和过滤速度，所以过滤面积为：

$$A=\frac{Q}{60v}=\frac{31809}{60\times1.0}=530m^2$$

脉冲喷吹清灰方式的滤袋长度可达十几米，这里选择滤袋长度为 2.5m，直径为 0.2m，所以每个滤袋的面积为 $\pi DL=3.14\times0.2\times2.5=1.57m^2$。

滤袋的数量为 530/1.57=338 个。

（9）确定过滤循环周期　根据计算，管道压力降为 1100Pa，炉盖罩和熄火器的压降取为 900Pa，选用通风机的压头（在最大系统风量下）为 2900Pa。考虑到布袋式除尘器的结构压降，取 300Pa，则允许的滤袋上的压力降为：

$$\Delta p_f=2900-(1100+900+300)=600Pa$$

所以可根据下式确定过滤周期：

$$\Delta p_f=S_E v_0+K_2 C_1 v_0^2 t$$

式中　Δp_f——滤袋上的压力降，Pa；

S_E——滤料的有效残余阻力，Pa・min/m，可查阅有关文献，这里 $S_E=350$Pa・min/m；

K_2——粉尘层的比阻力系数，N・min/(g・m)，这里$K_2=119$N・min/(g・m)；

C_1——布袋除尘器进口的粉尘浓度，g/m^3；

v_0——过滤速度，m/min；

t——过滤时间，min。

$$\Delta p_f=350\times1.0+119\times0.859\times1.0^2t=350+102.2t$$

则过滤周期为：

$$t=\frac{600-350}{102.2}=2.45min$$

（10）布袋除尘器壳体设计　壳体设计包括：布袋除尘器箱体、灰斗、进出口、喷吹的气源、电磁阀、喷吹文式管等，应列出一览表。

第二节　泵与风机

泵与风机是提供流体流动动力的流体机械，是处理常用的定型设备。根据泵与风机的工作原理，通常可以将它们分类如下。

(1) 容积式　容积式泵与风机在运转时，机械内部的工作容积不断发生变化，从而吸入或排出流体。按其结构不同，又可分为往复式和回转式两种。

往复式机械借活塞在汽缸的往复作用使缸内容积反复变化，以吸入和排出流体，如蒸汽活塞泵等。回转式机壳内的转子或转动部件旋转时，转子与机壳之间的工作容积发生变化，从而吸入和排出流体，如齿轮泵、罗茨鼓风机等。

(2) 叶片式　叶片式泵与风机的主要结构是可旋转的、带叶片的叶轮和固定的机壳。通过叶轮的旋转对流体作功，从而使流体获得能量。根据流体的流动情况，可将它们再分为下列几种：离心式泵与风机；混流式泵与风机；贯流式泵与风机。

(3) 其他类型的泵与风机　如引射泵、旋涡泵、真空泵等。

其中叶片式是在环境工程中常用的一种，下面简单介绍叶片式中离心式泵与风机的情况。

一、离心式泵与风机的工作原理及性能参数

1. 工作原理

离心式泵与风机的主要结构部件是叶轮和机壳。机壳内的叶轮固定安装于由电动机拖动的转轴上。当电动机带动叶轮旋转时，机内流体便获得能量。

以图 8-1 所示的离心式风机为例。叶轮是由叶片和连接叶片的前盘及后盘所组成的。叶轮后盘装在转轴上（图中未绘出）。机壳一般是用钢制成的阿基米德螺线状的箱体（输送腐蚀性较强的气体时可用玻璃钢作箱体），支承于支架上。

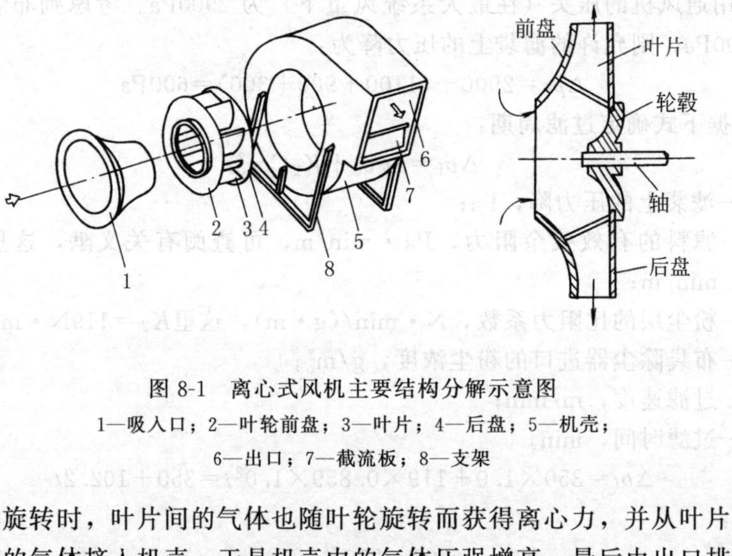

图 8-1　离心式风机主要结构分解示意图

1—吸入口；2—叶轮前盘；3—叶片；4—后盘；5—机壳；6—出口；7—截流板；8—支架

当叶轮随轴旋转时，叶片间的气体也随叶轮旋转而获得离心力，并从叶片之间的出口处被甩出。被甩出的气体挤入机壳，于是机壳内的气体压强增高，最后由出口排出。气体被甩出后，叶轮中心部分的压强降低；外界气体就能从风机的吸入口通过叶轮前盘中央的孔口吸入，源源不断地输送气体。

离心式泵的工作原理与上述离心式风机相同。

2. 泵的扬程

泵的扬程（H）的定义是：泵所输送的单位重量流体从进口至出口的能量增值，也就是单位重量的流体通过泵所获得的有效能量。单位是$\frac{N\cdot m}{N}=m$。

显然，单位重量流体所获得的增量可用能量方程来计算。以进口与出口为计算断面，可列出它们的表达式：

$$H_1=Z_1+\frac{p_1}{\gamma}+\frac{v_1^2}{2g}$$

$$H_2=Z_2+\frac{p_2}{\gamma}+\frac{v_2^2}{2g}$$

式中　Z——断面对于选定的基准面的高度，水利学中称为位置水头，表示单位重量的位置势能，简称位能；

p——压强，Pa；

γ——容重，N/m^3；

$\frac{p}{\gamma}$——断面压强作用使流体沿测压管所能上升的高度，水利学中称为压强水头，表示压力做功所能提供的单位能量，简称压能；

v——断面速度，m/s；

$\frac{v^2}{2g}$——以断面流速 v 为初速度的铅直上升射流所能达到的理论高度，水利学中称为流速水头，表示单位重量的动能，简称动能。

下角“1”和“2”分别表示设备的入口与出口断面。

两式相减，就可求出叶轮工作时单位重量流量的流体所获得的能量。

$$H=Z_2-Z_1+\frac{p_2-p_1}{\gamma}+\frac{v_2^2-v_1^2}{2g} \tag{8-1}$$

3. 风机的全压和静压

风机的全压 p 系指单位体积气体通过风机的能量增量。对于风机而言，上式所求出的单位重量流量的流体的能量增值 H，就应当是“气柱”高度，单位 m。因在大气污染控制工程中压强不大，故在工程习惯中常用 p 来表示该气体的能量增量，其单位为 Pa，过去常用 mmH_2O。$1mmH_2O$ 的压强等于 $1kgf/m^2$，即 9.80665Pa。

风机的静压 p_j 定义为风机全压减去风机出口动压，假设 $Z_1=Z_2$ 时有：

$$p_j=(p_2-p_1)-\frac{\rho v_1^2}{2}$$

式中　ρ——气体密度，kg/m^3。

从上式看出，风机的静压，不是风机出口的静压 p_2，也不是风机出口与进口的静压差 (p_2-p_1)。

4. 流量 Q

单位时间内泵或风机所输送的流体量称为流量，常用体积流量表示，单位为 m^3/s 或 m^3/h。严格地讲，风机的容积流量特指风机进口处的容积流量。

5. 功率及效率

泵的扬程是指单位重量流体通过泵所获得的有效能量。在单位时间内通过泵的流体所获得的总能量称为有效功率，以 N_e 表示。

$$N_e=\frac{\gamma QH}{1000}\quad (kW) \tag{8-2}$$

对于风机

$$N_e=\frac{Qp}{1000}\quad (kW) \tag{8-3}$$

式中 γ——被输送流体的容重，N/m^3；

Q——流量，m^3/s；

H——扬程，m；

p——压头，N/m^2。

为表示输入的轴功率 N 被流体利用的程度，则要计算泵或风机的效率 η：

$$\eta=\frac{N_e}{N} \tag{8-4}$$

将式（8-4）加以变换，并用式（8-2）和式（8-3）代入可以得到轴功率的计算式：

$$N=\frac{N_e}{\eta}=\frac{\gamma QH}{1000\eta}=\frac{Qp}{1000\eta}\quad (\text{kW}) \tag{8-5}$$

同理，其静压效率 $\eta_j=\eta\frac{p_j}{p}$。泵与风机的效率通常是由实验确定的。

6. 转速

指泵或风机叶轮每分钟的转数，单位 r/min。

二、泵与风机的性能曲线

泵与风机的扬程、流量以及所需的功率等性能显然是互相影响的，所以通常用以下三种形式来表示这些性能之间的关系：

① 泵与风机所提供的流量和扬程的关系，用 $H=f_1(Q)$ 来表示；

② 泵与风机所提供的流量和所需外加功率之间的关系，用$N=f_2(Q)$ 来表示；

③ 泵与风机所提供的流量与设备本身效率之间的关系，用$\eta=f_3(Q)$ 来表示。

上述三种关系常以曲线形式绘在以流量 Q 为横坐标的图上，这些曲线称为性能曲线。

性能曲线有理想和实际性能曲线两种。理想性能曲线是在无限多的且无限薄的叶片和不计流动损失情况下得出的上述三种关系。实际性能曲线考虑了实际运行时的机内损失，包括水利损失、容积损失和机械损失。图 8-2 中对理论性能曲线进行分析，然后转化成实际的性能曲线。图中采用流量 Q 与扬程 H 组成的直角坐标系，纵坐标上还标注了功率 N 和效率 η 的尺度。

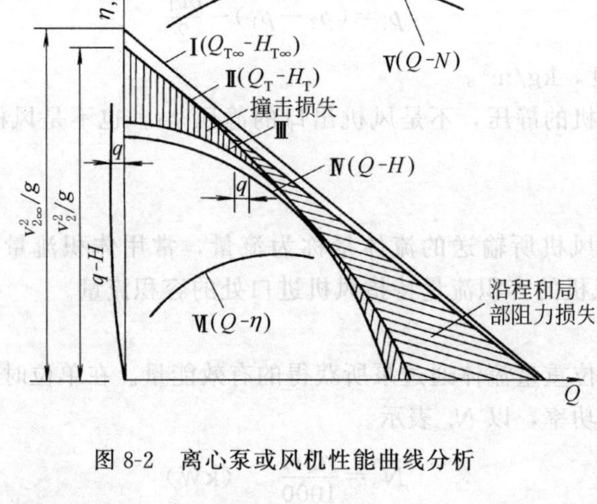

图 8-2 离心泵或风机性能曲线分析

根据理论流量和扬程的关系式，可以绘出一条 Q_T-H_T 曲线。以向后叶型的叶轮为例，这是一条下倾的直线，如图中之Ⅱ。

如按无限多叶片的欧拉方程，可绘制一条 $Q_{T\infty}$-$H_{T\infty}$ 的关系曲线，这是一条位于曲线Ⅱ

上方的曲线，即曲线Ⅰ。

机内存在水力损失，流体必将消耗部分能量来克服流体阻力。这部分损失应从曲线Ⅱ中扣除，于是就得出曲线Ⅲ。

除水力损失之外，还应从曲线Ⅲ扣除泵与风机的容积损失。容积损失是以泄露流量 q 的大小来估算的。当泵或风机的结构不变时，q 值与扬程的平方根成比例，因而能够作出一条 q-H 关系曲线，示于图 8-2 的左侧。曲线Ⅳ就是从曲线Ⅲ中扣除相应的 q 值之后得出的泵与风机的实际性能曲线，即 Q-H 曲线。

流量-功率曲线表明泵或风机的流量与轴功率之间的关系。因为轴功率 N 是理论功率与机械损失之和，根据这一关系，在图 8-2 中绘制出 Q-N 曲线，如图中Ⅴ。

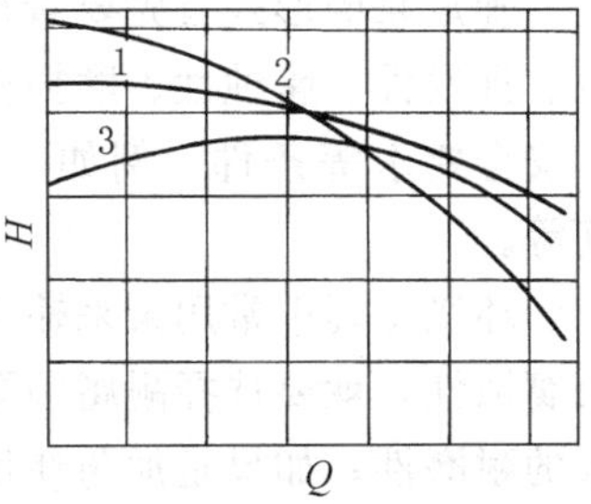

图 8-3　三种不同的 Q-H 曲线
1—平坦型；2—陡降型；
3—驼峰型

由 Q-H 和 Q-N 两曲线，按式（8-4）可计算出在不同流量下的 η 值，从而得出 Q-η 曲线，如图中的Ⅵ。Q-η 曲线的最高点为最大效率，它的位置与设计流量相对应。

Q-H、Q-N 和 Q-η 三条曲线是泵或风机在一定转速下的基本性能曲线，其中最重要的是 Q-H 曲线，因为它揭示了泵或风机的两个最重要、最有实用意义的性能参数之间的关系。

通常按照 Q-H 曲线的大致倾向可将其分为下列三种：平坦型、陡降型和驼峰型，见图 8-3。具有平坦型 Q-N 曲线的泵或风机，当流量变化很大时能保持基本恒定的扬程。有陡降型曲线的泵或风机则相反，即流量变化时，扬程的变化相对较大。有驼峰型曲线的泵或风机，当流量自零逐渐增加时，相应的扬程最初上升，达到最高点后开始下降。具有驼峰型性能曲线的泵或风机在一定的运行条件下可能出现不稳定。这种不稳定显然是应尽量避免的。

三、离心泵装置的管路及附件

离心泵与风机的原理相同，只是所输送的介质不同。从泵和风机输出的有效功率 $N_e=\gamma QH$ 来看，两者的区别在于 γ 不同，当采用离心泵提升液体时，就必须向泵内（包括吸水管内）充满液体，为此，在泵体上常设有充液孔或漏斗，有时还另设真空抽气泵将水抽入吸水管和泵体内，否则就只能输送空气而打不上水来。因此，在提升液体的整个泵装置中，除离心泵泵体外，常配有管路和其他一些必要的零部件。典型的泵装置见图 8-4。

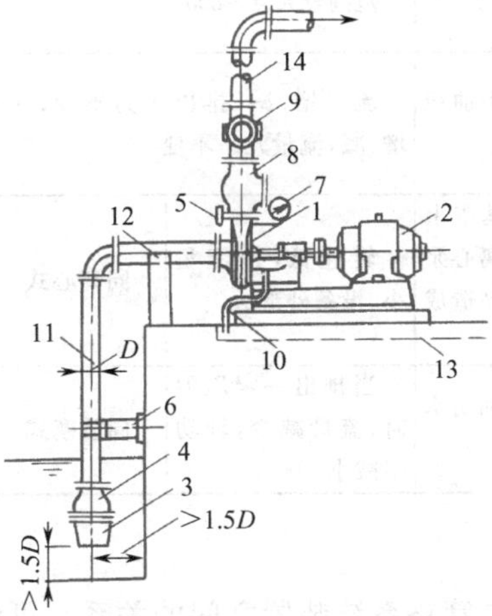

图 8-4　离心式泵装置的管路系统
1—离心式泵；2—电动机；3—拦污栅；4—底阀；5—真空计；6—防震件；7—压力表；8—止回阀；9—闸阀；10—排水管；11—吸入管；12—支座；13—排水沟；14—压出管

图 8-4 中的离心泵和电动机用联轴器相连接，装在同一底座上，这些通常都是由制造厂配套供应的。

从吸液池液面下方的拦污栅开始到泵的吸入口法兰为止，这段管称为吸入管段。底阀用于启动前灌水时阻止漏水。泵的吸入口处装有真空计，以便观察吸入口处的真空度。吸入管段的水阻力应尽可能地降低，其上一般不设置阀门。水平管段要向泵的方向抬升（$i=1/50$）。过长的吸入管段要装设防震件。

泵出口以上的管段是压出管段。泵的出口装有压力表以观察出口压强。止回阀用来防止压出管段中的液体倒流。闸阀则用来调节流量的大小。应当注意压出管段的重量应由适当的支座支承，而不是直接作用在泵体上。

此外，还应装设排水管，以便将填料盖处漏出的水引向排水沟。有时出于防震的需要，在泵的出、入口处设置软连接。

四、泵的选择与计算

选择和计算泵的程序如下。

1. 泵形式的确定

确定泵的形式首先要看被输送物料的性质，物料的基本性质包括相态、温度、黏度、密度、挥发性、腐蚀性、磨损性等。此外，选泵的泵型时还要考虑处理工艺过程、动力、环境和安全要求等条件，例如，是否长期连续运转，扬程和流量是否波动，环境温度极限如何等。

环境工程中常用泵来输送污水和污泥，这时就要选择污水泵或污泥泵；如果输送的污水有腐蚀性，就要选择耐腐蚀泵或带衬里的耐腐蚀泵；输送的流体中有磨损性物质时，要考虑泵的耐磨性；如果是加药使用时，要考虑采用计量泵；如果要在水中进行输送时，就要使用潜污泵。表 8-1 列出了各类泵的特点，表 8-2 列出了非金属泵常用材料的性能。

表 8-1　各类泵的特点

指　标	叶片式			容积式	
	离心式	轴流式	旋涡式	活塞式	回转式
液体排出状态	流率均匀			有脉动	流率均匀
液体品质	均一液体（或含固体的液体）	均一液体	均一液体	均一液体	均一液体
气蚀余量/m	4～8	—	2.5～7	4～5	4～5
扬程（或排出的压头）	范围大，低至 10m，高至约 600m（多级）	2～20	较高，单级可达 100m 以上	范围大，排出的压力高，为 0.3～60MPa	
体积流量/(m^3/h)	范围大，低至 5，高至 30000	较大，约 60000	较小，0.4～20	范围较大，1～600	
流量与扬程的关系	流量减小扬程增大；流量增大扬程减小	同离心式	同离心式，但曲线较陡	流量增、减，排出压力不变；压力增、减，流量几乎不变	
构造特点	转速高，体积小，运行平稳，基础小，设备维修容易		与离心式基本上相同，叶轮较离心泵的叶片简单，制造成本低	转速低，排液量小，设备外形大	同离心式
流量与轴功率的关系	流量减小时轴功率减小	流量减小，轴功率增加	流量减小，轴功率增加	当排出一定压力时，流量减少，轴功率减小	同活塞式

2. 扬程与流量的计算与校核

泵向开式（通大气）水池供水时，希望得到泵的扬程与管路系统装置之间的关系，可以列出图 8-5 中断面 0-0 与断面 3-3 间的能量方程：

$$H=H_Z+\frac{p_a}{\gamma}+\frac{v_3^2}{2g}+h_1+h_2-\left(\frac{p_a}{\gamma}+\frac{v_0^2}{2g}\right)=\frac{v_3^2-v_0^2}{2g}+H_Z+h_t \tag{8-6}$$

式中　H_Z——上下两水池液面的高差，也称为几何扬水高度，m；

h_t——整个泵装置系统的阻力损失，m，$h_t=h_1+h_2$；

h_1——吸入段的阻力损失，m；

h_2——压出段的阻力损失，m；

p_a——大气压，Pa；

v_0，v_3——断面 0 和 3 的流速，m/s。

表 8-2　非金属泵常用材料性能

材料名称		氟合金	聚全氟乙丙烯	聚偏氟乙烯	超高分子量聚乙烯	聚丙烯	酚醛玻璃钢	铬刚玉	增强聚丙烯
允许使用温度极限/℃		约 150	约 150	约 120	约 80	约 90	约 100	约 100	约 100
耐腐蚀性	弱酸	耐	耐	耐	耐	耐	耐	耐	耐
	强酸	耐	耐	除热浓硫酸	除氧化性酸	除氧化性酸	除氧化性酸	耐	除氧化性酸
	弱碱	耐	耐	耐	耐	耐	高耐	耐	耐
	强碱	耐	耐	耐	耐	耐	不耐	不耐	耐
	有机溶剂	耐	耐	耐大多数溶剂	耐大多数溶剂	耐大多数溶剂（<80℃）	耐大多数溶剂	耐	耐大多数溶剂
	典型不耐蚀介质	氢氟酸、氟元素	氢氟酸、氟元素、发烟硝酸	铬酸、发烟硫酸、强碱	浓硝酸、浓硫酸、含氯有机溶剂	浓硝酸、铬酸	浓硝酸、浓碱、浓硫酸、热碱	氢氟酸、热碱	浓硝酸、铬酸
耐磨性能		不好	不好	较好	好	不好	较差	很好	较差
抗气蚀性		较好	较好	较好	较好	较好	较差	好	较好

两池面足够大时，则可以认为上下水池流速 $v_0=v_3=0$，上式就简化为：

$$H=H_Z+h_t \tag{8-7}$$

此式说明泵的扬程为几何扬水高度和管路系统流动阻力之和。通常就是根据式(8-6) 和式(8-7) 得出扬程，以此作为分析工况和选择泵型的依据。

当泵向压力容器供水时则要考虑压力容器的压力。如果补水池液面压强为大气压，则计算时应考虑$\frac{p-p_a}{\gamma}$的附加扬程；如果从低压容器（p_0）向高压容器（p）供水时，所需要的附加扬程为$\frac{p-p_0}{\gamma}$。泵在闭合环路管网上工作时，泵所需扬程仅仅是该环路的流动阻力。应强调的是泵的扬程是指单位重量流体从泵入口到出口的能量增量，它与泵的出口水头是两个概念，不能片面地理解为泵能将水提升 H(m) 高。

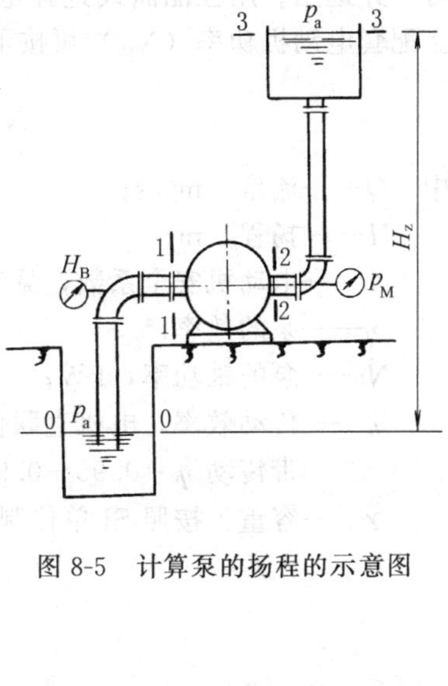

图 8-5　计算泵的扬程的示意图

泵的型号确定后，须校核所选泵的流量和扬程是否符合处理工艺要求。制造厂提供的泵的性能曲线或性能表一般是在常温下用清水测得的，若输送的液体的物理性质与水的差异较大，则应将泵的性能指标扬程和流量换算成针对被输送液体的扬程和流量值，然后把处理工艺条件所要求的扬程和流量与换算后的泵

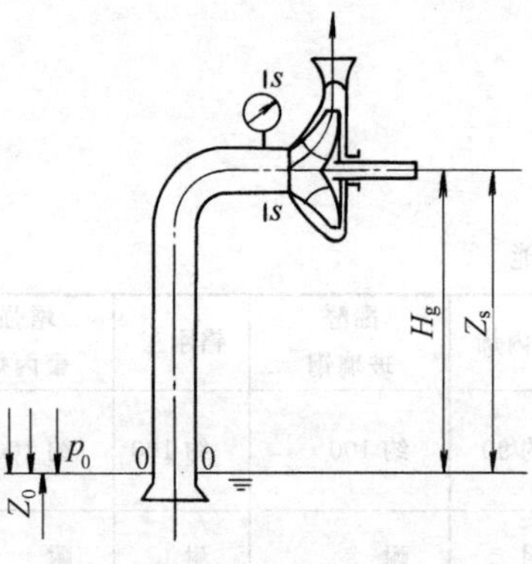

图 8-6　离心泵的几何安装高度

的扬程和流量比较，确定所选泵的性能是否符合要求。

3. 扬程和流量的安全系数

作为选泵的主要参量之一的流量，以处理工艺计算确定的流量值为基础值，考虑到在实际运行中可能出现流量波动以及开车、停车的需要，应在正常流量值的基础上乘以 1.1。由于管道阻力计算时常有误差，而且在运行过程中管道的结垢、积炭也使管道阻力大于计算值，所以扬程也采用计算值的 1.1～1.2 倍，即

$$Q=1.1Q_{\max}\quad (\mathrm{m^3/h})$$

$$H=1.1\sim1.2H_{\max}(\mathrm{m})\quad 或\quad p=1.1\sim1.2p_{\max}(\mathrm{Pa})$$

4. 离心泵安装高度的计算与校核

泵的安装高出吸液面的高差太大，即泵的几何安装高度 H_g 过大（见图 8-6），泵的安装地点的大气压较低，泵所输送的液体温度过高，都可能产生气蚀现象。气蚀是指侵蚀破坏材料之意，它是"空气泡"现象所产生的后果。正确决定泵吸入口的压强（真空度）是控制泵运行时不发生气蚀而正常工作的关键，它的数值与泵吸入侧管路及液面压力等密切相关。泵的几何安装高度可按照下式计算：

$$[H_g]=\frac{p_0-p_v}{\gamma}-\sum h_s-\Delta h \tag{8-8}$$

式中　$[H_g]$——泵的允许几何安装高度，m；

p_0——液面的压强，Pa；

p_v——泵内汽化压强，Pa；

$\sum h_s$——吸液管路的水头损失，m；

Δh——实际气蚀余量，$\Delta h=\Delta h_{\min}+0.3$，m。

选定泵后，从样本上查出标准条件下的允许吸上真空高度 $[H_s]$ 或临界气蚀余量 $\Delta h_{\min}$，按照下式验算其几何安装高度：

$$H_g\leqslant[H_g]\leqslant[H_s]-\left(\frac{v_s^2}{2g}-\sum h_s\right) \tag{8-9}$$

5. 电动机功率计算

用性能表选电动机时，在性能表中附有电动机的型号和传动部件型号，电动机和传动部件可一并选用。用性能曲线选择电动机时，因图中只有轴功率，故电动机的传动部件需另选。配套电动机功率（N_m）可按下式计算：

$$N_m=K\frac{N}{\eta_i}=K\frac{\gamma QH}{\eta_i\eta}\ (\mathrm{kW}) \tag{8-10}$$

式中　Q——流量，$\mathrm{m^3/s}$；

H——扬程，m；

K——电动机安全系数，见表 8-3；

η——泵的效率；

N——泵的轴功率，kW；

η_i——传动效率，电机直联传动 $\eta_i=1.00$，联轴器直联传动 $\eta_i=0.95\sim0.98$，三角皮带传动 $\eta_i=0.95\sim0.98$；

γ——容重，按照 SI 单位制为 $\mathrm{kN/m^3}$，而密度 ρ 为 $\mathrm{kg/m^3}$（数值上等于工程制中的 γ 值）。

表 8-3 电动机安全系数

电动机功率/kW	<0.5	0.5～1.0	1.0～2.0	2.0～5.0	>5.0
安全系数 K	1.50	1.40	1.30	1.20	1.15

6. 泵的台数和备用率

考虑一开一备是合理的，但如果为大型泵，一开一备的配置是不经济的，这种情况下可设两台较小的泵供正常使用，另设一台同样大小的泵作为备用。一般来说，重要岗位的泵，应设备用泵，备用率为100%，而其他情况下连续运转泵可考虑用50%的备用率。在连续操作的大型装置中使用的泵应考虑较大的备用率。

总之，泵的选择还要考虑方方面面的问题，如安装的场地大小、基础如何等。

五、几种泵的性能、性能曲线和适用范围

1. 250WD/WDL 型污水泵

该系列泵系单级、单吸卧式与立式悬臂离心泵，适用于输送80℃以下的污水、粪便以及带有纤维纸屑等非腐蚀性固体悬浮物的液体；不适合于输送酸、碱以及其他含盐分的能引起金属腐蚀的混合液体。此类型泵的过流部件均用普通灰铸铁制成，泵轴转子由优质碳素钢制成。水泵排出口方向可以转动12个方向。其性能曲线见图8-7和图8-8。

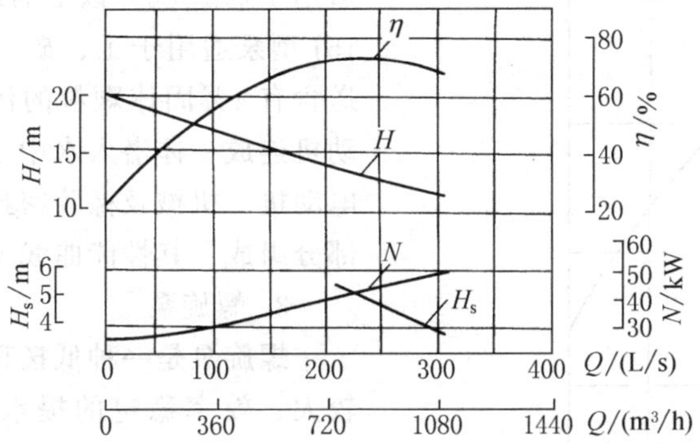

图 8-7 250WD/WDL 型污水泵性能曲线（730r/min）

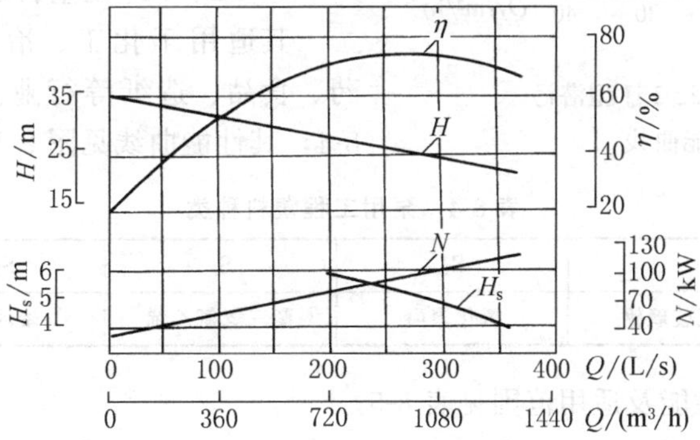

图 8-8 250WD/WDL 型污水泵性能曲线（980r/min）

2. 潜污泵

适用于城市排放污水、厨房排水、生活用排水、工程建筑工地排水、低洼地防汛排涝、农田灌溉等水质带有悬浮颗粒的污水，但不适于抽吸含酸、碱的污水以及含大量盐分的腐蚀

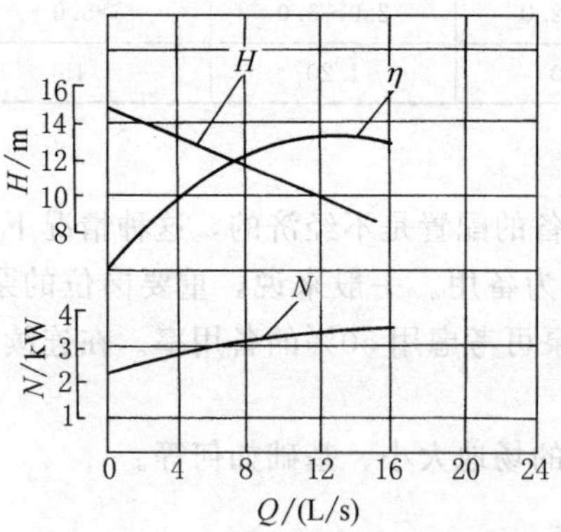

图 8-9　80WQ 型泵性能曲线

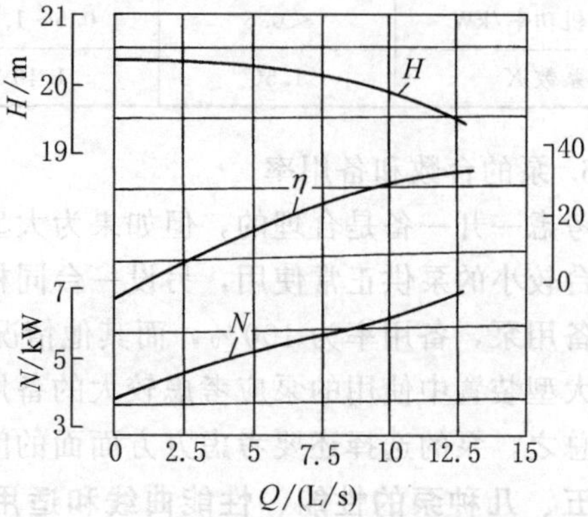

图 8-10　80WQ20 型泵性能曲线

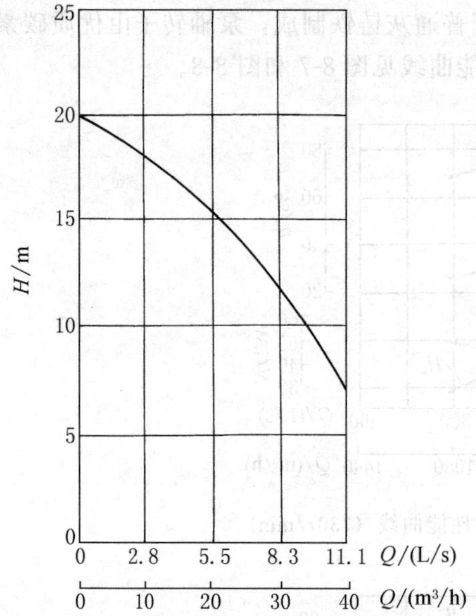

图 8-11　QX22-15J 型潜污泵性能曲线

型液体。WQ20-15、WWQ30-10 型潜水泵所适应的污水其不溶性固体含量不超过 0.6%，水温不得高于 40℃；80WQ、80WQ20 型泵还适用于抽送 80℃以下的氧化铁皮污水，QX22-15J 型泵适用于工、矿、农业、园艺养殖厂抽送含有 4%固体颗粒的污水。潜水泵是泵与电动机连成一体潜入水中工作，由泵、三相异步电动机、机械及橡胶密封圈和电器保护装置四部分组成。其性能曲线见图 8-9～图 8-11。

3. 螺旋泵

螺旋泵是一种低扬程、低转速、流量范围较大、效率稳定的提水设备，适用于农业灌溉、城市排涝，特别适应污水厂提升污泥用。其外形见图 8-12。

4. FS、FS_f 型塑料耐腐蚀泵

其适用于化工、冶金、石油、铁路、医药、食品、造纸等行业。所用塑料种类见表 8-4，其性能曲线见图 8-13 和图 8-14。

表 8-4　泵用工程塑料种类

代　号	S	S_1	S_2	S_3	S_f
材料名称	环氧玻璃钢	氯化聚醚	聚三氢氯乙烯	聚丙烯	酚醛塑料

常用各类水泵的性能及适用范围见表 8-5。

水泵的型号意义见表 8-6。

六、风机的基础知识

从风机的构造风机可分为离心式风机和轴流式风机。离心式风机适用于风量较小、系统阻力较大的场合；轴流式风机适用于风量较大、系统阻力较小的场合。环境工程中常用的是离心式风机。下面着重介绍离心式风机的情况。

表 8-5 常用水泵的性能及适用范围

型号	名称	扬程范围/m	流量范围/(m^3/h)	电机功率/kW	介质最高温度/℃	适用范围
BG	管道泵	8～30	6～50	0.37～7.5	气蚀余量2～4m	输送清水或理化性质类似的液体，装于水管上
NG	管道泵	2～15	6～27	0.20～1.3	95～150	输送清水或理化性质类似的液体，装于水管上
SG	管道泵	10～100	1.8～400	0.50～26		有耐腐蚀型、防爆型和热水型，装于水管上
XA	离心式清水泵	25～96	10～340	1.50～100	105	输送清水或理化性质类似的液体
IS	离心式清水泵	5～25	6～400	0.55～110	气蚀余量2m	输送清水或理化性质类似的液体
BA	离心式清水泵	8～98	4.5～360	1.50～55	80	输送清水或理化性质类似的液体
BL	直联式离心泵	8.8～62	4.5～62	1.50～18.5	60	输送清水或理化性质类似的液体
Sh	双吸离心泵	9～140	126～12500	22～1150	80	输送清水或理化性质类似的液体
D,DG	多级分段泵	12～1528	12～700	2.20～2500	80	输送清水或理化性质类似的液体
GC	锅炉给水泵	46～576	6～55	3～185	110	小型锅炉给水
N,NL	冷凝泵	54～140	10～510		80	输送发电厂冷凝水
J,SD	深井泵	24～120	35～204	10～100		提取深井水
4PA-6	氨水泵	86～301	30	22～75		输送20%浓度的氨水，吸收式冷冻机设备主机

表 8-6 水泵的种类及符号的意义

水泵种类		型号举例	型号的意义	数字的含义
轴流泵	ZXB型	350ZXB-70	ZXB—斜式半调节叶片轴流泵	350—泵出水口径/mm 70—比转速为700
	ZWB型	350ZWB-70	ZWB—卧式半调节叶片轴流泵	350—泵出水口径/mm 70—比转速为700
	ZLB型	350ZLB-70	ZLB—立式半调节叶片轴流泵	350—泵出水口径/mm 70—比转速为700
离心泵	BA型	6BA-18A	BA—单级单吸悬臂式泵	6—泵吸入口径/in 18—比转速为180 A—泵的叶轮外径被车削(B、C则表示被车的更多些)
	B型	4B-35	B—单级单吸悬臂式泵	4—泵吸入口径/in 35—扬程/m
	IS型	IS100-65-250A	IS—单级单吸式泵	100—泵吸入口径/mm 65—泵出水口径/mm 250—叶轮直径/mm A—叶轮经第一次车削
	ISG型	ISG200-250(Ⅰ)A	ISG—单级单吸离心管道泵	200—泵进出口公称直径/mm 250—叶轮名义外径/mm Ⅰ—流量分类 A—叶轮经第一次车削
	Sh型	10Sh-19	Sh—单级双吸卧式泵	10—泵吸入口径/in 19—比转速为190

续表

水泵种类		型号举例	型号的意义	数字的含义
离心泵	DA 型	4DA-8×5	DA—多级分段式泵	4—泵吸入口径/in 8—比转速为 80 5—泵的级数
	DL 型	65DL×5	DL—立式多级分段式泵	65—泵吸入口径/mm 5—叶轮级数
	JD 型	6JD-28×11	JD—多级深井泵	6—适用最小井径/in 28—流量/(m^3/h) 11—叶轮级数
	QJ 型	100QJ10-25/7	QJ—井用潜水泵	100—适用最小井径/mm 10—流量/(m^3/h) 25—扬程/m 7—叶轮级数
	PWA 型	4PWAa	PWA—卧式杂质污水泵	4—吸水管径为 100/mm a—车削叶轮标志
	PWL 型	14PWL-18	PWL—立式杂质污水泵	14—吸水管径为 350/mm 18—比转速为 180
	PNB 型	12PNB-7	PNB—杂质泥浆泵	12—吸水管径为 300/mm 7—比转速为 70
	WDL	250WDL	W—污水 D—低扬程 L—立式	250—排水出口直径/mm
	WQ 型	80WQ20	WQ—潜水污水泵	80—出口直径/mm 20—扬程/m
	JZ 型	JZ-160/20	JZ—单缸计量泵 Z—机座形式	160—最大设计流量/(L/h) 20—最大排出压力/(kgf/cm^2)
	FS 型	25FS-16A	F—塑料单级单吸耐腐蚀泵 S—所用工程塑料种类	25—泵的进口直径/mm 16—泵的扬程/m A—叶轮经第一次车削

注：1in＝0.0254m。

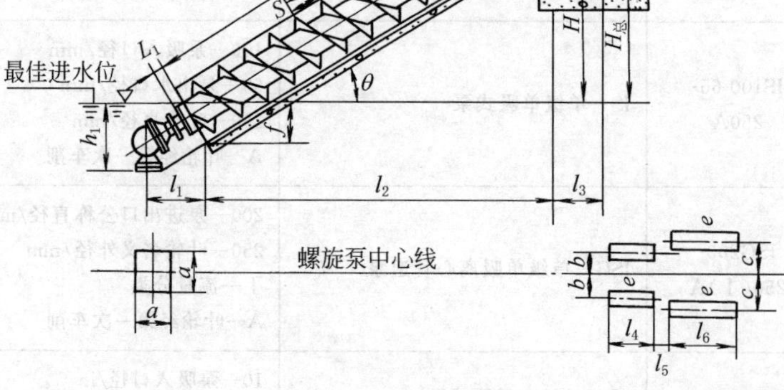

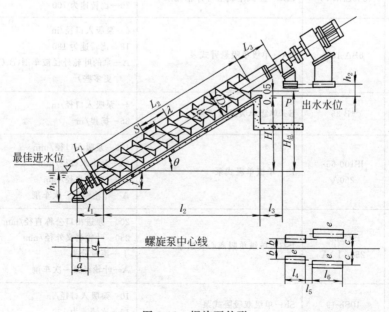

图 8-12 螺旋泵外形

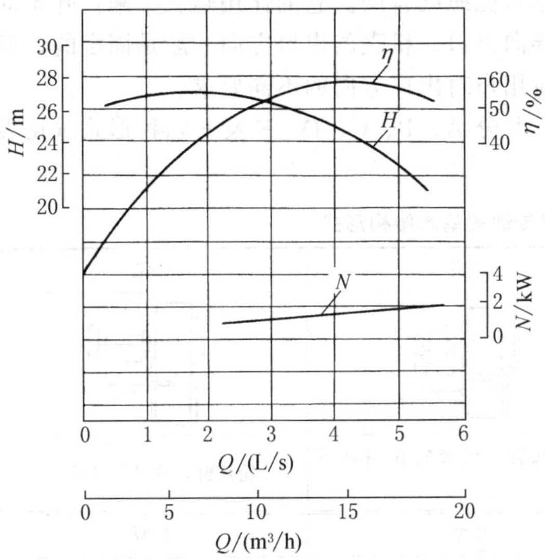

图 8-13 50FS-25 型泵性能曲线

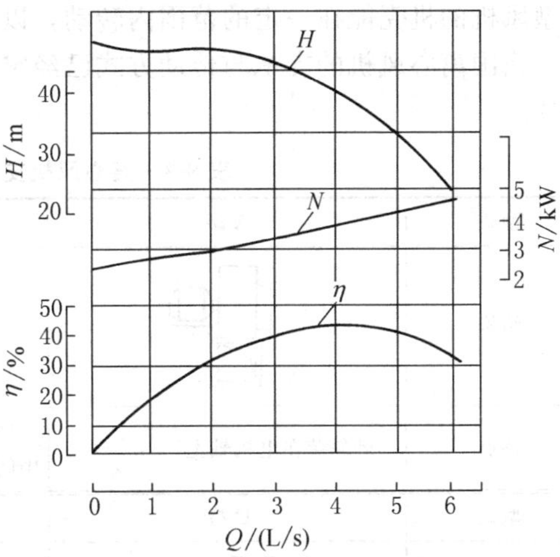

图 8-14 50FS-40 型泵性能曲线

离心式风机输送气体时，一般增压范围在 9.807kPa（1000mmH_2O）以下。

根据增压大小，离心式风机又可分为：低压风机，增压值小于 1000Pa（约 100mmH_2O）；中压风机，增压值自 1000～3000Pa（约 100～300mmH_2O）；高压风机，增压值大于 3000Pa（约 300mmH_2O 以上）。低压和中压风机大都用于通风换气及排尘系统和空气调节系统。高压风机则用于一般锻冶设备的强制通风及某些气力输送系统。根据风机的特性还可分为防爆风机（由有色金属制成）、防腐风机（由塑料或玻璃钢制成）、高温风机等。

风机也可按照用途不同分类，分类的方法详见表 8-7。

表 8-7 风机按照用途的不同分类

名称	代号			用途
	汉字	汉语拼音	缩写	
通用风机	通用	TONG	T	一般通用通风换气
排尘风机	尘	CHEN	C	木屑、纤维及含尘气体输送
防腐风机	防腐	FU	F	腐蚀性气体的通风换气
防爆风机	防爆	BAO	B	易爆气体的通风换气
高温风机	高温	WEN	W	高温气体的输送
锅炉通风机	锅通	GUO	G	热电厂及工业锅炉输送空气
锅炉引风机	锅引	YIN	Y	热电厂及工业锅炉抽引烟气
煤粉通风机	煤粉	MEI	M	煤粉吹送
矿井通风机	矿井	KUANG	K	矿井通风
工业炉通风机	工业炉	GONGYE	GY	工业炉鼓风
降温风机	凉风	LIANGFENG	LF	降温凉风
空调通风机	空调	KONGTIAO	KT	空气调节
烧结通风机	烧结	SHAOJIE	SJ	烧结炉排送烟气
冷却通风机	冷却	LENG	L	工业冷却通风
特殊通风机	特殊	TE	E	特殊用途

中压和低压离心风机的机壳外形一般是阿基米德螺线状的。它的作用是收集来自叶轮的气体，并将部分动压转换为静压，最后将气体导向出口。机壳的出口方向一般是固定的，但新型风机的机壳能在一定的范围内转动，以适应用户对出口方向的不同要求。

我国离心风机的支承与传动方式已经定型，共分 A、B、C、D、E 及 F 六种形式（见表 8-8）。

表 8-8　离心风机支承与传动的基本结构形式

型式	A 型	B 型	C 型
结构	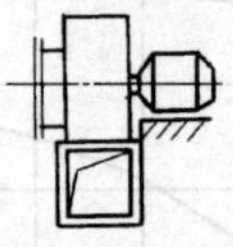	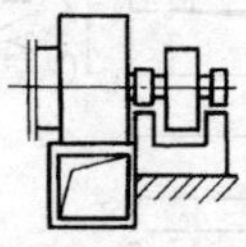	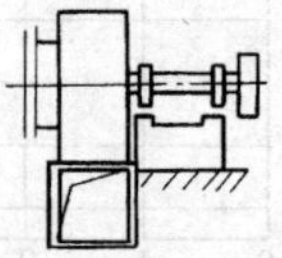
特点	叶轮装在电机轴上	叶轮悬臂，皮带轮在两轴承中间	叶轮悬臂，皮带轮悬臂
型式	D 型	E 型	F 型
结构	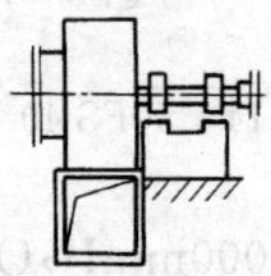	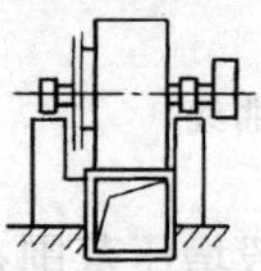	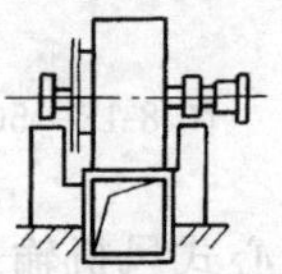
特点	叶轮悬臂，联轴器直联传动	叶轮在两轴承中间，皮带轮悬臂传动	叶轮在两轴承中间，联轴器直联传动

风机与风管系统的连接设计不合理，可能使风机性能急剧地变坏，因此设计风机与风管连接时，应使空气在进出风机时尽可能均匀一致，不要有方向或速度的突然变化。图 8-15 中比较了一些好的和不好的连接方式。安装风机的空间常常是有限的，有时就有可能不得不采用不太理想的连接方式，在这种情况下设计者必须预料将发生的性能恶化，并设计出补救的措施或方法。

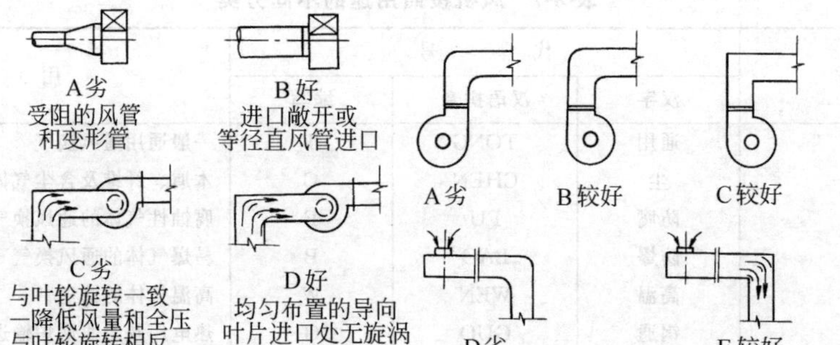

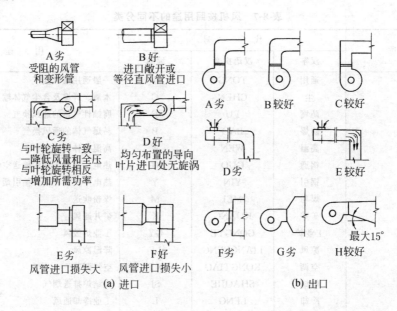

图 8-15　风机进出口连接的优劣比较

风机的特性（性能）曲线与前述的性能曲线一样，将 Q-H、Q-η 和 Q-N 绘制在同一图上，如图 8-16 所示。不同的风机，不同的转速，曲线各不相同，图 8-16 是在两者固定下作出的。同一风机在同一转速下，Q-η 变化中存在一个 η 最大值。一般是 $\eta=0.9\eta_{max}$ 时为实际运转效率，$\eta\geqslant0.9\eta_{max}$ 的范围为风机的经济使用范围。所以在同一型号、转速下，有多个值供选择，具体选用何值应由工况决定，其中主要是根据阻力决定的。在相同转速下，系统阻力小、风压低，风量就大；反之，系统阻力大、风压大，风量就小。表 8-9 列出风机 4-72№5A 的性能。

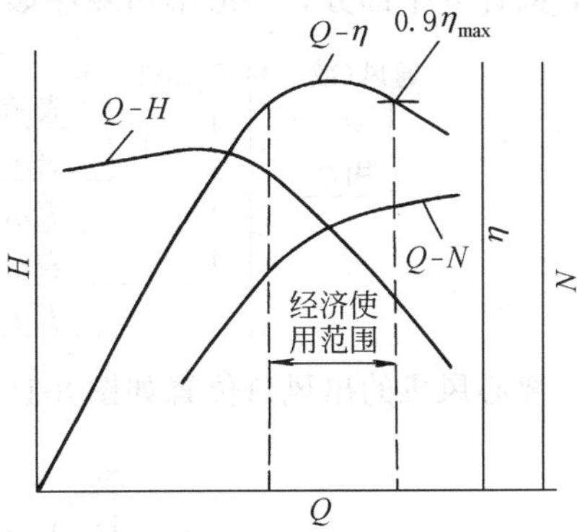

图 8-16 风机性能曲线与经济使用范围

表 8-9 风机 4-72№5A 性能表

机号№	传动方式	转速/(r/min)	序号	流量/(m^3/h)	全压/Pa	内效率/%	内功率/kW	所需功率/kW	电动机 型号	电动机 功率/kW	地脚螺栓 GB 799—76（4个）	螺母 GB 6170—86（4个）	垫圈 GB 95—85（4个）
5	A	2900	1	7728	3187	77.6	8.72	10.02	Y160M2-2 (B35)	15	M12×300	M12	12
			2	8855	3145	81.8	9.35	10.76					
			3	9928	3074	84.4	9.90	11.39					
			4	11054	2962	86	10.47	12.04					
			5	12128	2792	86.1	10.82	12.44					
			6	13255	2567	84.6	11.07	12.72					
			7	14328	2335	82.1	11.22	12.90					
			8	15455	2019	77.6	11.09	12.75					

对于风机来说，被输送气体的流速相对较高，以致动压头（速度水头）在总压（水）头中占有相当的比重，而静压头（压强水头）较小。某些风机性能曲线图上，常绘有流量-静压曲线，即 Q-p_j 曲线。有的还绘有流量-静压效率（η_j）曲线，见图 8-17。

离心式风机的完全"称呼"包括：名称、型号、机号、传动方式、旋转方向和出风口位

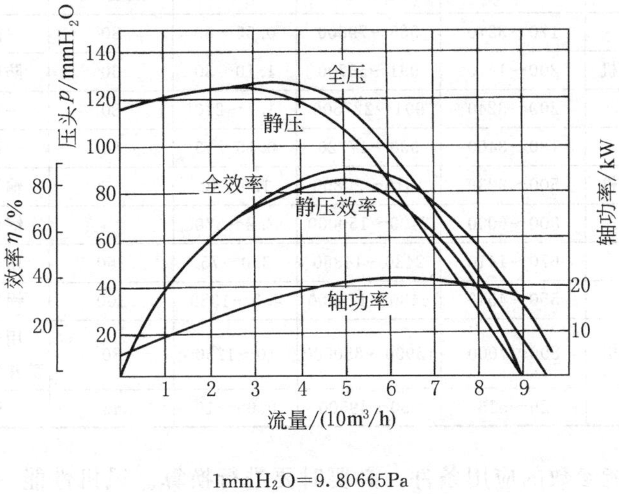

$1mmH_2O=9.80665Pa$

图 8-17 离心式风机的流量-静压曲线与流量-静压效率曲线

置，共计 6 个部分，一般书写顺序如下。

通风（或 T）4-72No2-10E

- 用途：通风（或 T）
- 表示风机的传动方式为 E 式
- 表示风机机号，叶轮直径为 1000mm（10×100mm）
- 表示风机进口为双吸入
- 表示风机在最高效率点时的比转速
- 表示风机在最高效率点时的全压系数乘 10 倍的化整数

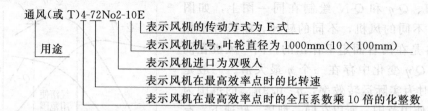

离心风机的出风口位置如图 8-18 所示。

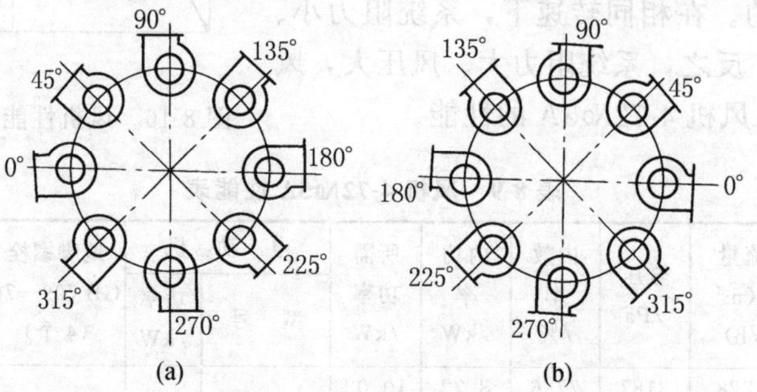

图 8-18　离心机出风口位置

（a）右转风机；（b）左转风机

叶轮旋转方向代号从传动轮或电动机位置看叶轮顺时针转为“右”，否则为“左”。

七、风机的选择

在环境工程中，选择风机应注意以下三点。

① 注意风机的应用场合，以选择不同类型的风机。如应弄清待输送气体（如清洁空气、烟气、含尘空气或易燃易爆与腐蚀性气体）的性质，以便选择不同用途的风机。常用的各类风机性能及适用范围见表 8-10。

表 8-10　常用通风机性能及适用范围

型　号	名　称	全压范围/Pa	风量范围/(m^3/h)	功率范围/kW	介质最高温度/℃	适用范围
4-68	离心通风机	170～3370	565～79000	0.55～50	80	一般厂房通风换气、空调
4-72-11	塑料离心通风机	200～1410	991～55700	1.10～30	60	防腐防爆厂房通风排气
4-72-11	离心通风机	200～3240	991～227500	1.1～210	80	一般厂房通风换气
4-79	离心通风机	180～3400	990～17720	0.75～15	80	一般厂房通风换气
7-40-11	排尘离心通风机	500～3230	1310～20800	1.0～40		输送含尘量较多的空气
9-35	锅炉通风机	800～6000	2400～150000	2.8～570		锅炉送风助燃
Y4-70-11	锅炉引风机	670～1410	2430～14360	3.0～75	250	用于 1～4t/h 蒸汽锅炉
Y9-35	锅炉引风机	550～4540	4430～473000	4.5～1050	200	锅炉烟道排风
G4-73-11	锅炉离心通风机	590～7000	15900～680000	10～1250	80	用于 2～679t/h 汽锅或一般矿井通风
30K4-11	轴流风机	26～516	550～49500	0.09～10	45	一般工厂、车间办公室换气

② 注意风机性能参数的应用条件，必要时要进行换算。风机性能一般是指在标准状况下的性能，这在风机铭牌上均有标示。这里所用的标准状态是指大气压力 p_a＝101.325kPa、

大气温度 $t=0℃$、相对湿度 $\phi=50\%$的空气状态。如果在非标准状态工作，其变化了的参数按照表 8-11 求得。

表 8-11 风机性能参数关系式

改变转速 n、大气压力 p 和气体温度 t 时	改变密度 γ 和转速 n
$\frac{Q_1}{Q_2}=\frac{n_1}{n_2}$	$\frac{Q_1}{Q_2}=\frac{n_1}{n_2}$
$\frac{H_1}{H_2}=\left(\frac{n_1}{n_2}\right)^2\left(\frac{p_1}{p_2}\right)\left(\frac{273+t_2}{273+t_1}\right)$	$\frac{H_1}{H_2}=\left(\frac{n_1}{n_2}\right)^2\left(\frac{\gamma_1}{\gamma_2}\right)$
$\frac{N_1}{N_2}=\left(\frac{n_1}{n_2}\right)^2\left(\frac{p_1}{p_2}\right)\left(\frac{273+t_2}{273+t_1}\right)$	$\frac{N_1}{N_2}=\left(\frac{n_1}{n_2}\right)^2\left(\frac{\gamma_1}{\gamma_2}\right)$
$\eta_1=\eta_2$	$\eta_1=\eta_2$

注：下脚 1、2 分别代表已知数和待求数。

③ 不论是由风机特性曲线选择风机还是由风机性能表格选择风机，都要考虑安全系数。风机的轴功率可按下式计算：

$$N=\frac{QH}{\eta\eta_j}\times K$$

式中 N——电动机轴功率，kW；

Q——风机的流量，m^3/s；

H——风机压力，Pa；

η_j——机械效率，%（按表 8-12 选取）；

η——风机效率，%；

K——电动机容量安全系数（见表 8-3）。

表 8-12 机械效率

传动方式	机械效率
电动机直联传动	1.00
联轴器直联传动	0.98
三角皮带传动（滚动轴承）	0.95

八、轴流风机

轴流风机的型号名全称包括：名称、机号、传动方式、气流方向和风口位置六个部分，其排列顺序如下：

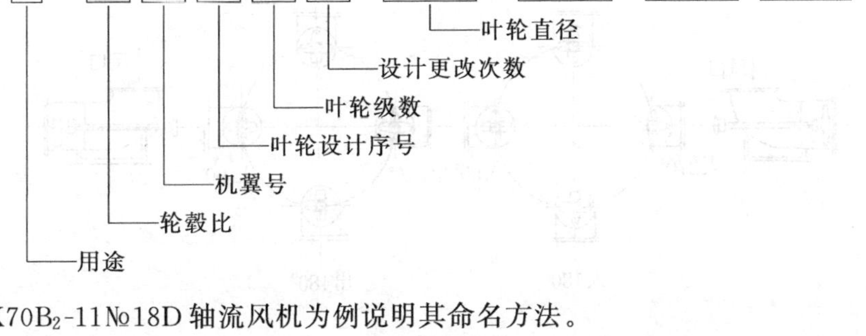

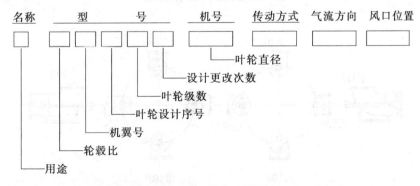

现以 K70B$_2$-11№18D 轴流风机为例说明其命名方法。

“名称”指风机的用途，以用途的汉语拼音的缩写表示。例中的“K”表示矿井用通风机。对于一般用途“T”可以省略不写。

“型号”由基本型号和变型型号组成。基本型号包括通风机的轮毂比（取轮毂比乘 100 的值）、机翼代号（见表 8-13）和设计序号。变型型号表示通风机的叶轮级数和设计变更次数。示例中的“70B_2-11”表示轮毂比为 0.7，叶片为机翼非扭曲叶片，第二次设计，叶轮为一级，第一次结构设计。

表 8-13 轴流风机机翼型式代号

代　号	机翼型式	代　号	机翼型式
A	机翼型扭曲叶片	G	对称半机翼型扭曲叶片
B	机翼型非扭曲叶片	H	对称半机翼型非扭曲叶片
C	对称机翼型扭曲叶片	K	等厚板型扭曲叶片
D	对称机翼型非扭曲叶片	L	等厚板型非扭曲叶片
E	半机翼型扭曲叶片	M	对称等厚板型扭曲叶片
F	半机翼型非扭曲叶片	N	对称等厚板型非扭曲叶片

“机号”以叶轮直径（dm）数值表示，并在数字前冠以“№”符号，示例中的“№18”表示叶轮直径为 180mm。

“传动方式”，国产轴流式风机共有五种传动方式，如图 8-19 所示。示例中“D”表示风机为联轴器传动。

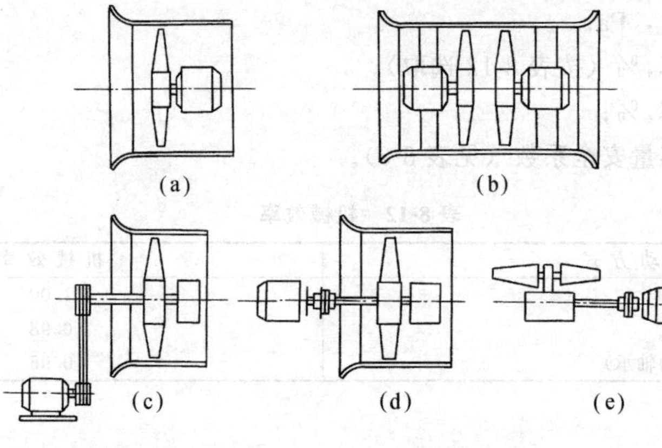

图 8-19 轴流式风机的传动方式

(a) 电机直联；(b) 对旋传动；(c) 皮带传动；(d) 联轴器传动；(e) 齿轮传动

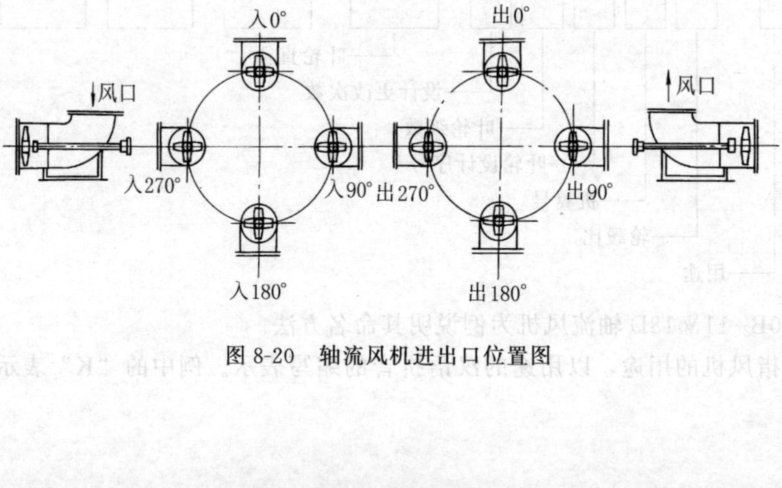

图 8-20 轴流风机进出口位置图

"气流方向"用"入"和"出"表示（一般不表示），"入"表示正对风口气流顺向流入；"出"表示正对风口气流迎面流出。

"风口位置"分进风口和出风口两种，用出、入若干角度表示，见图 8-20，若无进风口和出风口位置，则不表示。

第三节　材料与设备的选择

一、材料和设备的划分

安装工程中所需的设备与材料品种繁多、规格繁杂，往往又联系在一起而界限不清，在编制安装工程投标报价时，存在不少模糊的认识。分清设备和材料的界限是值得重视的问题。如果在报价中材料和设备混淆不清，综合单价就会产生重大的、原则性的错误，即属于设备的被列为材料，综合单价将大大提高，这将极大影响报价的竞争力；反之属于材料的被列为设备，综合单价就会变得很低，结算时就会带来重大损失。

材料和设备的划分如今尚无统一的规定和解释，建设部标准定额研究所 1991 年 5 月拟定的《工程建设设备与材料划分的原则和实例》（征求意见稿），可供划分设备与材料时参考。

材料和设备划分原则如下。

（1）设备　凡是经过加工制造，由多种材料和部件按各自用途组成的具有功能、容量及能量传递或转换性能的机器、容器和其他机械、成套装置等均为设备。设备分为标准设备和非标准设备：标准设备（包括通用设备和专用设备）是指按国家规定的产品标准批量生产的，已进入设备系列的设备，非标准设备是指国家未定型、使用量较小、非批量生产的，由设计单位提供制造图纸，委托承制单位或施工企业在工厂或施工现场制作的特殊设备。

设备及其有机构成一般包括以下各项：

① 各种设备的本体及随设备到货的配件、备件和附属于设备本体制作成型的梯子、平台、栏杆及管道等。

② 各种计量器、仪表及自动化控制装置和实验室内的仪器及属于设备本体部分的仪器、仪表等。

短波电视天线、馈线装置，移动通信设备，通信电源设备，光纤通信数字设备等各种专业或生产设备及配套设备和随机附件均为设备。

③ 各种电力变压器、互感器、调压器、感应移相器、电抗器、高压断路器、高压熔断器、稳压器、电源调整器、高压隔离开关、装置式空气开关、电力电容器、蓄电池、磁力启动器、交直流报警器，成套供应的箱、盘、柜、屏以及随设备带来的母线和支持瓷瓶均为设备。

④ 空气加热器、冷却器、各类风机、除尘设备、各种空调机、风盘管、喷淋室等均为设备。

⑤ 公称直径 300mm 以上的各种阀门为设备。

⑥ 装置在炉窑中的成品炉管、电动机、鼓风机和炉窑传动、提升装置均为设备。

⑦ 用于炉窑本体的金用铸件、锻件、加工件及测温装置、计量仪表，以及消烟、回收、除尘装置等，均为设备。

⑧ 随炉供应已安装就位的金具、耐火衬里、炉体金属埋件等均为设备。

（2）材料

① 各种电缆、电线、母线、管材、型钢、桥架、梯架、槽盒、立柱、托背、灯具及其开关、插座、按钮等均为材料。

② P 型开关、保险器、杆上避雷器、各种避雷针、各种绝缘子、金具、电线杆、铁塔、

各种支架等均为材料。

③ 各种在现场或加工厂制作的照明配电箱、0.5KVA 照明变压器、电扇、铁壳开关、电铃等小型电器等均为材料。

④ 各种风管及其附件和施工现场加工制作的调节阀、风口、消声器及其他部件、构件等均为材料。

⑤ 各种管道、管件、配件及金属结构等均为材料。

⑥ 各种栓类、低压器具、卫生器具、供暖器具、现场自制的钢板水箱及民用燃气管道和附件、器具、灶具等均为材料。

(3) 热轧扁钢（GB 704—88） 热轧扁钢尺寸与重量见表 8-14。

表 8-14 热轧扁钢尺寸与重量

宽度/mm	厚度/mm								
	3	4	5	6	7	8	9	10	11
	理论重量/(kg/m)								
10	0.24	0.31	0.39	0.47	0.55	0.63			
12	0.28	0.38	0.47	0.57	0.66	0.75	—	—	—
14	0.33	0.44	0.55	0.66	0.77	0.88	—	—	—
16	0.38	0.50	0.63	0.75	0.88	1.00	1.15	1.26	—
18	0.42	0.57	0.71	0.85	0.99	1.13	1.27	1.41	—
20	0.47	0.63	0.78	0.94	1.10	1.26	1.41	1.57	1.73
22	0.52	0.69	0.86	1.04	1.21	1.38	1.55	1.73	1.90
25	0.59	0.78	0.98	1.18	1.37	1.57	1.77	1.96	2.16
28	0.66	0.88	1.10	1.32	1.54	1.76	1.98	2.20	2.42
30	0.71	0.94	1.18	1.41	1.65	1.88	2.12	2.34	2.59
32	0.75	1.00	1.26	1.51	1.76	2.01	2.26	2.55	2.76
35	0.82	1.10	1.37	1.65	1.92	2.20	2.47	2.75	3.02
40	0.94	1.26	1.57	1.88	2.20	2.51	2.83	3.14	3.45
45	1.06	1.41	1.77	2.12	2.47	2.83	3.18	3.53	3.89
50	1.18	1.57	1.96	2.36	2.75	3.14	3.53	3.93	4.32
55	—	1.73	2.16	2.59	3.02	3.45	3.89	4.32	4.75
60	—	1.88	2.36	2.83	3.30	3.77	4.24	4.71	5.18
65	—	2.04	2.55	3.06	3.57	4.08	4.59	5.10	5.61
70	—	2.20	2.75	3.33	3.85	4.40	4.95	5.50	6.04
75	—	2.36	2.94	3.53	4.12	4.71	5.30	5.89	6.48
80	—	2.51	3.14	3.77	4.40	5.02	5.65	6.28	6.91
85	—	—	3.34	4.00	4.67	5.34	6.01	6.67	7.34
90	—	—	3.51	4.24	4.95	5.65	6.36	7.07	7.77
95	—	—	3.73	4.44	5.22	5.97	6.71	7.46	8.02
100	—	—	3.92	4.71	5.50	6.28	7.07	7.85	8.64
105	—	—	4.12	4.95	5.77	6.59	7.42	8.24	9.07

续表

宽度/mm	厚度/mm								
	3	4	5	6	7	8	9	10	11
	理论重量/(kg/m)								
110	—	—	4.32	5.18	6.04	6.91	7.77	8.64	9.50
120	—	—	4.71	5.65	6.59	7.54	8.48	9.42	10.36
125	—	—	—	5.89	6.87	7.85	8.83	9.81	10.79
130	—	—	—	6.12	7.14	8.16	9.18	10.20	11.23
140	—	—	—	—	7.69	8.79	9.89	10.99	12.09
150	—	—	—	—	8.24	9.42	10.60	11.78	12.95

注：理论重量按钢的密度 7.85g/cm³ 计算。

(4) 热轧等边角钢（GB 9787—88） 其图示见图 8-21，尺寸与重量见表 8-15。

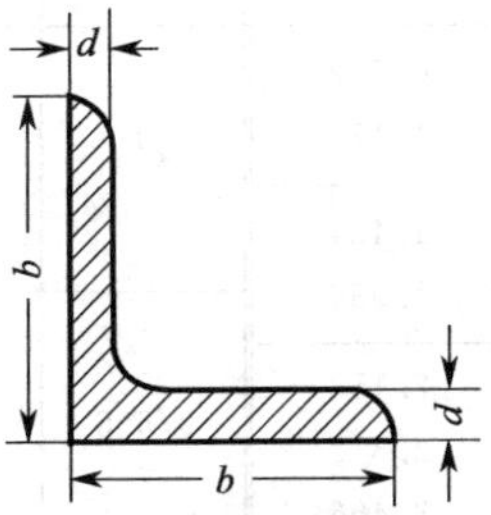

b–边宽;d–边厚

图 8-21 热轧等边角钢

表 8-15 热轧等边角钢尺寸与重量

型号	尺寸/mm b	尺寸/mm d	理论重量/(kg/m)	型号	尺寸/mm b	尺寸/mm d	理论重量/(kg/m)
2	20	3	0.889	9	90	6	8.350
		4	1.145			7	9.656
3	30	3	1.373			8	10.946
		4	1.786			10	13.476
4	40	3	1.852			12	15.940
		4	2.422	10	100	6	9.366
		5	2.976			7	10.830
5	50	3	2.332			8	12.276
		4	3.059			10	15.120
		5	3.770			12	17.898
		6	4.465			14	20.611
7	70	4	4.372			16	23.257
		5	5.397	11	110	7	11.928
		6	6.406			8	13.532
		7	7.398			10	16.690
		8	8.373			12	19.782
8	80	5	6.211			14	22.809
		6	7.376	14	140	10	21.488
		7	8.252			12	25.522
		8	9.658			14	29.490
		10	11.874			16	33.393

注：不等边角钢按理论重量或实际重量交货。理论重量按钢的密度 7.85mg/cm³ 计算。

(5) 热轧不等边角钢（GB 9788—88） 其图示见图 8-22，尺寸与重量见表 8-16。

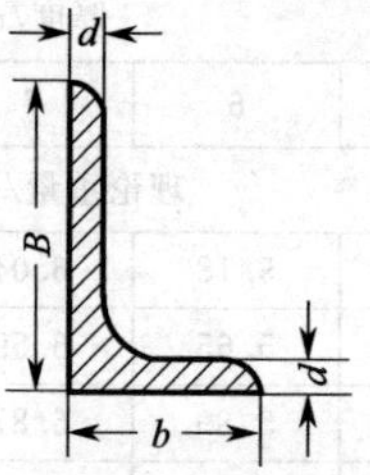

图 8-22 热轧不等边角钢

B—长边宽；*b*—短边宽；*d*—边厚

表 8-16 热轧不等边角钢尺寸与重量

型号	尺寸/mm *B*	尺寸/mm *b*	尺寸/mm *d*	理论重量/(kg/m)
2.5/1.6	25	16	3	0.912
			4	1.176
4/2.5	40	25	3	1.484
			4	1.936
5.6/3.6	56	36	3	2.153
			4	2.818
			5	3.466
7/4.5	70	45	4	3.570
			5	4.403
			6	5.218
			7	6.011
10/6.3	100	63	6	7.550
			7	8.722
			8	9.878
			10	12.142
10/8	100	80	6	8.350
			7	9.656
			8	10.946
			10	13.476
8/5	80	50	5	5.005
			6	5.935
			7	6.848
			8	7.754
9/5.6	90	56	5	5.661
			6	6.717
			7	7.756
			8	8.779
14/9	140	90	8	14.160
			10	17.475
			12	20.724
			14	23.908
16/10	160	100	10	19.872
			12	23.592
			14	27.247
			16	30.835
20/12.5	200	125	12	29.761
			14	34.436
			16	39.045
			18	43.588

注：1. 不等边角钢按理论重量或实际重量交货。理论重量按钢的密度 7.85mg/cm³ 计算。

2. 不等边角钢的通常长度：2.5/1.6～9/5.6 号，长 4～12m；10/6.3～14/9 号，长 4～19m；16/10～20/12.5 号，长 6～19m。

(6) 热轧工字钢 热轧工字钢图示见图 8-23，尺寸与重量见表 8-17。

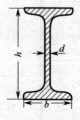

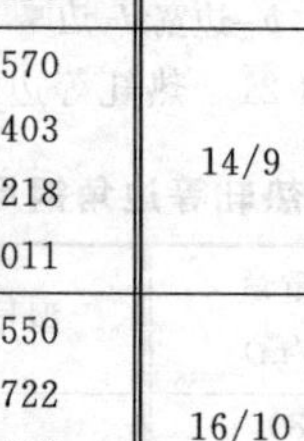

图 8-23 热轧工字钢

h—高度；*b*—腿宽；*d*—腰厚

表 8-17　热轧工字钢尺寸与重量

型号	尺寸/mm			理论重量/(kg/m)	型号	尺寸/mm			理论重量/(kg/m)
	h	*b*	*d*			*h*	*b*	*d*	
工字钢(GB 706—88)					轻型工字钢(YB 163—63)				
10	100	68	4.5	11.261	10	100	55	4.5	9.46
12*	120	74	5.0	13.987	12	120	64	4.8	11.5
12.6	126	74	5	14.223	14	140	73	4.9	13.7
14	140	80	5.5	16.890	16	160	81	5.0	15.0
16	160	88	6.0	20.513	18	180	90	5.1	18.4
18	180	94	6.5	24.143	18a	180	100	5.1	19.9
20a	200	100	7.0	27.929	20	200	100	5.2	21.0
20b	200	102	9.0	31.069	20a	200	110	5.2	22.7
22a	220	110	7.5	33.070	22	220	110	5.4	24.0
22b	220	112	9.5	36.524	22a	220	120	5.4	25.8
24a①	240	116	8.0	37.477	24	240	115	5.6	27.3
24b①	240	118	10.0	41.245	24a	240	125	5.6	29.4
25a	250	116	8.0	38.105	27	270	125	6.0	31.5
25b	250	118	10.0	42.030	27a	270	135	6.0	33.9
27a	270	122	8.5	42.825	30	300	135	6.5	36.5
27b	270	124	10.5	47.084	30a	300	145	6.5	39.2
28a	280	122	8.5	43.492	33	330	140	7.0	42.2
28b	280	124	10.5	47.888	36	360	145	7.5	48.6
30a	300	126	9.0	48.084	40	400	155	8.0	56.1
32a	320	130	9.5	52.717	45	450	160	8.6	65.2
36a	360	136	10.0	60.037	50	500	170	9.5	76.8
40a	400	142	10.5	67.598	55	550	180	10.3	89.8
45a	450	150	11.5	80.420	60	600	190	11.1	104
50a	500	158	12.0	93.654	65	650	200	12.0	120
55a①	550	166	12.35	105.355	70	700	210	13.0	138
56a	560	166	12.5	106.316	70a	700	210	15.0	158
63a	630	180	17.0	141.189	70b	700	210	17.5	184

（7）混凝土用钢筋　混凝土用钢筋见图 8-24 和表 8-18、表 8-19。

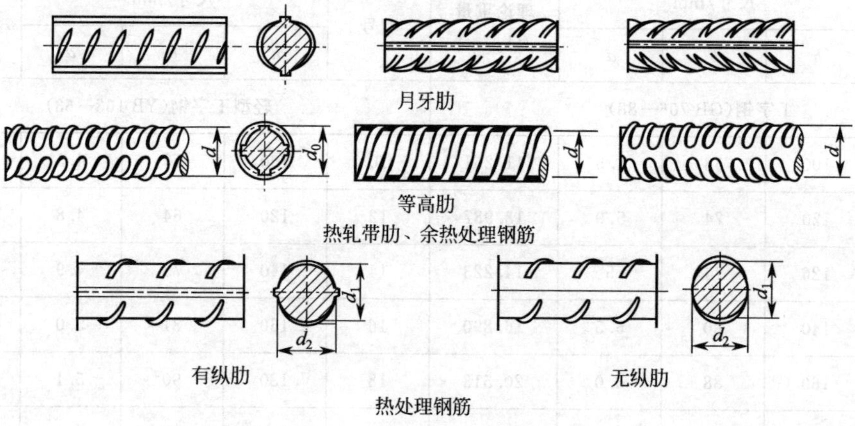

图 8-24　混凝土用钢筋示意图

表 8-18　混凝土用钢筋品种

品　　种	标准号(GB)	表面形状		公称直径/mm	长度(m)或重量(kg)
钢筋混凝土用热轧光圆钢筋	13013—91	光圆		8～20(无 8.2)	直条，长度 3～12.5
钢筋混凝土用热轧带肋钢筋	1499—91	月牙肋(有纵肋)		8～40(无 8.2)	
		等高肋		10～32	
	1499—1998	月牙肋(有纵肋)		6～50(无 8.2)	*
钢筋混凝土用余热处理钢筋	13014—91	月牙肋(有纵肋)		8～40(无 8.2)	直条，长度 3～12.5
预应力混凝土用热处理钢筋	4463—84	月牙肋	无纵肋	6，8.2	盘状，重量≥60
			有纵肋	8.2，10	

注：*表示通常长度按定尺长度交货，具体长度应在合同中注明；盘卷交货时，其盘重和盘径由供需双方协商规定。

表 8-19　混凝土用钢筋重量与尺寸

公称直径 d_0/mm	公称截面积/mm²	内径 d/mm		公称重量 /(kg/m)	公称直径 d_0/mm	公称截面积/mm²	内径 d/mm		公称重量 /(kg/m)
		月牙肋	等高肋				月牙肋	等高肋	
6①	28.27	5.8/6.3		0.230	16	201.1	15.4	15.0	1.58
8.2①	52.73	7.9/8.5		0.424	20	314.2	19.3	19.0	2.47
8.2②	52.81	8.0/8.3		0.432	25	490.9	24.2	24.0	3.85
10②	78.54	9.6/9.6		0.617	32	804.2	31.0	30.5	6.31
6	28.27	5.8	—	0.222	40	1257	38.7	—	9.87
8	50.27	7.7	7.5	0.395	(50)	1964	48.5	—	15.42
10	78.54	9.6	9.3	0.617					
12	113.1	11.5	11.3	0.888					

注：1. 公称直径栏内，带符号①、②的公称直径，分别适用于无纵肋和有纵肋热处理钢筋，无符号公称直径适用于其他钢筋；除热轧带肋钢筋（GB 1499—1998）外，推荐使用不带括号的公称直径。

2. 热处理钢筋（带符号①、②）的内径栏内，分子为垂直内径 d_1，分母为水平内径 d_2。

（8）热轧钢板（GB 709—88） 热轧钢板品种见表 8-20。

表 8-20 热轧钢板品种

钢板厚度/mm	钢板宽度/mm													
	600	650	700 710	750	800	900	950	1000	1100	1250	1400	2200	2600	3800
	钢板最大长度/mm													
0.50～0.60	1.2	1.4	1.42	1.5	1.5	1.8	1.9	2	—	—	6	—	—	—
0.65～0.90	2	2	1.42	1.5	1.5	1.8	1.9	2	—	—	6	—	—	—
1.0	2	2	1.42	1.5	1.6	1.8	1.9	2	—	—	6	—	—	—
1.2～1.4	2	2	2	2	2	2	2	2	2	3	6	—	—	—
1.5～1.8	2	2	2	2	6	6	6	6	6	6	6	—	—	—
2.0～3.9	2	2	6	6	6	6	6	6	6	6	6	—	—	—
4.0～10	—	—	6	6	6	6	6	6	6	6	6	12	—	—
11～12	—	—	—	—	—	—	—	6	6	6	6	10	—	—
13～25	—	—	—	—	—	—	—	6.5	6.5	12	12	9	9	—
26～40	—	—	—	—	—	—	—	—	—	12	12	12	10	—
42～200	—	—	—	—	—	—	—	—	—	9	9	9	9	7

（9）热轧钢带（GB 709—88） 热轧钢带品种见表 8-21。

表 8-21 热轧钢带品种

钢带厚度/mm	1.2,1.4,1.5,1.8,2.0,2.5,2.8,3.0,3.2,3.5, 3.8,4.0,4.5,5.0,5.5,6.0,6.5,7.0,8.0,10, 11,13,14,15,16,18,19,20,22,25
钢带宽度/mm	600,650,700,800,850,900,950,1000,1050, 1100,1150,1200,1250,1300,1350,1400,1450, 1500,1550,1600,1700,1800,1900

（10）冷轧钢板和宽钢带（GB 709—88） 冷轧钢板和宽钢带品种见表 8-22。

表 8-22 冷轧钢板和宽钢带品种

公称厚度/mm	钢板宽度/mm									
	600,650,700, 710,750,800,850	900 950	1000 1100	1250	1400 1420	1500	1600	1700	1800	1900 2000
	钢板最大长度/mm									
0.20～0.45	2.5	3	3	—	—	—	—	—	—	—
0.55～0.65	2.5	3	3	3.5	—	—	—	—	—	—
0.70,0.75	2.5	3	3	3.5	4	—	—	—	—	—
0.80～1.0	3	3.5	3.5	4	4	4	—	—	—	—
1.1～1.3	3	3.5	3.5	4	4	4	4	4.2	4.2	—
1.4～2.0	3	3	4	6	6	6	6	6	6	—
2.2,2.5	3	3	4	6	6	6	6	6	6	6
2.8,3.2	3	3	4	6	6	6	2.75	2.75	2.7	2.7
3.5～3.9	—	—	—	4.5	4.5	4.75	2.75	2.75	2.7	2.7
4.0～4.5	—	—	—	4.5	4.5	4.5	2.5	2.5	2.5	2.5
4.8,5.10	—	—	—	4.5	4.5	4.5	2.3	2.3	2.3	2.3

二、金属材料

1. 金属材料分类

（1）金属材料按组成成分可分为纯金属（简单金属）和合金（复杂金属）。

① 纯金属：指由一种金属元素组成的物质。目前已知纯金属约有八十多种，但工业上采用的甚少。

② 合金：指由一种金属元素（为主的）与另外一种（或几种）金属元素（或非金属元素）组成的物质。它的种类很多，如工业上常用的生铁和钢，就是铁炭合金；黄铜就是铜锌合金。由于合金的各项性能一般较优于纯金属，因此在工业上应用较为广泛。

（2）金属材料按实用性可分为黑色金属和有色金属两类。

① 黑色金属：指铁和铁的合金，如生铁、铁合金、铸铁和钢等。

② 有色金属：又称非铁金属，指除黑色金属外的金属和合金，如铜、铝、锌、锡、镍、铅、钛、镁以及铜合金、铝合金、锌合金、镍合金、钛合金、镁合金和轴承合金等。另外在工业上还采用铬、锰、钼、钨、钒、钴等，作为改善金属性能用的合金金属，其中钨、钴多用于生产道具用的硬质合金。所有上述有色金属，都称为工业用金属，以区别于贵金属（铂、金、银等）与稀有金属（包括放射性的铀、镭等）。

密度小于 $4.5g/cm^3$ 的有色金属称为轻金属，如铝、镁、钠、钾等纯金属及其合金；密度大于 $4.5g/cm^3$ 的有色金属称为重金属，如铜、镍、铅、锌、锡等纯金属及其合金。

2. 各种钢材料

（1）热轧圆钢、方钢及六角钢（GB 702—86、GB 705—89） 热轧圆钢、方钢及六角钢的尺寸与重量见表 8-23。

表 8-23 尺寸与重量

d 或 *a* /mm	圆钢 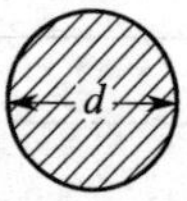	方钢 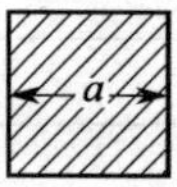	六角钢 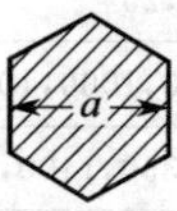	*d* 或 *a* /mm	圆钢 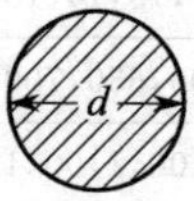	方钢 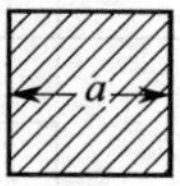	六角钢 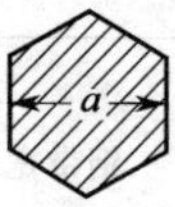
	理论重量/(kg/m)				理论重量/(kg/m)		
5.5	0.186	0.237		25	3.85	4.91	4.25
6	0.222	0.283	—	26	4.17	5.31	4.60
6.5	0.260	0.332		27	4.49	5.72	4.96
7	0.302	0.385	—	28	4.83	6.15	5.33
8	0.395	0.502	0.435	29	5.18	6.60	—
9	0.499	0.636	0.551	30	5.55	7.06	6.12
10	0.617	0.785	0.680	31	5.92	7.54	—
11	0.746	0.950	0.823	32	6.31	8.04	6.96
12	0.888	1.13	0.979	33	6.71	8.55	—
13	1.04	1.33	1.15	34	7.13	9.07	7.86
14	1.21	1.54	1.33	35	7.55	9.62	
15	1.39	1.77	1.53	36	7.99	10.2	8.81
16	1.58	2.01	1.74	38	8.90	11.3	9.82
17	1.78	2.27	1.96	40	9.87	12.6	10.88
18	2.00	2.54	2.20	42	10.87	13.8	11.99
19	2.23	2.83	2.45	45	12.48	15.9	13.77
20	2.47	3.14	2.72	48	14.21	18.1	15.66
21	2.72	3.46	3.00	50	15.42	19.6	17.00
22	2.98	3.80	3.29	53	17.3	22.0	19.10
23	3.26	4.15	3.60	56	18.6	23.7	—
24	3.55	4.52	3.92	55	19.3	24.6	21.32

注：*d* 为圆钢直径；*a* 为方钢边长或六角钢平行对边距离。

（2）热轧圆钢、方钢及六角钢的通常长度 见表 8-24。

表 8-24 热轧圆钢、方钢及六角钢尺寸

名　称		圆钢、方钢		六角钢
d 或 a/mm		≤25	＞25	8～70
长度/m	普通钢	4～10	3～9	3～8
	优质钢	2～6（工具钢 d 或 a＞75mm 时为 1～6）		2～6

注：理论重量按钢的密度 7.85g/cm³ 计算。

3. 钢铁及产品牌号表示方法（GB 221—79）

（1）钢铁产品牌号表示方法 用符号（汉语拼音字母或化学元素符号）和阿拉伯数字表示。牌号中的符号：①产品的名称、用途和冶炼方法及浇注方法，用汉语拼音字母表示；②产品中的主要元素用化学元素表示。表 8-25 表示出了部分牌号中采用的产品名称、用途、工艺方法及特性的汉字和符号。

表 8-25 钢铁产品牌号表示方法

名　称	汉　字	符　号	名　称	汉　字	符　号
碱性平炉炼钢用生铁	平	P	电工用纯铁	电铁	DT
铸造用生铁	铸	Z	碳素工具钢	碳	T
金属锰、金属铬	金	J	船用钢	船	C*
氧化转炉	氧	Y**	轧辊用铸铁	铸辊	ZU
可锻铸铁	可铁	KT	高级	高	A*
球墨铸铁	球铁	QT	特级	特	E*
粉末及粉末材料	粉	F	超级	超	C*

注：标有 * 的符号位于牌号尾部，标有 * * 的符号位于牌号中部，其余的位于牌号头部。

例如生铁是以符号和阿拉伯数字表示，其中阿拉伯数字表示平均硅含量以千分之几计。

铁合金：①以产品工艺和特性符号、含铁元素的铁合金产品符号（Fe）、合金中主元素或化合物的化学元素符号及百分含量、主要杂质的化学元素符号及其最高百分含量或主要杂质组别符号（“-A”“-B”“-C”）表示；②产品工艺和特性符号：高炉法—G（高），电解法—D（电），纯金属—J（金），真空法—ZK（真空），稀土元素—RE。

铸铁：①灰铸铁以 HT 和一组数字（最低抗拉强度值）表示；②可锻铸铁以 KT 和两组数字（最低抗拉强度和最低伸长率数值）表示，黑心可锻铸铁、珠光体可锻铸铁和白心可锻铸铁在代号后分别加注符号 H、Z、B，即 KTH、KTZ、KTB；③球墨铸铁以 QT 和两组数字（最低抗拉强度和最低伸长率数值）表示；④耐热铸铁以 RT 以及合金元素符号和它的平均含量百分之几表示。

碳素结构钢：以屈服点符号（Q）、屈服点公称数值（单位为 MPa）、质量等级符号（A、B、C、D）和脱氧方法符号表示（F—沸腾钢，b—半镇静钢，Z—镇静钢，TZ—特殊镇静钢，其中 Z、TZ 在牌号中省略表示），例如 Q235-A・F。

（2）有色金属及合金产品牌号表示方法 有色金属及合金产品的牌号表示方法，分汉字牌号和汉语拼音字母代号两种。汉字牌号用汉字和阿拉伯数字表示，汉语拼音字母代号用符号（汉语拼音字母或化学元素符号）和阿拉伯数字表示。在标准中，排号和代号同时列入，相互对照。

牌号或代号中的汉字或符号表示：①产品的名称、用途、状态、加工方法和产品特性等，用汉字或汉语拼音字母表示；②产品中的主要元素，用中文名称或化学元素符号表示。

牌号或代号中的数字表示：①产品的顺序号；②产品中主要元素的含量。

第四节 环境工程项目概预算

一、建设项目概预算的概念及划分

1. 建设项目概预算概念

建设工程设计概算与施工图预算，是在进行工程建设程序中制定的，根据不同阶段设计文件的具体内容和国家规定的定额、指标及各项费用取费标准，预先计算和确定每项新建、扩建、改建和重建工程所需要的全部投资的文件。它是建设项目在不同阶段经济上的反映，是按照国家规定的特殊的计划程序，预先计算和确定建设项目工程价格的计划性文件。

建筑及设备安装工程概算与预算是建设项目概算与预算文件的内容之一，也是根据不同阶段设计文件的具体内容和国家规定的定额、指标及各项费用取费标准，预先计算和确定建设项目投资额中建筑安装工程部分所需要的全部投资额的文件。

概预算所确定的每一个建设项目、单项工程或其中单位工程的投资额，实质上就是相应工程的计划价格。

2. 建设项目划分

建设项目按照它的组成内容不同，从大到小可以划分为单项工程、单位工程、分部工程和分项工程等项目。下面简单介绍各项目的基本情况。

(1) 建设项目　又称建设单位，一般是指具有设计任务书，按一个总体设计进行施工，经济上实行独立核算，行政上具有独立组织形式的建设单位。它是由一个或几个单项工程组成的，如一个钢铁厂、汽车厂、污水处理厂等。

(2) 单项工程　又称工程项目，一般是在一个建设单位中，具有独立设计文件，单独编制综合预算，竣工后可以独立发挥生产能力或效益的工程。它是建设项目的组成部分。一个建设项目可以包括许多工程项目，也可以只有一个工程项目，如钢铁厂中的各主要车间等。单项工程是具有独立存在意义的一个完整工程，也是一个复杂的综合体。

(3) 单位工程　是单项工程的组成部分。通常是指具有独立设计的施工图纸和单独编制的施工图预算，可以独立组织施工和单独作为计算成本对象，但建成后一般不能单独进行生产或发挥效益的工程。一个单项工程一般可按投资构成划分为建筑工程、安装工程、设备和工器具购置四项。

建筑工程是一个复杂的综合体，为了计算造价简便起见，根据其中各组成部分的性质和作用，将其分为以下单位工程：

① 一般土建工程，包括建筑物和构筑物的各种结构工程和装饰工程等；

② 构筑物和特殊构筑物工程，包括各种设备的基础、烟囱等；

③ 室内工业管道工程，包括蒸汽、压缩空气、煤气管道等；

④ 室内给水与排水管道、采暖、通风、空调等；

⑤ 室内照明工程，包括照明设备安装、线路敷设、变电和配电设备的安装等。

每一个单位工程仍然是一个比较大的综合体，对于造价计算还存在许多困难，因此可将单位工程再进一步划分为分部工程。

(4) 分部工程　是单位工程的组成部分，一般按单位工程的各个部位、构件性质、使用的材料、工种或设备种类和施工方法等不同而划分，如建筑工程预算定额中分为土石方工程、桩基工程、砖石工程、脚手架工程等。

在每一个分部工程中，因为构造、使用材料规格或施工方法等的不同，完成同一个计量单位的工程所需要消耗的工、料和机械台班数量及其价值的差别很大，所以还需要把分部工程进一步分为分项工程。

(5) 分项工程　一般是按照选用的施工方法，所使用的材料、结构构件规格等的不同而划分的，经过较为简单的施工过程就能完成，用适当的计量单位就可以计算工程量及每个单位的建筑或设备安装工程所需的配置。例如在砖石分部工程中，根据施工方法、材料和规格等因素的不同，工程划分为砖基础、内墙、外墙、柱、钢筋过梁等分项工程，每一分项工程都能选用简单的施工过程完成，都可以用一定的计量单位计算，并可求出完成相应计量单位的分项工程所需要消耗的人工、材料和机械台班的数量及其单价。分项工程是单项工程组成部分中最基本的构成要素，一般没有独立存在的意义。

二、建设项目概预算的分类及作用

根据我国的设计和概预算文件编制以及管理方法，对建设工程规定：

① 采用两阶段设计的建设项目，在初步设计阶段必须编制总概算，在施工图设计阶段必须编制施工图预算；

② 采用三阶段设计的建设项目，在技术设计阶段，必须编制修正总概算；

③ 在基本建设全过程中，根据基本建设程序的要求和国家有关文件规定，除编制建设预算文件外，在其他建设阶段还必须编制以设计概预算为基础（投资估算除外）的其他有关经济文件。

下面按照建设工程的建设工程顺序进行分类，并分别阐述它们的作用。

(1) 投资估算　一般是指在建设项目前期的工作阶段，建设单位向国家申请拟建设项目或国家对拟建设项目进行决策时，确定建设项目在规划、项目建议书、设计任务书等不同阶段的相应投资总额而编制的经济文件。

国家对任何一个拟建的项目，都要通过全面的可行性论证后才能决定其是否正式立项。在可行性论证过程中，除考虑国家经济发展上的需要和技术上的可行性外，还要考虑经济上的合理性。投资估算是在设计前期各个阶段的工作中论证拟建设项目在经济上是否合理的重要文件。其主要作用为：

① 它是国家决定拟建项目是否需要继续进行研究的依据；

② 它是国家审批项目建议书的依据；

③ 它是国家批准设计任务书的重要依据；

④ 它是国家编制中长期规划、保持合理比例和投资结构的重要依据。

投资估算法主要根据投资估算指标、概算指标、类似工程预（决）算等资料，按照指数估算法、系数法、单位产品投资指标法、平方米造价估算法、单位体积或重量估算法等方法进行编制。

(2) 设计概算　是指在初步设计或扩大初步设计阶段，根据设计要求对工程造价进行的概略的计算，它是设计文件的组成部分。

设计概算的作用如下：

① 它是国家确定和控制建设投资额的依据；

② 它是编制投资计划的依据；

③ 它是选择最优设计方案的重要依据；

④ 它是实行建设项目投资大包干的依据；

⑤ 它是实行投资包干责任制和招标承包制的重要依据；

⑥ 它是银行办理拨款、贷款和结算以及实行财政监督的重要依据；

⑦ 它是基本核算工作的重要依据；

⑧ 它是设计概算、施工图预算和竣工决算对比的基础。

（3）修正概算 采用三阶段设计形式时，在技术设计阶段，随着设计内容的深化，可能会发现建设规模、结构性质、设备类型和数量等内容与初步设计内容相比有出入。为此，设计单位根据技术设计图纸、概算指标或概算定额、各项费用取费标准、建设地点的技术经济条件和设备预算价格等资料，对初步设计总概算进行修正而形成一个经济文件，此即修正概算。其作用与初步设计概算基本相同。

（4）施工图预算 在施工图设计阶段，在工程设计完成后、单位工程开工前，施工单位根据施工图纸计算工程量，对施工进行设计，同时根据国家规定的现行工程预算定额、单位估价表、各项费用的取费标准、建筑材料预算价格以及建设地区的自然条件、技术经济条件等资料，进行计算和确定单位工程或单项工程的建设费用，此经济文件即施工图概预算。

施工图预算的主要作用如下：

① 它是确定单位工程和单项工程造价预算的依据；

② 它是落实或调整年度建设计划的依据；

③ 它是实行招标、投标，实行工程预算包干、进行工程竣工决算的重要依据；

④ 在委托承包时，它是办理财务拨款、工程贷款和工程结算的依据；

⑤ 它是施工单位编制施工计划的依据；

⑥ 它是加强施工企业实行经济核算的依据。

（5）施工预算 施工阶段在施工图预算的控制下，施工队根据由施工图计算的分项施工定额（包括劳动定额、材料和机械台班消耗定额）、单位工程施工的组织设计或分部（项）工程施工的过程设计以及降低工程成本的技术组织措施等资料，通过工程分析，计算和确定完成一个单项工程或其中的分部（项）工程所需的人工、材料和机械台班消耗量及其相应的费用的经济文件即施工预算。其作用如下：

① 它是施工企业对单位工程实行计划管理，编制施工、材料、劳动力等计划的依据；

② 它是实行班组经济核算，考核单位用工、限额领料的依据；

③ 它是施工队向班组下达工程施工任务书和施工过程中检查与监督的依据；

④ 它是班组推行全优综合奖励制度的依据；

⑤ 它是施工图预算和施工预算对比的依据；

⑥ 它是单位工程原始经济资料之一，也是开展造价分析和经济对比的依据。

（6）工程决算 一个单项工程、单位工程、分部工程或分项工程完工并经建设单位及有关部门验收后，施工单位根据施工过程中现场实际情况的记录、设计变更通知书、现场工程更改签证、预算定额、材料预算价格和各项费用标准等资料，在概算的范围内和施工图预算的基础上，按照规定的编制向建设单位（甲方）办理结算工程价款，取得收入，用以补偿施工过程中的资金耗费，确定施工盈亏形成的经济文件即工程决算。

（7）竣工决算 是指在竣工验收阶段由建设单位编制的建设工程项目从筹建到建成投产或使用的全部实际成本的技术文件。它是建设投资管理的重要环节，是工程竣工验收、交付使用的重要依据，也是工程建设财务总结，是银行对其实行监督的必要手段。

三、环境工程项目概算

1. 概算的内容

设计概算分三级概算，即单位工程概算、单项工程概算和建设项目总概算。

设计概算的编制内容及相互关系如图 8-25 所示。

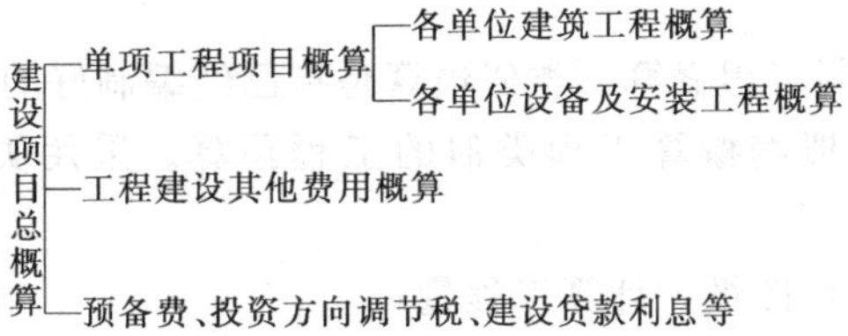

图 8-25 设计概算编制内容及相互关系

单位工程概算是确定单项工程中的各单位工程建设费用的文件，是编制单项工程综合概算的依据。单位工程概算分为建筑工程概算和设备安装概算两大类。建筑工程概算分为一般土建工程概算、给排水工程概算、采暖工程概算、通风工程概算、特殊构筑物工程概算、工业管道工程概算和电器照明工程概算。设备及安装工程概算分为机械设备及安装工程概算、电器设备及安装工程概算。

单项工程综合概算是确定一个单项工程所需建设费用的文件，是根据单项工程内各专业单位工程概算汇总编制而成的。单项工程综合概算的组成内容如图 8-26 所示。

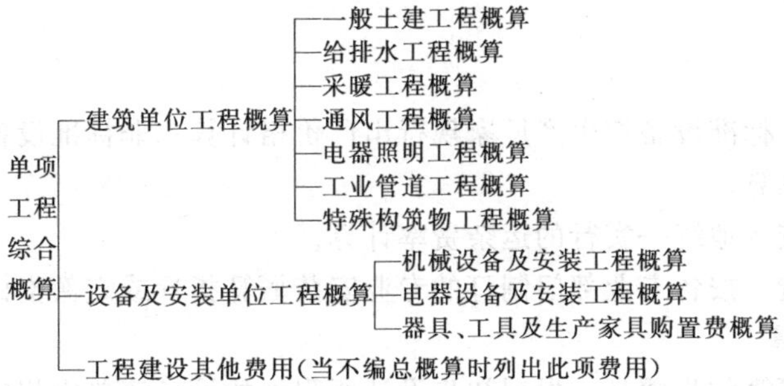

图 8-26 单项工程综合概算的组成内容

建设项目总概算是确定整个建设项目从筹建到竣工验收所需全部费用的文件。它是由各单项工程综合概算以及工程建设其他费用和预备费用概算汇总编制而成的。

2. 基本编制方法

编制工程概算有三种方法：利用概算定额编制、利用概算指标编制、利用类似概算或预算编制。

(1) 利用概算定额编制工程概算　初步设计或扩大初步设计较深化，结构、建筑要求比较明确，基本上能估算出各种结构工程数量者，可以根据概算定额来编制建筑工程概算书，其步骤如下：

① 根据设计图纸和概算定额所规定的工程量计算规则计算工程量；

② 根据确定的工程量和概算定额的基价计算直接费用；

③ 计算间接费用、计划利润和税费；

④ 将直接费、间接费、计划利润和税费相加即得出一般土建工程概算；

⑤ 将建筑工程概算价值除以建筑面积，即得出技术经济指标；

⑥ 作出材料分析，一般建筑工程概算只计算钢材、水泥和木材。

(2) 利用概算指标编制工程概算　在初步设计深度较浅，尚无法估算工程数量，或在方案阶段，初具轮廓估算造价时，可以根据概算指标编制概算。

① 概算指标的选用。在不同的情况下选择不同的概算指标。

② 用概算指标编制概算的方法：工程概算价值＝建筑面积×概算指标，工料用量＝建筑面积×工料概算指标。

(3) 利用类似预算编制工程概算　类似预算是指已经编制好的，在结构、层次、构造特征、建筑面积、层高上与拟编概算工程类似的工程预算。采用类似预算编制概算的方法如下：

① 熟悉拟建工程的设计图纸，计算工程量；

② 选择类似预算，当拟建工程与类似预算工程在结构构造上有部分差异时，将每百平方米建筑面积造价及人工、主要材料数量进行修正；

③ 当拟建工程与类似预算工程在人工工资标准、材料预算价格、机械台班使用费用及有关费用有差异时，测算调整系数；

④ 根据拟建工程建筑面积以及类似预算资料、修正数据和调整系数，计算出拟建工程的调整造价和各项经济指标。

四、环境工程项目安装工程概算

各种工艺设备、动力设备、运输设备、实验设备、变电和通讯设备等工程的概算价值，由设备原价、设备运杂费、设备安装费和施工管理费所组成。编制概算时要分别计算这些费用。

1. 编制依据

(1) 设备原价　标准设备按生产厂家现行出厂价格计算；非标准设备按照制造厂家报价参考有关类似资料估算。

(2) 运杂费　按各地统一实行的运杂费率计算。

(3) 设备安装费　按各专业部门制订的专业安装概算指标或定额指标计算。

2. 设备购置概算

编制设备购置概算的步骤是：根据初步设计所附加的设备清单中相应的设备原价计算设备总价，然后再根据设备总原价和设备运杂费率计算设备运杂费，两项相加即为设备购置费概算。设备购置费概算计算公式为：

设备购置费概算＝Σ(设备清单中的设备数量×设备原价)×(1＋运杂费)

或　设备购置费概算＝Σ(设备清单中的设备数量×设备预算原价)

3. 设备安装工程概算

编制设备安装工程概算，应按照初步设计或扩大初步设计的深度和对概算要求的粗细程度，决定编制的依据。可参考下面两种方法编制：

① 按每套设备、每吨设备、设备容重或设备价值，乘以一定的安装百分率计算；

② 按设备的安装概算指标计算。

4. 采暖、通风、给排水、电器照明和通讯工程设计概算的编制

采暖、通风、给排水、电器照明和通讯工程设计概算的编制，同土建工程的编制方法，可以采用概算定额、概算指标、类似预算等几种编制方法。

5. 设备及安装工程概算的编制

其工程内容如下：

① 机械及设备安装工程包括各种工艺设备及各种运输设备，锅炉、内燃机等动力设备，工业用泵与通风设备以及其他设备；

② 电气设备和安装工程包括传动电气设备、吊车电气设备和控制设备等，变电及整流电气设备，弱电系统设备，包括电话、通讯、广播和信号等设备以及自动控制设备等。

概算编制包括设备购置概算和设备安装工程概算。

五、环境工程项目单项工程综合概算

1. 单项工程综合概算编制

（1）编制说明

① 工程概况。介绍单项工程的生产能力和工程概貌。

② 编制依据。说明设计文件的依据。

③ 编制方法。说明概算编制是根据概算定额、概算指标还是类似预算。

④ 主要设备和材料的数量。说明主要机械设备、电气设备及主要建筑安装材料等的数量。

⑤ 其他相关的问题。

（2）综合概算表　综合概算表除了要将该单项工程所包括的所有单位工程概算，按费用构成和项目划分填入表内外，还需要列出技术经济指标。技术经济指标的计量单位可以根据房屋和构筑物及其各个单位工程性质、类型和用途确定。总的技术经济指标是该项工程所有技术经济指标的集中体现，也是评价该项工程设计经济合理性的最主要的指标。

2. 其他工程和费用概算

其他工程和费用主要内容有：土地征购费、建设场地原有建筑物及构筑物的拆除费、场地平整费、建设单位管理费、生产职工培训费、办公及生产用具购置费、工具器具及生产用具购置费、联合试车费、厂外道路维修费、建设场地清理费、施工单位转移费、冬（雨）季施工费、夜间施工费、远征工程增加费、因施工需要而增加的其他费用、材料差价、计划利润、不可预见工程费等。以上费用均按规定进行计算。

第五节　环境工程工程量清单

国家标准《建设工程工程量清单计价规范》（GB 50500—2003）已于2003年2月7日经建设部第119号公告批准颁布，于2003年7月1日实施。工程量清单计价是建设工程招投标工作中，由招标人按照国家统一的工程量计算规则提供工程数量，由投标人自主报价，并按照经评审低价中标的工程造价计价模式。

一、基本概念

1. 工程量清单

工程量清单是表现拟建工程的分部分项工程项目、措施项目、其他项目名称和相应数量的明细清单，包括分部分项工程量清单、措施项目清单、其他项目清单。

工程量清单是按照施工设计图纸和招标文件的要求将拟建招标工程的全部项目和内容依据统一的工程量计算规则和计量单位，计算分部分项工程实物量，列在清单上作为招标文件的组成部分，供投标单位逐项填写单价，用于投标报价和中标后计算工程价款的依据。

工程量清单是承包合同的重要组成部分，是编制招标工程标底价、投标报价和工程结算时调整工程量的依据，它应由具有相应资质的中介机构进行编制，并符合以下要求：

① 工程量清单格式应符合《建设工程工程量清单计价规范》有关规定要求；

② 工程量清单必须依据《建设工程工程量清单计价规范》规定的工程量计算规则、分部分项工程项目划分及计量单位的规定，结合施工设计图纸、施工现场情况和招标文件中的有关要求进行编制。

2. 工程量清单计价

工程量清单计价是指投标人完成由招标人提供的工程量清单所需的全部费用，包括分部分项工程费、措施项目费、其他项目费和规费、税金。

实行工程量清单计价的主旨是要在全国范围内，统一项目编码，统一项目名称，统一计量单位，统一工程量计算规则。在这“四个统一”的前提下，由国家主管职能部门统一编制《建设工程工程量清单计价规范》，作为强制性标准，在全国统一实施。

二、工程量清单

1. 工程量清单项目编号

采用十二位阿拉伯数字表示。一至九位为统一编码，其中一、二位为附录顺序码，三、四位为专业工程顺序码，五、六位为分部工程顺序码，七、八、九位为分项工程项目名称顺序码，十至十二位为清单项目名称顺序码。

【例 8-1】 以安装工程为例说明项目编码组成（见图 8-27）

03——06——01——004——XXX

第五级表示具体清单项目名称顺序码(由工程量清单编制人编制,从 001 开始)

第四级表示分项工程顺序码,004 表示低压碳钢管

第三级表示分部工程顺序码,01 表示低压管道

第二级表示专业工程顺序码,06 表示工业管道工程

第一级表示附录分类码,03 表示安装工程

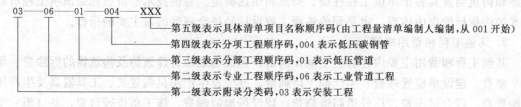

图 8-27 工程量清单项目编号

2. 工程量清单的编制

根据《建设工程工程量清单计价规范》的规定，工程量清单应由分部分项工程量清单、措施项目清单和其他项目清单组成。

分部分项工程量清单表明招标人对于拟建工程的全部分项实体工程的名称和相应的数量，投标人对招标人提供的分部分项工程量清单必须逐一计价，对清单所列内容不允许作任何更改变动。投标人如果认为清单内容有不妥或遗漏，只能通过质疑的方式由清单编制人做统一的修改更正，并将修正后的工程量清单发给所有投标人。

措施项目清单表明为完成分项实体工程而必须采取的一些措施性工作。投标人对招标文件中所列项目，可根据企业自身特点做适当的变更增减。投标人要对拟建工程可能发现的措施项目和措施费用做通盘考虑，清单计价一经报出，即被认为是包括了所有应该发生的措施项目的全部费用。如果报出的清单中没有列项，而又是施工中又必须发生的项目，业主有权认为，其已经综合在分部分项工程量清单的综合单价中。将来措施项目发生时投标人不得以任何借口提出索赔与调整。

其他项目清单主要体现了招标人提出的一些与拟建工程有关的特殊要求。招标人填写的内容随招标文件发至投标人或标底编制人，其项目、数量、金额等投标人或标底编制人不得随意改动。由投标人填写部分的零星工作项目表中，招标人填写的项目与数量，投标人不得随意更改，且必须进行报价。如果不报价，招标人有权认为投标人就本报价内容要无偿为自己服务。当投标人认为招标人列项不全时，投标人可自行增加列项并确定本项目的工程数量及计价。

3. 工程量清单编制的要求

(1) 项目名称设置要规范 即清单项目名称一定要按《建设工程工程量清单计价规范》附录的规定设置，不能各行其是。因为只有正确设置了项目名称，才能有正确的计量单位和

相应的工程量计算规则，才能做到全国的“四个统一”。反之，名称不按规范附录设置，会给投标报价和评标都会带来不应有的困难。

(2) 项目描述要到位　它是用《建设工程工程量清单计价规范》附录中该项目所对应的“工程内容”中应完成的工程来描述项目的。所谓到位就是要将完成该项目的全部内容体现在清单上不能有遗漏，以便投标人报价。如果因描述不到位而引发纠纷，将以清单的描述论责任，而不是以附录提示的“工程内容”来论定。所以编制工程量清单时，项目描述一定要到位。

(3) 分部分项工程清单设置　以《建设工程工程量清单计价规范》(简称《规范》) 的附录规定作为编制工程量清单的依据。《规范》附录 C 包括安装工程工程量清单项目及计算规则，适用于一般工业设备安装工程和工业民用建筑（含公用建筑）配套工程（采暖、给排水、燃气、消防、电气、通风)，共 1140 个清单项目。其中：

附录 C1 机械设备安装工程：包括切削锻造、起重电梯、输送、风机、泵类、压缩机、工业炉、煤气发生设备等安装工程，共 121 个清单项目。

附录 C2 电气设备安装工程：包括 10kV 以下的变配电设备、控制设备、低压电器、蓄电电池等安装，电机检查接线及调试，防雷及接地装置，10kV 以下的配电线路架设，动力及照明的配管配线，电缆敷设，照明器具安装等共 126 个清单项目。

附录 C3 热力设备安装工程：包括发电用中压锅炉及附属设备安装及炉体、汽轮发电机等设备安装，还包括煤场机械设备，水力冲渣、冲灰设备，化学水预处理系统设备，低压锅炉及附属设备安装，共 90 个清单项目。

附录 C4 炉窑砌筑工程：包括专业炉窑和一般工业炉窑的砌筑等共 21 个清单项目。

附录 C5 静置设备与工艺金属结构制作安装工程：包括容器、填料塔、换热器、反应器等静置设备的制作、安装，化学工业炉制作、安装，各类球形罐组的安装，气柜制作、安装，联合平台、桁架、管廊、设备框架等工艺金属结构制作、安装，共 48 个清单项目。

附录 C6 工业管道工程：包括低、中、高压管道和管件安装，法兰、阀门安装，板卷管（含管件）制作、安装，管材表面及焊接无损探伤等共 123 个清单项目。

附录 C7 消防工程：包括水灭火系统、气体灭火系统、泡沫灭火系统、火灾自动报警系统安装等共 52 个清单项目。

附录 C8 给排水、采暖、燃气工程：包括给排水、采暖、燃气管道及管道附件安装，卫生、供暖、燃气器具安装等共 86 个清单项目。

附录 C9 通风空洞工程：包括通风空洞设备及部件制作、安装，通风管道及部件制作、安装等共 44 个清单项目。

附录 C10 自动化控制仪表安装工程：包括过程检测、控制仪表安装，集中检测、监视与控制仪表安装，工业计算机安装与调试，仪表管路敷设，工厂通讯及供电等共 68 个清单项目。

附录 C11 通信设备及线路工程：包括通信设备、通信线路安装，通信布线，移动通讯设备安装等共 270 个清单项目。

三、工程量清单计价

《建设工程工程量清单计价规范》规定，单位工程造价由分部分项工程费、措施项目费、其他项目费和规费、税金组成。其中分部分项工程费、措施项目费和其他项目费是由各自清单项目的工程量乘以清单项目综合单价汇总，即

分部分项工程费 $=\sum$（清单项目工程量×综合单价）

清单项目的工程量由工程量清单提供，投标人的投标报价需在工程量清单的基础上先计算出各清单项目的综合单价，即组价。在提交投标文件的同时，须按照投标文件的要求提交清单项目的综合单价及综合单价分析表，以便于评标。

第六节　环保设备设计与应用的技术经济分析

一、环保设备的技术经济指标

技术经济学中所列的技术经济指标尽管很多，但从环保设备或系统的特点出发，其技术经济指标基本上可以分为三类：一类是反映已形成使用价值的收益类指标；一类是反映使用价值的消耗类指标；第三类是与上述两类指标相联系，反映技术经济效益的综合指标。

1. 收益类指标

（1）处理能力　指单位时间内能处理“三废”物质的量。例如水处理设备的流量大小、除尘设备的风量大小等。显然，环保设备的处理能力与处理工艺、设备、体积消耗以及总造价密切相关。

（2）处理效率　指通过处理后的污染物去除率。环保设备的处理效率与处理对象有关，如除尘设备的分级效率就对尘粒大小较为敏感。

（3）设备运行寿命　是指既能保证环境治理质量，又能符合经济运行要求的环保设备运行寿命。实质上也是代表环保设备投资的有效期。

（4）“三废”资源化能力　指通过处理获得的直接经济价值，如回收硫、回收贵金属、水循环、废渣制建材等。

（5）降低损失水平　指通过环保设备对污染源进行治理后，改善了环境质量，减或免交处理前的环境污染赔偿费，或减少生产资料损失。如改善了排水状况、降低对捕鱼量的影响等。

（6）非货币计量效益　指通过环保设备对污染源进行治理后，产生的不能直接用货币计量的效益，如空气的净化、环境幽雅舒适、社会稳定等。

2. 消耗类指标

（1）投资总额　是指购置和制造环保设备支出的全部费用，含购买、制作、安装等直接费用和管理费、占地费等非直接费用。

（2）运行费用　是指让环保设备正常运行所需的全部费用。包括直接运行费（人工、水、电、材料）和间接运行费（管理、折旧等）。

（3）设置耗用时间　是指环保设备从开始投资到实际运行所耗用的时间，它反映了从购买到形成使用价值的速度。

（4）有效运行时间　是指环保设备每年实际运行时间，常用有效利用率表示。有效利用率＝年累计运行时间/年计划运行时间。

3. 综合指标

（1）寿命周期费用　环保设备的寿命周期费用，是指环保设备在整个寿命周期过程中所发生的全部费用。所谓寿命周期，是指从研究开发开始，经过制造和长期使用直到报废或被其他设备取代为止，所经历的整个时期（图 8-28）。

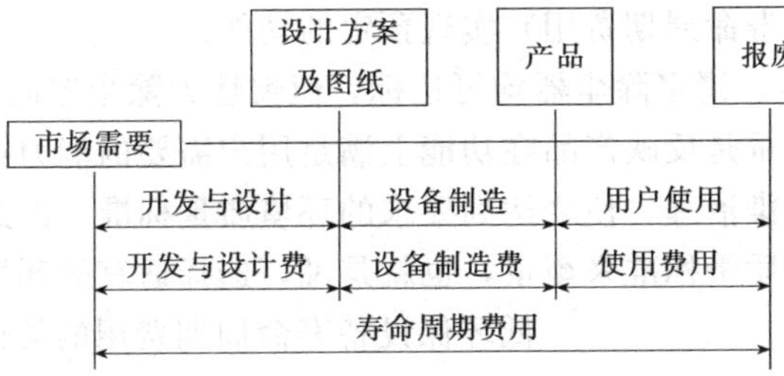

图 8-28　环保设备的寿命周期和寿命周期费用

(2) 环境效益指数　是反映使用环保设备后环境质量改善的综合指标。其计算公式为：

$$环境效益指数=\frac{治理前后污染物排放量之差}{该污染物的允许排放量}$$

(3) 投资回收期　是以环保设备的净收益（包括直接和间接的收益）抵偿全部投资所需的时间，一般以年为单位，是考虑环保设备投资回收能力的重要指标。根据是否考虑货币资金的时间价值，投资回收期可分为静态投资回收期和动态投资回收期。

静态投资回收期的计算公式为：

$$N_t=\frac{TI}{M}$$

式中　TI——投资总额；

N_t——静态投资回收期，a；

M——年平均净收益。

动态投资回收期的计算公式为：

$$N_d=\frac{-\lg\left[1-\frac{TI}{M}i\right]}{\lg(1+i)}$$

式中　i——年利率或投资回收期，%；

N_d——动态投资回收期，a。

【例 8-2】 某污水处理设备，初始投资 50 万元，年运行费 3 万元，运行后每年免交排污费 15 万元，即净收益为 15－3＝12 万元。设投资收益率为 20%，试分别求静态和动态投资回收期。

解　静态回收期为：

$$N_t=\frac{TI}{M}=\frac{50}{12}=4.7\ (年)$$

动态回收期为：

$$N_d=\frac{-\lg\left(1-\frac{50}{12}\times 0.2\right)}{\lg(1+0.2)}=9.8\ (年)$$

二、环保设备设计技术经济分析

影响环保设备设计的技术经济因素如下。

(1) 功能与成本　功能是产品所具有的能满足用户某种需要的特性，或者说是产品所具有的效能、用途、使用价值。就环保设备而言，其功能则是对某一污染源进行治理，使之达标排放。

在设计环保设备（特别是非标准设备）时，应将重点放在寻求既能实现预定的目的功能，又能以较低的成本（这里所说的成本是寿命成本，即寿命周期费用）来实现过程功能。

原则是：以较低的成本（寿命周期费用）实现预定的功能。

如除去 $d_p>10\ \mu m$ 尘，诸多除尘器均可达标，但惯性力除尘器成本最低，应优先选用。

(2) 质量与成本　质量是反映产品在功能上满足用户需要的能力或程度，就环保设备而言，其功能是进行环境污染治理，使之达到要求的环境质量标准。因此，环保设备质量最终应以能否达到预定的环境质量标准来衡量，也就是说，选择适宜的环境质量设计标准，是降低环保设备寿命周期费用的关键。

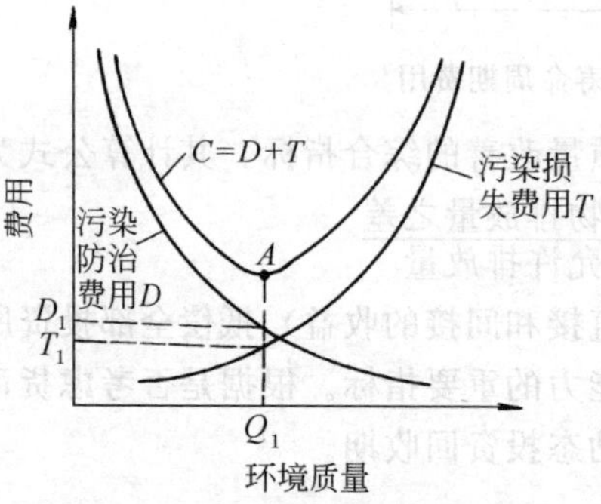

图 8-29　最佳环境质量模式

图 8-29 反映了环境质量（以污染物在环境中的残留浓度表示）与污染防治费、污染损失费以及总费用（即上述两项之和）之间的关系。从图8-29 中可以看出，总费用最低的 A 点对应的环境质量即为理论上的最佳环境质量。如果此点对应的环境质量等于或高于有关的环境质量标准，则这就是适宜的设计标准。如果此点对应的环境质量标准低于有关的标准要求，则必须多支付一定的费用，使之达到有关标准的要求。即应以有关标准规定的值作为设计标准。

(3) 设备制造条件　应用产品设计经济学关于生产性设计的思想进行环保设备设计时，为了降低设备成本，缩短生产周期，必须充分考虑所设计环保设备未来的制造以及市场上可较为便利地提供的材料或零部件。由于环保设备（尤其是非标准设备）的设计与制造一般多为单件或小批量，所以讲求设计的生产性，即充分考虑未来的制造条件是非常必要的。

(4) 安全性、可靠性与经济性　安全性、可靠性与经济性是三个密切相关的概念，在环保设备设计过程中需要统筹考虑。一般来说，取较大的安全系数、提高系统的可靠性势必增加成本。但是，并不是成本越高，设备的安全性、可靠性也就越高。这里有一个最佳匹配问题。

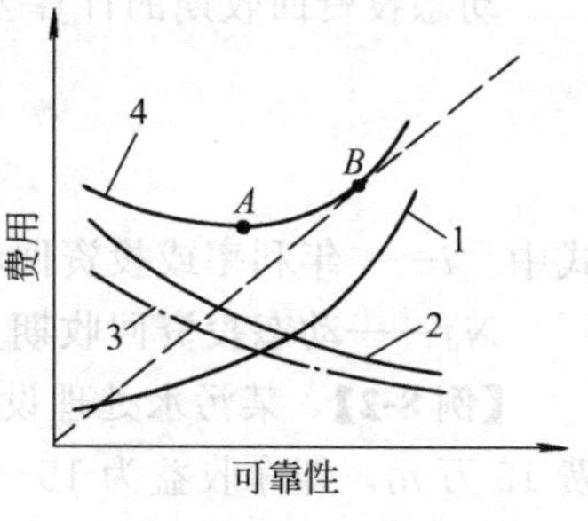

图 8-30　设备可靠性与费用之间的关系曲线

1—研制、设计与制造费用；2—使用与维修费；3—维修费；4—总费用

所谓可靠性，是指设备（或系统）在规定时间内，在规定使用条件下，完成规定功能的概率。这种定量化的可靠性称为可靠度。设备的可靠性在很大程度上是和保证及责任联系在一起的。在生产实践中，几乎很少有100%的可靠产品。设计环保设备（或系统）时要求绝对完好是既不现实又不经济的。图 8-30 描述了可靠性与费用的关系。从图中可以看出，设备的可靠性提高，将导致研制、设计和制造费用的增加，但使用和维修费用却随可靠性的提高而降低。反之，如果可靠性降低，就势必导致使用和维修费用大大增加，甚至造成报废，在经济上造成重大损失。一般有两点很值得设计时给予关注，一是总费用最低点 A 相应的可靠性，另一是单位费用可靠性最大的 B 点。

安全系数是表示组成设备（或系统）的某个零件承受荷载的安全程度。尽管安全系数与可靠度在描述设备的安全性、可靠性方面有很大的相似，但其内在的含义及应用却有很大的区别。

安全系数（常用 n 表示）的范围为 $0\leqslant n\leqslant\infty$。从理论上说，较大的安全系数意味着有较高的安全性。而可靠度（常用 R 表示）的范围却为 $0\leqslant R\leqslant 1$。对串联的零部件来说［见图 8-31(a)］，安全系数最小的零部件决定着整个装置的总安全系数。而串联装置的总可靠程度却等于所有零件可靠度的乘积［见图 8-31(b)］。整个装置失效的原因，并不一定是可靠度较小的零件，也不一定是强度问题。

三、设计费用与设计方案成本

1. 设计费用

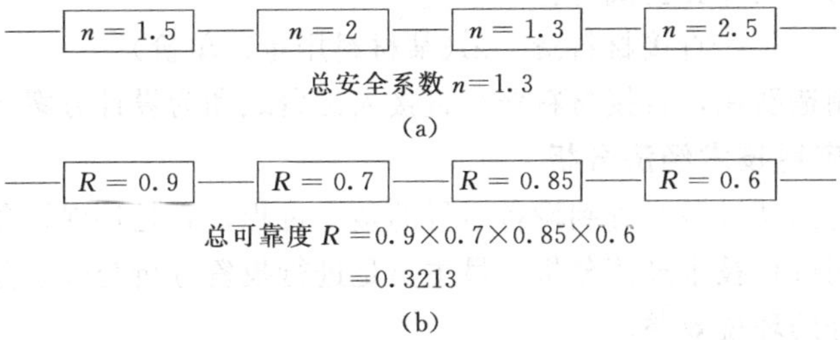

图 8-31 串联装置的安全系数和可靠度

(a) 串联装置的安全系数；(b) 串联装置的可靠度

从环境治理工程的要求，到环保设备（或系统）设计工作完成，大致要经过方案论证、初步设计、施工图设计和竣工四个阶段。每个阶段又要花费一定人力、材料、实验、能源、设备和其他方面的费用。这些费用的总和被称为设计费用。对环保设备设计进行技术经济分析必然涉及到设计费用。一般而言如果设计费用花得太少，就难免出现一些本该可以避免的设计缺陷，导致制造成本和使用成本上升，甚至有可能前功尽弃。但并不是设计费用花得越多越好。对于那些指标不适当的优化设计，尽管花了较高的设计费用，也不会得到很好的设计方案。同时那种不准备进行改进设计，要求工作图一次性准确无误的想法也是不切实际的，势必拖延下达图纸进行试制的时间。一般各个设计阶段花费不同，且后一个阶段都比前一个阶段的耗费高。但后一阶段是建立在前一阶段的基础上的。

设计费用由直接费用和间接费用构成。直接费用一般由编制技术文件费用、上机试验操作费用、试验研究费用和组织评价（包括方案论证、文件会审、产品鉴定等）费用组成。间接费用与直接费用不同，它是指那些虽不是直接在设计过程中所花，但主要是在设计过程中“孕育”的费用。间接设计费用往往被设计者所忽视，其重要性并不小于直接设计费用。间接设计费用在后续的过程中才能表现出其影响，包括对销售的影响、设备使用的影响、制造成本的影响、技术转让的影响、推广使用的影响以及对后续设计的影响等。

2. 设计方案成本

设计方案成本是指按设计方案进行设备制造所需的制造成本。它是由直接材料费、直接人工费和制造费组成，其中设备费占 40%～50%，人工费占 30%，制造费占 20%。下面介绍几种设计方案成本的估算方法。

(1) 系数法　是根据以往研制或已经正式投产的同类产品或系列型谱中的基型产品的费用，来估算设计方案成本的方法。系数法又可分为简单系数法和综合系数法。

① 简单系数法。这种方法是以原材料费用的构成比例为基础进行计算的，其公式为：

$$C_m=\frac{M_c}{f_M}$$

式中 C_m——设计方案成本；

M_c——设计方案预计直接材料费；

f_M——同类设备直接材料费占成本比例。

② 综合系数法。其计算公式为：

$$C_m = M_c\left(1+\frac{f_w+f_k}{f_M}\right)$$

式中 f_M、f_w、f_k——分别为直接材料费、直接人工费和制造费的系数，即直接材料费、直接人工费和制造费各自在产品成本中所占的比重。

（2）额定成本法　其计算公式为：

$$直接材料费=\sum(某材料用量\times单价)$$

直接人工费即制造费用，直接材料费与直接人工费之和为设计方案成本。

四、环保设备应用技术经济分析

环保设备应用包括从设备投资到设备运行的整个过程，它是环保设备寿命周期的重要阶段。对环保设备应用进行技术经济分析，最主要是进行投资分析与管理分析，以达到单位寿命周期成本创造较好的环境效益。

1. 环保设备投资分析

环保设备投资与生产投资不完全相同，后者的投资决策判据仅是成本与效益，前者则需要综合考虑环境治理的基本要求、经济效益、环境效益等综合指标。环保设备投资分析的方法有投资回收期法、寿命周期费用法、环境效益指数-费用分析法、边际分析法等。下面简单介绍投资回收期法。

若某项环保设备的投资回收期小于或等于基准投资回收期，则该方案在经济上可以考虑接受。例如初投资 50 万元，运行后每年免交排污费 12 万元，静态回收期为 5 年，若基准定为 6 年，则可行。

2. 运行管理分析

环保设备寿命为设备从诞生到报废的时间，分为设备自然寿命（物质寿命）、设备技术寿命（设备未坏，因技术落后而淘汰）、设备经济寿命（设备未坏，因经济上不合算而淘汰）。

有效利用环保设备是提高投资的经济效益及环境效益的必然要求。环保设备的有效利用率最基本的表达式为：

$$有效利用率=\frac{T_{工}}{T_{工}+T_{停}}$$

式中 $T_{工}$——在规定时间内，环保设备在正常状态下累计运行的时间；

$T_{停}$——在规定时间内，环保设备停止运行的累计时间。

在环保设备运行的全过程，应把有效利用率作为设备综合管理效果的重要指标。影响环保设备正常运行的最主要因素是可靠性和可维修性。尽管可靠性和可维修性在设计阶段就大体确定了，但加强运行管理和维修工作对提高环保设备的有效利用率也很重要。

第七节　投标报价

一、工程施工招投标概述

工程施工投标报价过程大致可分为投标前期准备阶段、投标文件编制阶段两个部分，其基本程序为：取得招标信息，报名参加投标，办理资格预审，取得招标文件，研究招标文件，调查投标环境，确定投标策略，核算工程量清单，编制施工组织设计，物资及分包询价，计算工程量清单综合单价，提出初步报价，报价分析决策确定最终报价，编制投标文件，投送投标文件，参加开标会议。

1. 取得招标信息

目前，全国各地都建立了建设工程交易中心，交易中心会定期、不定期地发布工程招标信息，招投标交易中心是招标信息的主要来源之一。我国招投标法规定了两种招标方式：公开招标和邀请招标，交易中心发布的主要是公开招标的信息。承包商还必须通过一定的渠道获得邀请招标的信息，以期成为招标人选择招标邀请的对象。

2. 报名并参加资格审查

承包人得到招标公告后应及时报名参加投标，明确向发包人表明参加投标的意愿，以便得到资格审查的机会，同时积极准备资格预审资料。资格预审是在投标前发包单位对各承包单位所进行的一次全面审查。资格审查主要内容有：营业执照、资质证书、企业简历、技术力量、主要机械设备、在建工程项目、近三年承包工程情况以及财务状况等。

3. 研究招标文件

招标文件包含投标者须知、通用合同条件、专用合同条件、技术规范、图纸、工程量清单，以及必要的附件（各种担保或包含的格式）等。一般来说，专业技术类人员需研究技术规范和图纸以及工程地质勘探资料。

4. 研究工程量清单

工程量清单是招标文件的重要组成部分，是招标人提供给投标人用以报价的工程量，也是最终结算及支付的依据。必须对工程量清单中工程量是否会变更等情况进行分析，对于工程量不变的报价要适中，对于工程量可能增加的报价要偏高，有可能降低的报价要偏低。只有这样，投标人才能准确把握风险，并做出正确报价，以获得最大的利润。

5. 调查投标环境

调查投标环境需要勘查施工现场，而投标者报价就是在审核招标文件并在工程现场调查的基础上编制的，是投标者必须经过的投标程序。

承包人必须知己知彼才能制定出切实可行的投标策略，提高中标的可能，因此调查招标人、调查竞争对手应该是投标环境调查的重要组成部分。

6. 参加标前会议

在投标前发包人一般要召开标前会议，投标人在参加标前会议之前应把招标文件中存在的问题整理为书面文件，传真、邮寄或送到招标文件指定的地址，发包人收到各投标人问题后，可能随时予以解答，也可能在标前会上集中解答。发包人的解答一定以书面内容为准，不能仅凭发包人口头解答编制报价和方案。

二、招标标底价格概述

在实施工程量清单招标条件下，标底价格的作用、编制原则，以及编制依据等方面也发生了相应的变化。

1. 标底价格的作用

工程招标标底价是业主为掌握工程造价及各投标单位工程报价的准确与否，控制工程投资的基础数据，并以此为依据测评。

在以往的招投标工作中，标底价格在评标定标过程中都起到了不可替代的作用。在实施工程量清单报价条件下，形成了由招标人按照国家统一的工程量计算规则计算工程数量，由投标人自主报价，经评审低价中标的工程造价模式。标底价格的作用在招标投标中的重要性逐渐弱化，这也是工程造价管理与国际接轨的必然趋势。

2. 标底价格的编制原则

① 四统一原则。根据《建设工程工程清单计价规范》的要求，工程量清单的编制与计

价必须遁循四统一原则。四统一原则即是在同一工程项目内，对内容相同的分部分项工程只能有一组项目编码与其对应，同一编码下分部分项工程的项目名称、计量单位、工程且计算规则必须一致。“四统一原则”下的分部分项工程计价必须一致。

② 遵循市场形成价格的原则。市场形成价格是市场经济条件下的必然产物。长期以来我国工程招投标标底价格的确定受国家（或行业）工程预算定额的制约，标底价格反映的是社会平均消耗水平，不能表现个别企业的实际消耗量，不能全面反映企业的技术装备水平、管理水平和劳动生产率，不利于市场经济条件下企业间的公平竞争。

工程量清单计价由投标人自主报价，有利于企业发挥自己的最大优势。各投标企业在工程量清单报价条件下必须对单位工程成本、利润进行分析，统筹考虑，精心选择施工方案，并根据企业自身能力合理地确定人工、材料、施工机械等生产要素的投入与配置、优化组合，有效地控制现场费用和技术措施费用，形成具有竞争力的报价。工程清单下的标底价格反映的是由市场形成的具有社会先进水平的生产要素市场价格。

③ 体现公开、公平、公正的原则。工程造价是工程建设的核心内容，也是建设市场运行的核心。建设市场上存在的许多不规范行为大多与工程造价有关。工程量清单下的标底价格应充分体现公开、公平、公正原则。公开、公平、公正不仅是投标人之间的公开、公平、公正，亦包括招投标双方间的公开、公平、公正。即标底价格的确定，应同其他商品一样，由市场价值规律来决定，不能人为地盲目压低或提高。

④ 风险合理分担原则。工程量清单计价方法是在建设工程招投标中，招标人按照国家统一的工程量计算规则计算提供工程数量，投标人依据工程清单所提供的工程数量自主报价，即由招标人承担工程量计价的风险，投标人承担工程价格的风险。在标底价格的编制过程中，编制人应充分考虑招投标双方风险可能发生的概率，风险对工程量变化和工程造价变化的影响，在标底价格中应予以体现。

⑤ 标底的计价内容应遵循与工程量清单计价规范下招标文件的规定完全一致的原则，标底的计价过程必须严格按照工程量清单给出的工程量及其所综合的工程内容进行计价，不得随意变更或增减。

⑥ 一个工程只能编制一个标底的原则。市场价格是工程造价构成中最活跃的成分，只有充分把握其变化规律才能确定标底价格。一个标底的原则，即是确定市场要素价格唯一性的原则。

3. 标底价格的编制依据

①《建设工程工程量清单计价规范》；

② 招标文件的商务条款；

③ 工程设计文件；

④ 有关工程施工规范及工程验收规范；

⑤ 施工组织设计及施工技术方案；

⑥ 施工现场具体条件及环境因素；

⑦ 招标期间建筑安装材料的市场价格；

⑧ 工程项目所在地劳动力市场价格；

⑨ 由招标方采购的材料的到货计划；

⑩ 招标人制订的工期计划。

4. 标底价格的编制程序

工程标底价格的编制必须遵循一定的程序才能保证标底价格的正确性。

① 标底价格由招标单位（或业主）自行编制，或受其委托具有编制标底资格和能力的

中介机构代理编制。

② 搜集审阅编制依据。

③ 取定市场要素价格。

④ 确定工程计价要素消耗量指标。

⑤ 参加工程招投标交底会，勘察施工现场。

⑥ 招标文件质疑。对招标文件（工程量清单）表述或描述不清的问题向招标方质疑，请求解释，明确招标方的真实意图，力求计价精确。

⑦ 综合上述内容，按工程量清单表述工程项目特征和描述的综合工程内容进行计价。

⑧ 标底价格初稿完成。

⑨ 审核修正。

⑩ 审核定稿。

5. 标底价格的编制方法

标底价格由五部分内容组成：分部分项工程量清单计价、措施项目清单计价、其他项目清单计价、规费、税金。

(1) 分部分项工程量清单计价　分部分项工程量清单计价，是对招标方提供的分部分项工程量清单进行计价的。

(2) 措施项目清单计价　《建设工程工程量清单计价规范》为工程量清单的编制与计价提供了一份措施项目一览表。标底编制人应根据施工组织设计或方案对表内内容逐项计价，如果编制人认为表内提供的项目不全，也可列项补充，该措施项目计价按单位工程计取。

(3) 其他项目清单计价　其他项目清单计价按单位工程计取，分为招标人、投标人两部分，分别由招标人与投标人填写。由招标人填写的内容包括预约金、材料购置费等。由投标人填写的包括总承包服务费、零星工作项目费等。按《计价规范》的规定，规范中列项不包括的内容，招投标人均可增加列项并计价。

招标人部分的数据由招标人填写，并随同招标文件一同发至投标人或标底编制人。在标底计价中，编制人如数填写不得更改。

投标人部分由投标人或标底编制人填写，其中总承包服务费要根据工程规模、工程的复杂程度、投标人的经营范围、划分拟分包工程来计取，一般是不大于分包工程总造价的5%。

零星工作项目表，由招标人提供具体项目和数量，由投标人或标底编制人对其进行计价。

零星工作项目计价表中的单价为综合单价，其中人工费综合了管理费与利润，材料费综合了材料购置费及采购保管费，机械费综合了机械使用费、车船使用税以及设备的调遣费。

(4) 规费　规费是指政府和有关权力部门规定必须缴纳的费用（简称规费），在标底编制时应按工程所在地的有关规定计算此项费用。

(5) 税金　税金包括营业税、城市维护建设税、教育费附加三项内容。因为工程所在地的不同税率也有所区别。标底编制时应按工程所在地规定的税率及计算方法计取税金。

三、标底价格的审查与应用

1. 标底价格的审查

标底价格编制完成后，需要认真进行审查。加强标底价格的审查，对于提高工程量清单计价水平，保证标底质量具有重要作用：

① 发现错误，修正错误，保证标底价格的正确率。

② 促进工程造价人员提高业务素质，成为技术经济环境下工程建设对工程造价人员的要求。

③ 提供正确工程造价基准，保证招投标工作的顺利。

标底价格的审查分三个阶段进行

(1) 编制人自审　当单价工程标底计价初稿完成后，编制人要进行自我审查，检查分部分项工程要素消耗水平是否合理，计价过程的计算是否有误，力求合理。

(2) 编制人之间互审　编制人之间互审的主要目的是，发现编制人对工程量清单项目理解的差异，统一理解。

(3) 专家（上级）或审核组审查　专家（上级）或审核组审查是全面审查，包括对招标文件的符合性审查、计价基础资料的合理性审查、标底价格整体计价水平的审查、标底价格单项计价水平的审查，是完成定稿的权威性审查。

2. 标底价格审查的内容

(1) 符合性　符合性包括计价价格对招标文件的符合性意图的符合性。

(2) 计价基础资料合理性　计价基础资料的合理性是标底价格合理的前提。计价基础资料包括：工程施工规范、工程验收规范、企业生产要素消耗水平、工程所在地生产要素价格水平。

(3) 标底整体价格水平　检查标底价格是否大幅度偏离概念值，是否无理由偏离，已建同类工程造价是否比例失调，实体项与非实体项价格比例是否失调。

(4) 标底单项价格水平　标底单项价格水平是否偏离概念值。

3. 标底价格的使用

标底价格最基本的应用形式，是标底价格与各项投标价格的对比。从中发现投标价格的偏离谬误，为招标答疑会提供招标人质疑素材。标底价格的计价基础要与各投标单位报价的计价基础完全一致，考察标底价格与投标报价的对比。

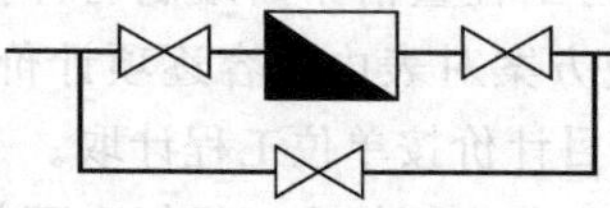

图 8-32　D_N80 法兰水表节点的设计图

【例 8-3】 某工程 D_N80 法兰水表节点的设计图示见图 8-32，确定该水表安装工程量清单项目的综合单价，水表价格 230 元，定额见表 8-26。

表 8-26　法兰水表安装的定额表

定额编号					8-368
项目		单位	单价	数量	合价
综合单价		元			1847.33
其中	人工费	元			111.28
	材料费	元			1485.00
	机械费	元			183.17
	管理费	元			52.30
	利润	元			15.58
二类工		工日	26.0	4.280	111.28
材料	法兰水表 D_N80	个		(1.00)	
	法兰闸阀 Z45T-10 D_N80	个	140.93	3.0	422.79
	法兰止回阀 Z44T-10 D_N80	个	228.0	1.0	228.00
	碳钢平焊法兰 1.6MPa D_N80	片	45.60	14.000	638.40
	焊接钢管 D_N80	m	30.88	2.0	61.760
	其他材料费合计(名称省略)	元			134.05
机械	直流弧焊机	台班	105.88	1.110	183.17

解 D_N80 法兰水表安装综合单价为：

$$1847.33-228+230=1849.33\text{ 元}$$

其中，人工费为 111.28 元，材料费为 1485.00 元，机械费为 183.17 元，管理劳务费为 52.30 元，利润为 15.58 元。

计算规则可参看《江苏省安装工程计价表》中的有关规定。

思考题与习题

1. 选型原则是什么？

2. 为什么离心式泵与风机性能曲线中 Q-η 曲线有一个最高效率点？

3. 建设项目概预算的概念是什么？如何划分？

4. 环保设备技术经济指标包括哪些内容？

5. 如何进行环保设备应用技术经济分析？

6. 水泵的吸水扬程是否有最大值限制？为什么？如何降低泵的吸水扬程？

7. 一布袋除尘器，处理风量为 $400m^3/h$，已知进口粉尘浓度为 $2g/m^3$，出口粉尘浓度为 $100mg/m^3$，计算该除尘器 24h 的下灰量为多少？

8. 在 $n=2000r/min$ 条件下实测一离心式泵，结果为 $Q=0.17m^3/s$，$p_0=160mmH_2O$（$1mmH_2O=9.80665Pa$），$\eta=60\%$，配用电机 22kW，考虑三角皮电传动效率 $\eta_t=98\%$，现用此引风机输送温度 20℃ 的清洁空气，n 不变，求其在新条件下的性能参数。

9. 某工厂由冷冻站输送冷冻水到空气调节室的蓄水池，采用一台单吸单级离心式水泵。在吸水口测得流量为 60L/s，泵前真空计指示度为 4m，吸水口径 25cm。泵本身向外泄漏流量约为吸水口流量的 2%。泵出口压力表读数为 $3.0kgf/cm^2$（$1kgf/cm^2=98.0665kPa$），泵出口直径为 0.2m。压力表安装位置比真空计高 0.3m，求泵的扬程。

10. 有一单吸单级离心式泵，流量 $Q=68m^3/h$，$\Delta h_{min}=2m$，从封闭容器中抽送温度 40℃ 清水（40℃ 水密度为 $992kg/m^3$），容器内部液面压强 8.83kPa，吸入管段阻力 0.5m，试求该泵允许的几何安装高度？

11. 某空气调节系统需要从冷水箱向空气处理室供水，最低气温为 10℃，要求供水量 $35.8m^3/h$，几何扬水高度 10m，处理室喷嘴前应保证有 20m 的压头。供水管路布置后经计算管路损失达 7.1m H_2O。为了使系统能随时启动，故将水泵安装位置设在冷水箱之下，试选择水泵。

12. 有一台吸入口径为 600mm 的双吸单级泵，输送常温清水，其工作参数为 $Q=880L/s$，允许吸上真空高度为 3.5m，吸入管段的阻力估计为 0.4m，求：(1) 当几何安装高度为 3.0m 时，该泵能否正常工作？(2) 如该泵安装在海拔为 1000m 的地区，抽送 40℃ 的清水，允许的几何安装高度为多少？

13. 某地大气压为 98.07kPa，输送温度为 70℃ 的空气，风量为 $11500m^3/h$，管道阻力为 $200mmH_2O$，试选用风机、应配用的电机及其他配件。

14. 一污水处理设备使计算机芯片生产厂的费用增加了 420 万元。(1) 如果该设备使用寿命 15 年，利率 10%，而且寿命终期残值为 210 万元，请问该设备按年计算的资本费用？(2) 如果工厂每年生产 100 万片芯片，那么由于废水处理的资本花费，每片芯片所增加的费用？

参 考 文 献

[1] 部风涛主编．建设项目环境管理条例释文．北京：中国法制出版社，1999.

[2] 国家环境保护总局监督管理司．中国环境影响评价．北京：化学工业出版社，2000.

[3] 国家环境保护局科技标准司．工业污染物产生和排放系数手册．北京：中国环境科学出版社，1998.

[4] 国家环境保护局计划司，辽宁省环境保护局．工业行业环境统计手册．沈阳：辽宁大学出版社，1991.

[5] 刘玉机，朱敬之主编．实用环境统计．沈阳：辽宁大学出版社，1997.

[6] 钱易，唐孝炎主编．环境保护与可持续发展．北京：高等教育出版社，2000.

[7] 李同明．中国经济可持续发展与工业生态化．环境技术，1998 (6)：39-45.

[8] B. R. Allenby，Industry Ecology，Policy Framework and Implementation. Upper Saddle River，N. J：Prentice Hall. 1999.

[9] 卢志茂，叶平．工业生态学的研究视角．自然辩证法研究，2000，16 (16)：58-62.

[10] 顾国维主编．绿色技术及其应用．上海：同济大学出版社，1999.

[11] 刘旭，汪应洛主编．清洁生产．北京：机械工业出版社，1998.

[12] 张天柱．中国清洁生产政策制订的形势背景．化工环保，2000，20 (3).

[13] 张天柱．中国清洁生产政策的研究与制订．化工环保，2000，20 (4).

[14] 段宁，尹荣楼．清洁生产论文集．北京：中国环境科学出版社，1995.

[15] 史捍民主编．企业清洁生产实施指南．北京：化学工业出版社，1997.

[16] 任欣．我国草浆造纸行业清洁生产机会．环境科学，1997 (3)：82-87.

[17] 李卓丹．论我国酒精工业推行清洁生产的潜力和机会．环境科学研究，1999. 12 (2)：1-7.

[18] 路全忠，刘冬梅．西卓资山水泥厂清洁生产方案可行性分析论证．内蒙古环境保护，1999. 11 (3)：26-31.

[19] 中国认证国家注册委员会 (CRBA)．ISO14000 环境管理体系国家注册审核员基础知识通用教程．北京：中国计量出版社，2000.

[20] 朱慎林，赵毅红主编．清洁生产导论．北京：化学工业出版社，2001.

[21] 中国 21 世纪议程——中国 21 世纪人口、环境与发展白皮书．北京：中国环境科学出版社，1994.

[22] 李国鼎主编．环境工程．北京：中国环境科学出版社，1990.

[23] 张金锁等编著．工程项目管理学．北京：科学出版社，2000.

[24] 《中国环境管理制度》编写组编．中国环境管理制度．北京：中国环境科学出版社，1991.

[25] 郝喜顺，甄瑞芳，马明峰，张志敏编著．总量控制排污许可证管理与实施．北京：中国环境科学出版社，1991.

[26] 国家环境保护局，中国环境科学研究院编．总量控制技术手册．北京：中国环境科学出版社，1990.

[27] 梁仁彩著．化学工业布局概论．北京：科学出版社，1982.

[28] 周律编著．环境工程技术经济和造价管理．北京：化学工业出版社，2001.

[29] 罗辉主编．环保设备设计与应用．北京：高等教育出版社．1997．3.

[30] 马广大编著．除尘器性能计算．北京：中国环境科学出版社．1990.

[31] 徐大图主编．建设项目投资控制．北京：地震出版社．1995.

[32] 蔡增基，龙天渝主编．流体力学泵与风机．北京：中国建筑工业出版社．1999.

[33] 张统主编．污水处理工艺及工程方案设计．北京：中国建筑工业出版社．2000.

[34] 马广大等．大气污染控制工程．北京：中国环境科学出版社．1985.

[35] 陈声宗主编．化工设计．北京：化学工业出版社．2001.

[36] Noel de Nevers. Air Pollution Control Engineering．北京：清华大学出版社．2000.

[37] 北京市市政设计研究院主编．简明排水设计手册．北京：中国建筑工业出版社．1990.

[38] 冶金建筑协会编著. 钢铁企业采暖通风设计手册. 北京：冶金工业出版社. 1996.
[39] 王绍文，杨景玲主编. 环保设备材料手册. 北京：冶金工业出版社. 2000.
[40] 国家环境保护局编. 钢铁工业废水治理. 北京：中国环境科学出版社. 1992.
[41] 国家环境保护局编. 有色金属工业废气治理. 北京：中国环境科学出版社. 1993.
[42] 国家环境保护局编. 电力工业废气治理. 北京：中国环境科学出版社. 1993.
[43] 国家环境保护局编. 工业噪声治理技术. 北京：中国环境科学出版社. 1993.
[44] 刘小年主编. 机械设计制图简明手册. 北京：机械工业出版社. 2001.
[45] 国家环境保护总局环境工程评估中心编. 环境影响评价相关法律法规. 北京：中国环境科学出版社，2007.
[46] 全国勘察设计注册工程师环保专业管理委员会，中国环境保护产业协会编. 注册环保工程师专业考试复习教材（第一分册）. 北京：中国环境科学出版社，2007.
[47] 朱永恒编著. 环境工程量清单与投标报价. 北京：机械工业出版社，2005.
[48] 陈杰瑢，周琪，蒋文举主编. 环境工程设计基础. 北京：高等教育出版社，2007.
[49] 中华人民共和国原化学工业部. 工业金属管道设计规范 GB 50316—2000. 北京：中国计划出版社，2000.
[50] 《钢铁企业采暖通风设计参考资料》编写组编. 钢铁企业采暖通风设计参考资料. 北京：冶金工业出版社，1979.

本书2010年荣获
第十届中国石油和化学工业优秀出版物·教材奖

环境工程设计基础 第二版

ISBN 978-7-122-03166-2

定价：35.00元